普通高等教育土木工程特色专业系列教材

机场工程概论

高俊启　徐　皓　编著

国防工业出版社

·北京·

内 容 简 介

本书全面、系统地介绍了机场工程的组成及其设计方法。其主要内容包括机场总体规划、地势设计、航站区、航站楼、空中交通管制和通信导航系统、目视助航设施、机场道面工程、机场道面结构设计、机场航空货运设施、机场排水设计等。

本书可作为高等教育院校机场工程专业、交通工程专业以及土木工程专业的教学用书,也可供机场设计、施工与管理等工程技术人员参考。

图书在版编目(CIP)数据

机场工程概论/高俊启,徐皓编著.—北京:国防工业出版社,2014.10(2023.1重印)
普通高等教育土木工程特色专业系列教材
ISBN 978-7-118-09510-4

Ⅰ.①机… Ⅱ.①高… ②徐… Ⅲ.①机场-建筑工程-高等学校-教材 Ⅳ.①TU248.6

中国版本图书馆 CIP 数据核字(2014)第 100771 号

※

国防工業出版社出版发行
(北京市海淀区紫竹院南路 23 号 邮政编码 100048)
北京虎彩文化传播有限公司印刷
新华书店经售

*

开本 787×1092 1/16 彩插 2 印张 14 字数 322 千字
2023 年 2 月第 1 版第 2 次印刷 印数 3001—4000 册 定价 45.00 元

(本书如有印装错误,我社负责调换)

国防书店:(010)88540777 书店传真:(010)88540776
发行业务:(010)88540717 发行传真:(010)88540762

前 言

本书是为高等教育院校土木工程、交通工程等专业编写的特色专业课教材,旨在使学生对民航和民用机场的基本知识、民用机场各功能区的基本设备设施、机场陆侧交通等具有概括的了解,提供具备机场建设与管理所需要的比较全面的技术背景知识。但目前国内此类教材较少,难以满足高等教育培养要求。本教材为适应这种需要,根据最新的国际民用航空公约、标准、规范等编写而成。

本书共 11 章。第一章介绍航空运输的发展、我国机场现状与发展规划、机场的组成;第二章、第三章介绍机场总体规划、净空、飞行区规划和地势设计;第四章、第五章介绍航站区组成、航站楼的规划与建筑构型;第六章介绍空中交通管制过程及通信导航系统;第七章介绍机场灯光、灯光使用及标示标线;第八章、第九章介绍机场道面分类、构成和设计;第十章介绍机场货运站的功能、影响因素和设计方法;第十一章介绍机场排水系统。

本书由高俊启、徐皓编著,参编人员有季天剑、李剑波、贺雷、吴涛。第一章、第四章、第八章、第十章、第十一章由高俊启编写,第三章、第五章由徐皓编写,第二章由李剑波编写,第六章由贺雷编写,第七章由贺雷、吴涛编写,第九章由季天剑编写。全书由高俊启统稿,研究生郭成成参与了部分插图绘制。

本书在编写过程中,参考了有关标准、规范、教材和专著,在此谨向有关作者表示衷心的感谢!由于水平有限,书中难免有不妥之处,敬请读者批评指正。

作 者

2014 年 2 月

目　录

第一章　概论 1
　第一节　航空运输发展概况 1
　第二节　我国机场现状与发展规划 3
　第三节　机场的功能、分类与分级 8
　第四节　机场组成 9
　习题与思考题 15

第二章　机场总体规划 16
　第一节　概述 16
　第二节　机场场址选择 18
　第三节　机场净空 20
　第四节　机场的空域规划 26
　第五节　飞行区规划设计 27
　习题与思考题 40

第三章　地势设计及土石方工程 41
　第一节　地势设计概述 41
　第二节　机场地势设计的技术标准要求 42
　第三节　飞行场地表面控制点设计高程的确定 46
　第四节　土石方工程量计算及土方调配 49
　第五节　土石方工程技术要求 50
　习题与思考题 55

第四章　航站区 56
　第一节　航站区规划 56
　第二节　站坪 59
　第三节　停车场 65
　第四节　机场陆侧交通 68
　习题与思考题 74

第五章　航站楼 75
　第一节　航站楼功能区划分 75
　第二节　航站楼规划与设计 78
　第三节　航站楼的建筑构型 80
　第四节　航站楼建筑防火与人员安全 87
　习题与思考题 90

第六章 空中交通管制和通信导航系统 ·· 91
   第一节 空中交通管制 ··· 91
   第二节 机场通信系统 ··· 94
   第三节 导航系统概述 ··· 95
   第四节 机场进近导航系统 ··· 96
   第五节 机场群导航系统 ·· 104
   第六节 机场导航台站规划设计 ·· 106
   习题与思考题 ··· 106

第七章 机场目视助航设施 ··· 107
   第一节 概述 ··· 107
   第二节 航空地面灯光设备 ·· 107
   第三节 助航灯光的特性 ·· 115
   第四节 助航灯光变配电及监控系统 ·· 117
   第五节 信号设施和标志标线 ·· 120
   第六节 机场灯光的使用 ·· 128
   习题与思考题 ··· 132

第八章 机场道面工程 ··· 133
   第一节 概述 ··· 133
   第二节 机场道面构造 ·· 135
   第三节 道面的荷载作用 ·· 137
   第四节 环境因素对道面的影响 ·· 141
   第五节 机场道面的抗滑要求 ·· 144
   习题与思考题 ··· 147

第九章 机场道面结构设计 ··· 148
   第一节 概述 ··· 148
   第二节 沥青混凝土道面设计 ·· 149
   第三节 水泥混凝土道面设计 ·· 157
   第四节 加铺层设计 ·· 163
   第五节 机场道面强度通报 ·· 167
   第六节 浦东国际机场第二跑道设计简介 ···································· 170
   习题与思考题 ··· 172

第十章 机场航空货运设施 ··· 174
   第一节 货运站基本功能 ·· 174
   第二节 影响货运站规模、设施水平的各种因素 ······························ 175
   第三节 现代机场货运设施 ·· 182
   第四节 货运站设计 ·· 185
   习题与思考题 ··· 187

第十一章 机场排水设计 ··· 188
   第一节 概述 ··· 188

第二节　机场防、排洪工程的构造与布置 …………………………………… 190
第三节　飞行场地排水系统布置 …………………………………………… 199
第四节　盖板明沟的水文水力计算 ………………………………………… 204
第五节　盲沟的水文水力计算 ……………………………………………… 211
习题与思考题 ………………………………………………………………… 216

参考文献 ………………………………………………………………………… 217

第一章 概 论

第一节 航空运输发展概况

一、世界航空运输的发展

航空运输是指使用航空器运送人员、行李、货物和邮件的一种运输方式。

航空运输的历史可以追溯到19世纪70年代。1871年普法战争中,法国人用气球把法国政府官员、物资、邮件等运送出被普军围困的巴黎。使用飞机的航空运输始于1918年5月5日在纽约—华盛顿—芝加哥间。1918年5月5日,美国在纽约和华盛顿特区间设立了首条定期航邮路线。同年6月8日在伦敦—巴黎间的定期邮政航班飞行。

航空技术在第一次世界大战期间得到了比较大的发展。一战结束后,欧洲列强极力扶持民用航空的发展。1919年2月5日,德国的德意志航空公司开辟柏林至魏玛的定期客运航班,这是欧洲第一条定期航线。1919年3月22日,法国的法尔基航空公司开辟每周一次的巴黎至布鲁塞尔定期航班,这是世界上第一条国际航线。同年8月,英国和法国相继开通了定期的客运航班,民用航空的历史由此揭开了。

1939—1945年的二战期间,民用航空发展被战争所打断,但因军需刺激,航空技术在军事领域得到迅猛地发展,各种军用飞机相继诞生,涡轮喷气发动机问世。二战结束后,美、英等发达国家将军用运输机改装用于商业运输,战争中发展起来的航空技术,如雷达技术也转入民用,从而真正使航空运输迈向大众化。随着大型民用运输机的陆续问世和喷气发动机技术的应用,世界航空运输进入了高速发展期,1950—1970年的20年间,美国、英国、法国、苏联、德国和澳大利亚等国家航空运输总周转量的年均增长率均超过10%,建立了以世界各国主要都市为起讫点的世界航线网,年吞吐旅客量超千万人次的超大型机场诞生。

目前,世界航空运输业已发展成一个规模庞大的行业。2011年,全球航空公司的定期航班共运送旅客28亿人次。在全球最繁忙的10条航线当中,亚洲的航线就占了7条。2012年全球最繁忙的航线是韩国济州岛至首尔航线,紧随其后的是日本札幌至东京航线。中国的北京至上海航线,由2011年的第七位上升至2012年第四位,年运送旅客724.6万人次。另外,不得不提到廉价航空公司的快速发展。廉价航空公司的客流量在欧洲市场的集中度最高,在2012年欧洲市场的航空客流量中占据38%的比例;在西南太平洋和北美地区,廉价航空公司的渗透率也相当高,分别为37%和30%;在亚洲,其比例为19%。

大型机场日益膨胀。根据国际机场理事会2012年1月至6月的统计数据,按总旅客吞吐量衡量的世界十大最繁忙的机场为:哈茨菲尔德-杰克逊亚特兰大国际机场,北京首都国际机场,伦敦希斯罗机场,奥黑尔国际机场,羽田国际机场,洛杉矶国际机场,巴黎夏尔·戴高乐机场,达拉斯-沃思堡国际机场,苏加诺-哈达国际机场,迪拜国际机场。2012年,亚特兰大机场发送旅客9550万人次,货物64.6万t;北京首都国际机场发送旅客8193万人次,货物180万t。

二、我国航空运输的发展

我国筹办民用航空运输始于1918年3月,当时是由北洋政府交通部筹办航空办事处,两年后改组为航空署。1920年5月28日,北京—天津航线正式开航,这是我国最早开辟的国内航线。此后还开辟了其他航线,如北京—济南航线、北京—北戴河临时航线等,但都时飞时停。

1929年5月,国民政府开辟了上海—南京航线。1930年8月,中美合资经营的中国航空公司成立,并逐步开通沪—蓉、南京—北平、上海—广州、上海—北平、重庆—昆明等国内航线。1931年2月,中德合资经营的欧亚航空公司成立。欧亚航空公司陆续开辟了上海满洲里、上海—西安、上海—迪化(今乌鲁木齐)、北平—广州、北平—银川和西安—昆明等航线。1933年6月,广东和广西的地方政府组织成立了西南航空公司,主要飞行在广东、广西两省部分城市之间,以及经营南宁—昆明的航线。1936年2月,西南航空公司开通第一条国际航线:广州—广州湾(今湛江)—河内。

1937—1945年抗战时期,民航运输重心转向西南与西北。1939年9月,中苏合资中苏航空公司成立,飞行哈密—迪化—伊犁—阿拉木图航线。至抗战胜利的1945年,该公司共承运旅客约2万人次,货物和邮件1000多吨。1941年8月,欧亚航空公司改组为中央航空公司。

抗战胜利后,中国航空公司和中央航空公司先后将其基地分别从重庆和昆明迁回上海,业务也迅速扩展了起来。1948年民航运输继续快速增长,中国航空公司和中央航空公司合计完成总周转量为7500万吨千米,在远东民航运输业中处于领先地位。

新中国成立后的一个月,即1949年11月2日,中共中央决定在人民革命军事委员会下设民用航空局。此时的航空运输基本从零开始,1950年,民航局只拥有飞机17架。后来,逐年从国外购买飞机,到1965年末,中国民航拥有各类飞机355架,当年国内航线增加到46条,年旅客运输量仅为27万人次,运输总周转量仅4662万吨千米。

1971年,随着重返联合国等外交上的胜利,航空运输得到了一定发展。到1980年,全民航共有140架运输飞机,其中,载客量在100人以上的中、大型飞机17架,定班运输机场有79个,年旅客运输量343万人次,年运输总周转量4.29亿吨千米,居新加坡、印度、菲律宾、印度尼西亚等国之后,列世界民航第35位。1980年3月5日,民航局脱离军队建制,成为国务院直属机构。

1987年起,我国对航空运输管理体制进行重大调整。1987年组建6个国家骨干航空公司:中国国际航空公司、中国东方航空公司、中国南方航空公司、中国西南航空公司、中国西北航空公司、中国北方航空公司。1989年成立中国通用航空公司,组建北京首都机场、上海虹桥机场、广州白云机场、成都双流机场、西安西关机场(现西安咸阳机场)和沈阳桃仙机场公司。1990年,组建中国航空油料总公司、中国航空器材公司、计算机信息中心、航空结算中心以及飞机维修公司、航空食品公司等。

2002年3月,我国对民航业再次进行重组。组建与民航总局脱钩的中国航空集团公司、东方航空集团公司、南方航空集团公司、中国民航信息集团公司、中国航空油料集团公司、中国航空器材进出口集团公司6大集团公司。除首都机场、西藏自治区区内的民用机场之外，我国民用机场逐步实行属地与企业化管理。中国民用航空总局下属设立了7个地区管理局(华北地区管理局、东北地区管理局、华东地区管理局、中南地区管理局、西南地区管理局、西北地区管理局、新疆管理局)和26个省级安全监督管理办公室(天津、河北、山西、内蒙古、大连、吉林、黑龙江、江苏、浙江、安徽、福建、江西、山东、青岛、河南、湖北、湖南、海南、广西、深圳、重庆、贵州、云南、甘肃、青海、宁夏)。2002年民营资本进入航空运输业，先后成立了鹰联、春秋、奥凯和吉祥航空公司。

随着国民经济的持续高速增长以及机构和管理体制改革的深化，我国的航空运输进入了迅猛发展期，民航运输总周转量、旅客运输量和货物运输量年均增长率均高出世界平均水平2倍多。近期我国民航运输主要指标统计(未含港澳台地区)见表1-1。2012年，完成运输总周转量610.32亿吨千米，旅客运输量3.19亿人次、货邮运输量545万t，全国民航运输机场完成旅客吞吐量6.8亿人次。截止2012年底，运输机队总量达到1941架，定期航班航线2457条，国内航线2076条其中，港澳台航线99条，国际航线381条。通用航空机队规模大幅上升，达到1320架，新兴业务领域不断拓展。中国目前是全球第二大民航市场，并预计将在2030年发展成为全球最大市场。

表1-1 近10年中国大陆民航运输发展

指 标	2000年	2005年	2009年	2010年
总周转量/亿吨千米	123	259	427	538
旅客运输量/亿人次	0.7	1.4	2.3	2.68
货邮运输量/万t	200	317	446	563

2012年6月，在北京举行的国际航空运输协会第68届年会暨世界航空运输峰会上，国际航空运输协会(IATA)向全球公布了最新世界航空运输企业客运量及排名。排名前5位的航空公司依次是：美国达美航空公司、美国航空公司、中国南方航空公司、德国汉莎航空公司、中国东方航空公司。

截至2012年底，我国共有运输航空公司46家，国有控股公司36家，民营和民营控股公司10家；其中包括全货运航空公司10家，中外合资航空公司14家，上市公司5家。目前中国大陆共有13家航空公司成为IATA会员公司，分别为中国国际航空公司、中国东方航空公司、中国南方航空公司、中国北方航空公司、中国西北航空公司、中国西南航空公司、厦门航空公司、中国新疆航空公司、中国云南航空公司、上海航空公司、海南航空公司、山东航空公司、深圳航空公司。

第二节 我国机场现状与发展规划

一、机场发展的历程

机场是航空事业中的一个重要组成部分。机场是指在陆地上或水面上一块划定的区域(包括各种建筑物、装置和设备)，其全部或部分可供飞机着陆、起飞和地面活动之用。

世界上第一个机场位于美国北卡罗莱纳州基蒂·霍克附近的沙滩上,是莱特兄弟在1903年12月试飞世界第一架飞机的场地。我国第一个机场是北京市南郊的南苑机场,1910年由航空家李宝竣建立。1913年在该机场创立了我国第一所航空学校。

在飞机出现的初期,并没有专门修筑的机场,而是利用操场、广场或练兵场进行起飞和着陆。1911年,法国人在上海赛马场表演"双麻号"双翼机。1912年,中国第一个飞行员厉汝燕驾驶"鸽式"单翼飞机在上海江湾表演。由于飞机质量小,对地面承载力要求不高,最初的机场跑道一般没有人工道面,只是将地面整平、压实。当时飞机在侧风下起降能力差,为保证飞机在任何风向时都能起降,机场道面多被建成方形、圆形或接近方形的矩形,其直径或长度约600~1200m。为了提高土质道面的承载能力,并减少扬尘的影响,机场上还种植了草皮。当时机场占地较少,通常只有0.5~1.5km²。

到20世纪30年代,有些机场铺筑了碎石、沥青混凝土或其他材料的跑道。例如上海龙华机场,在1934年就铺筑了一条长1220m(4000ft)的水泥混凝土跑道,这是当时中国最好的跑道。后来,喷气式飞机投入使用,土质、草皮和一般的砂石道面已不适用,于是用沥青混凝土和水泥混凝土修建的高级道面迅速增加。美国在第二次世界大战期间,先后修建了300多个有水泥混凝土道面的机场。

早期的机场没有导航设施,在夜间及天气不好时要停飞。随着科技发展,机场现代化程度不断提高。在跑道上及两端设置了日益完善的助航灯光及无线电导航设施,可以保证飞机在夜间及各种气象条件下安全起飞着陆。

经过一个世纪的发展,世界各国机场的规模越来越大,现代化水平越来越高。目前远程宽体民用运输机起飞质量,有的已达到560t,其所需跑道长度也更长。浦东机场第一跑道长4000m、宽60m,北京首都国际机场第三跑道长3800m、宽60m,均可起降目前世界最大的客机——空中客车A380。除了飞行区不断增大和完善之外,航站楼也日益增大和现代化。目前大型机场的航站楼面积通常为数万平方米,有的达数十万平方米。候机楼内设有电子显示牌,设有自动楼梯,有的还设有自动步道;多数候机楼还设有登机桥。北京首都国际机场拥有三座航站楼,三条跑道。其中2008年2月投入使用的T3航站楼总建筑面积98.6万m²。机场旅客服务设施日益完善。机场内设有宾馆、餐厅、邮局、银行、各种商店等,旅客在机场内和在城市内一样方便。通过地铁、轻轨、高速公路等先进的客运手段,旅客在机场中的体验几乎和城市中一样。

二、机场现状

中华人民共和国成立初期,我国仅有简陋的民用机场36个,规模小,设备简陋。

经过几十年的建设和发展,我国机场总量初具规模,机场密度逐渐加大,机场服务能力逐步提高,现代化程度不断增强,初步形成了以北京、上海、广州等枢纽机场为中心,以成都、昆明、重庆、西安、乌鲁木齐、深圳、杭州、武汉、沈阳、大连等省会或重点城市机场为骨干以及其他城市支线机场相配合的基本格局,我国民用运输机场体系初步建立。截至2006年底,我国(不含港澳台地区)共有民航运输机场147个,其中军民合用机场45个,全国机场平均密度为每10万平方千米1.53个;按飞行区等级划分,4E级机场25个、4D级机场35个、4C级机场58个、3C级机场29个;按经济地理分布,东部地区41个、中部地区25个、西部地区69个、东北地区12个;按地区划分,东北、华北、华东、中南、西南、西北

6个地区的机场数量分别为12个、18个、37个、25个、31个和24个,以每10万平方千米计,密度分别为1.51个、1.16个、4.67个、2.57个、1.53个和0.81个。2010年运输机场达到175个,覆盖全国91%的经济总量、76%的人口和70%的县级行政单元。旅客吞吐量超过1000万人次的机场数量达到16个,首都机场客运和浦东机场货运位列世界第二和第三名。

截至2012年底,我国共有颁证运输机场183个,比2011年增加3个。其中,东部地区47个、中部地区25个、西部地区91个、东北地区20个。2012年新增机场分别为黑龙江加格达奇机场、江苏扬州泰州机场和贵州遵义机场。另外,完成了昆明长水机场迁建。四川攀枝花机场、新疆且末机场停航。目前,全国所有的直辖市、省会、自治区首府以及沿海开放城市和主要旅游城市都拥有较现代化的民用机场,一些边疆地区、少数民族地区、地面交通不便地区也拥有相应规模的民用机场。

虽然我国的机场建设已取得巨大成就,但同时我国机场发展也面临以下挑战:

(1) 机场数量较少、地域服务范围不广,难以满足未来经济社会发展的要求。例如,在数量方面,美国目前有航班运输机场599个,密度为每10万平方千米6.3个,是我国的3.4倍,见表1-2。即使发展中国家印度、巴西,也高于中国。地域服务范围方面,"东密西疏"的格局与带动中西部地区经济社会发展、维护社会稳定与增进民族团结、开发旅游资源等的矛盾比较突出。

(2) 随着我国民用航空业务需求量的持续高速增长,大部分中型以上机场容量已饱和或接近饱和、综合功能不健全,与提高航空安全保障能力和运输服务质量水平的客观要求存在较大差距。据初步测算,目前全国共有60个机场已经饱和或即将达到饱和状态。其中13个机场的部分设施已处于超负荷运行,36个机场于2010年达到饱和,11个机场将于2015年达到饱和,目前正在进行新一轮的大规模建设。在这些扩建工程未完成之前,机场现有运行资源的紧张局面将日益突出。

(3) 建设资源节约型、环境友好型的机场已提到重要议事日程,同时,航空市场区域化、枢纽机场主导化、运营低成本化、运输模式智能化等趋势日益明显。与过去相比,机场规模越来越大,生产运行系统越来越复杂,机场信息化程度越来越高,多跑道、多航站楼运行越来越复杂,对我国民航机场的管理工作也提出了更高的要求。

表1-2 2010年我国与发达及中等发达国家航空水平比较

项 目	中国	土耳其	美国
人均GDP/美元	4382	10300	48800
总周转量/亿吨千米	538		1102
客运量/亿人次	2.68	0.8	7.1
商用运输飞机/架	1597		7177
通勤飞机/架	1010		11342
商业运输机场/个	175	45	599
商业运输机场密度/(个/10万平方千米)	1.8	5.8	6.3
人均乘机次数/(次/人·年)	0.2	1.1	2.3

(4) 国际竞争力不强,我国航空公司国际航空运输市场份额偏低,三大机场的国际枢纽地位尚未形成。

三、机场发展规划

为更好适应国民经济社会发展需要,促进区域协调发展和对外开放,2004年民航总局会同国家发展改革委员会启动了全国民用航空运输机场2020年布局和"十一五"建设规划研究工作,先后组织开展了多项专题研究和论证,邀请有关部门,对布局规划方案进行了充分论证,经过反复修改、补充和完善,最终形成《全国民用机场布局规划》。2008年初,《全国民用机场布局规划》获得国务院批准出台。

至2010年,中国内地运输机场的数量增加到190个左右,其中,枢纽机场3个,大型机场8个,中型机场40个,小型机场140个左右。到2020年,中国内地民航运输机场的数量将增加到244个左右,见图1-1。

图1-1　全国民航机场2020年规划
(资料来源:中国民航局.全国民用机场布局规划、[EB/OL]、[2008-02].
http://www.caac.gov.cn/XXGK/XXGK/FZGH/201511/t20151103_10715.html)

上述布局规划实施后,全国80%以上的县级行政单元能够在地面交通100km或1.5h车程内享受到航空服务,所服务区域的人口数量占全国总人口的82%、国内生产总值(GDP)占全国总量的96%。全国省会城市(自治区首府、直辖市)、主要开放城市、重要旅游地区、交通不便中小城市等均有机场连接。

在2010年前,中国内地运输机场建设规划是,对首都、浦东、广州、虹桥、深圳、成都、西安、杭州、重庆、南昌、西宁等37个机场实施较大规模的扩建;对乌鲁木齐、哈尔滨、郑州、兰州、沈阳、武汉、石家庄、三亚、温州等25个机场的航站区进行扩建;对南京等9个机场的飞行区进行扩建和改造;对昆明、大连、合肥、汕头等12个机场实施迁建;对福州、济南、宁波等59个机场的现有设施进行完善;新建约40个机场,改造后复航4个机场,对12个军用机场改造后转变为军民合用机场。

到2020年,我国规划民用运输机场总数将达到244个,形成北方、华东、中南、西南、西北五大区域机场群机群,见表1-3。

表1-3 全国民用机场布局规划

机群名称	北方机场群	华东机场群	中南机场群	西南机场群	西北机场群
范围	北京、天津、河北、山西、内蒙古、辽宁、吉林、黑龙江	上海、江苏、浙江、山东、安徽、江西、福建	广东、广西、海南、河南、湖北、湖南	重庆、四川、云南、贵州、西藏	陕西、甘肃、青海、宁夏、新疆
既有机场（147个）	北京首都、南苑、天津、石家庄、秦皇岛、太原、运城、大同、长治、呼和浩特、包头、海拉尔、满洲里、锡林浩特、赤峰、通辽、乌兰浩特、乌海、沈阳、大连、丹东、锦州、朝阳、长春、延吉、哈尔滨、牡丹江、齐齐哈尔、佳木斯、黑河	上海浦东、上海虹桥、南京、无锡、常州、徐州、连云港、南通、盐城、杭州、宁波、温州、舟山、黄岩、义乌、衢州、济南、青岛、烟台、威海、临沂、潍坊、东营、合肥、黄山、安庆、阜阳、南昌、赣州、井冈山、九江、景德镇、福州、厦门、晋江、武夷山、连城	广州、深圳、珠海、梅州、汕头、湛江、南宁、桂林、北海、柳州、梧州、海口、三亚、郑州、洛阳、南阳、武汉、宜昌、恩施、襄樊、长沙、张家界、常德、永州、怀化	重庆、万州、成都、九寨沟、攀枝花、西昌、宜宾、绵阳、南充、泸州、广元、达州、昆明、西双版纳、丽江、大理、芒市、迪庆、保山、临沧、思茅、昭通、文山、贵阳、铜仁、兴义、安顺、黎平、拉萨、昌都、林芝	西安、延安、榆林、汉中、安康、兰州、敦煌、嘉峪关、庆阳、西宁、格尔木、银川、乌鲁木齐、喀什、伊宁、库尔勒、阿勒泰、和田、阿克苏、库车、塔城、且末、那拉提、克拉玛依
	既有30个	既有37个	既有25个	既有31个	既有24个
新增机场（97个）	北京第二机场、良乡、邯郸、衡水、承德、张家口、吕梁、五台山、鄂尔多斯、阿尔山、二连浩特、巴彦淖尔、达来库布、霍林河、加格达奇、长海、长白山、通化、白城、漠河、大庆、鸡西、伊春、抚远	淮安、苏中、丽水、济宁、九华山、蚌埠、芜湖、宜春、赣东、三明、宁德、平潭	韶关、百色、河池、玉林、东方、五指山、琼海、信阳、商丘、神农架、衡阳、岳阳、武冈、邵东	黔江、巫山、乐山、康定、亚丁、马尔康、腾冲、红河、怒江、会泽、勐腊、泸沽湖、荔波、毕节、六盘水、遵义、黄平、黔北、阿里、日喀则、那曲	壶口、宝鸡、商洛、天水、夏河、金昌、陇南、张掖、武威、航天城、玉树、花土沟、德令哈、果洛、青海湖、固原、中卫、喀纳斯、吐鲁番、哈密、博乐、奎屯、楼兰、富蕴、塔中、石河子
	新增24个	新增12个	新增14个	新增21个	新增26个

第三节　机场的功能、分类与分级

一、民航机场主要功能

民航机场是航空运输的起点站、终点站,又是经停站。其功能如下:
(1) 最根本的功能是供飞机安全、有序地起飞和着陆。
(2) 在飞机起降前后,提供各种设施和设备,供飞机停靠指定机位。
(3) 提供各种设施和方便,为旅客及行李、货邮变换交通方式做好组织工作。
(4) 提供各种设备和设施,安排客、货、邮等方便、安全、及时、快捷地上下飞机。
(5) 提供包括飞机维修在内的各种技术服务,如通信导航监视、空中交通管制、航空气象、航行情报等(这些通常由所在机场的空管部门提供)。
(6) 一旦飞机发生事故时,能提供消防和紧急救援服务。
(7) 为飞机补充燃油、食品、水及航材等,并清除、运走废弃物。
(8) 为旅客和货邮的到达及离开机场提供方便的地面交通组织和设施(停车场和停车楼)。
(9) 机场基本功能扩大,即提供各种商业服务,如餐饮、购物、会展、休闲服务等。依托机场还可建立物流园区、临空经济区以及航空城等。

二、民航机场分类

机场是航空运输系统网络的节点,按照其在该网络中的作用,通常可以分为枢纽机场、干线机场和支线机场。
(1) 枢纽机场。枢纽机场是全国航空运输网络和国际航线的空中枢纽。枢纽机场具有业务量巨大,国际、国内航线航班密集,旅客中转率高等特点,旅客在此可以很方便地中转到其他机场。根据业务量的大小,可分为大、中、小型枢纽机场。目前,国内一般认为北京首都国际机场、上海浦东国际机场和广州新白云国际机场为枢纽机场。
(2) 干线机场。以国内航线为主,兼有少量国际航线,航线连接枢纽机场和重要城市(在我国指直辖市、各省会或自治区首府以及计划单列市和重要旅游城市),空运量较为集中,年旅客吞吐量达到一定水平的机场。
(3) 支线机场。经济比较发达的中小城市和一般旅游城市,或经济欠发达但地面交通不便、空运量较少的城市地方机场。这些机场的航线多为本省区航线或邻近省区支线。
按进出机场的航线业务范围可划分为:
(1) 国际机场。供国际航线定期航班使用,设有海关、边防检查(护照检查)、卫生检疫、动植物检疫和商品检验等联检机构的机场。国际机场又分为国际定期航班机场、国际定期航班备降机场和国际不定期航班机场。
(2) 国内航线机场。专供国内航线使用的机场。
(3) 地区航线机场。在我国指大陆民航运输企业与香港、澳门、台湾等地之间定期或不定期航班飞行使用,并设有相应(类似国际机场的)联检机构的机场。我国的地区航线机场应属国内航线机场。在国外,地区航线机场通常是指为适应个别地区空管需求,可提供短程国际航线的机场。

三、机场飞行区分级

根据《民用机场总体规划规范》(MH 5002—1999),飞行区是指机场内用于飞机起飞、着陆和滑行的那部分地区,包括跑道系统(考虑多条跑道)、飞机起降运行区和滑行道系统。

按照《民用机场飞行区技术标准》(MH 5001—2013)的规定,民用机场飞行区应按指标Ⅰ(基准代码)和指标Ⅱ(基准代字)进行分级。指标Ⅰ和指标Ⅱ的组合构成飞行区指标,其目的在于使机场飞行区的各种设施的技术标准能与在该机场上运行的飞机性能相适应,见表1-4。

表1-4 飞行区基准代号

飞行区指标Ⅰ		飞行区指标Ⅱ		
代码	飞机基准飞行场地长度/m	代字	翼展/m	主起落架外轮外侧边间距/m
1	<800	A	<15	<4.5
2	800~1200	B	15~24	4.5~6
3	1200~1800	C	24~36	6~9
4	≥1800	D	36~52	9~14
		E	52~65	9~14
		F	65~80	14~16

注:飞机基准飞行场地长度是指飞机以规定的最大起飞质量,在海平面、标准大气条件下(1个大气压、15℃)、无风和跑道纵坡为零条件下起飞所需的最小飞行场地长度。

飞行区指标Ⅰ是指拟使用该机场飞行区跑道的各类飞机中最长的飞机基准飞行场地长度,根据表1-4确定。飞机基准飞行场地长度不等于实际跑道长度;它包括跑道、净空道和停止道(若设置)的长度,并扣除海拔高度等因素的影响。

飞行区指标Ⅱ按使用该机场飞行区的各类飞机中最大翼展或最大主起落架外轮外侧边间距,分为A、B、C、D、E、F六个等级,二者中取其较高者,根据表1-4确定。

空客A380需要飞行区指标为4F,波音B747、MD11需要飞行区指标为4E,波音B757、B767需要飞行区指标为4D,波音B737、空客A320需要飞行区指标为4C等等。北京首都国际机场、上海浦东国际机场的飞行区指标为4F,长春龙嘉机场的飞行区指标为4D,扬州泰州机场的飞行区指标为4C,乌海机场的飞行区指标为3C等。

第四节 机场组成

民航机场主要由飞行区、旅客航站区、货运区、机务维修设施、供油设施、空中交通管制设施、安全保卫设施、救援和消防设施、行政办公区、生活区、生产辅助设施、后勤保障设施、地面交通设施及机场空域等组成。

一、飞行区

飞行区是供机场内飞机起飞、着陆、滑行和停放使用的场地,包括升降带、跑道端安全区、滑行道、机坪以及机场净空。其地面设施是机场的主体。如图1-2所示。

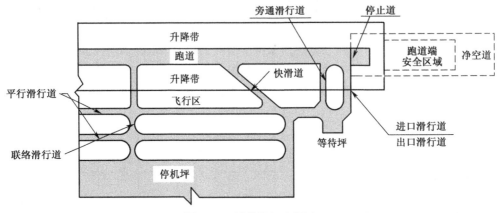

图1-2 民航机场飞行区

1. 升降带

升降带是飞行区中跑道中线及其延长线两侧一块特定的区域,用来减少飞机冲出跑道时的损坏,并保障飞机在起飞或者着陆时安全飞行,应包含跑道及停止道(当设置时)和土质地区。升降带应自跑道端(当设置停止道时应自停止道端)向外至少延伸:飞行区指标Ⅰ为2、3或4,60m;飞行区指标Ⅰ为1并为仪表跑道,60m;飞行区指标Ⅰ为1并为非仪表跑道,30m。升降带宽度应不小于表1-5中的规定值。

表1-5 升降带宽度(自跑道中线向每侧延伸) (m)

跑道运行类型	飞行区指标Ⅰ			
	4	3	2	1
仪表跑道	150	150	75	75
非仪表跑道	75	75	40	30

跑道直接供飞机起飞滑跑和着陆滑跑用,是机场最重要的组成部分。

道肩紧接跑道两侧边缘,作为跑道和周边土质地面之间的过渡地带,以减少飞机一旦冲出或偏出跑道时被损坏的危险。跑道两侧道肩的最小宽度应为1.5m。飞行区指标Ⅱ为D或E的跑道,其道面及道肩的总宽度应不小于60m,飞行区指标Ⅱ为F的跑道,其道面及道肩的总宽度应不小于75m。

停止道设在跑道端部,供飞机中断起飞时能在其上面安全停住的一块特定的场地,当跑道长度较短、不能确保飞机中断起飞安全时,机场应设停止道,以弥补跑道长度的不足。

2. 跑道端安全区

对称于跑道中线延长线、与升降带端相接的一块特定地区,用来减少飞机在跑道外过早接地或冲出跑道时损坏,见图1-3。

跑道端安全区必须自升降带端向外至少延伸90m。飞行区指标Ⅰ为3或4的跑道端安全区宜自升降带端向外延伸240m,飞行区指标Ⅰ为1或2的跑道端安全区宜自升降带端向外延伸120m,其宽度必须至少等于与其相连的跑道的2倍。

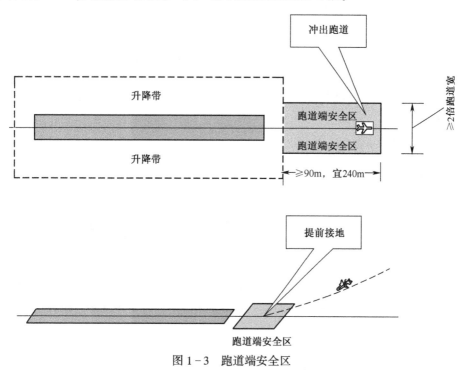

图1-3 跑道端安全区

3. 净空道

净空道是经过修整的使飞机可以在其上空爬到规定高度的特定场地或水面。当跑道较短,只能保证飞机起飞滑跑的安全,而不能确保飞机完成初始爬升(爬升至10.7m高)的安全时,机场应设净空道,以弥补跑道长度的不足,见图1-4。净空道的起点应位于可

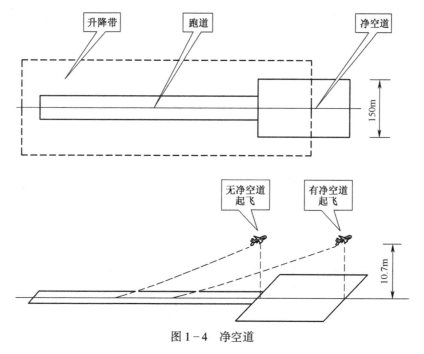

图1-4 净空道

用起飞滑跑距离的末端。净空道的长度应不大于可用起飞滑跑距离的1/2;宽度应自跑道中线延长线向两侧延伸不少于75m。

4. 机坪

机坪是飞行区内供飞机上下旅客、装卸货物、加油、停放或维修使用的特定场地。

5. 机场净空

为保障飞机起降安全而规定的障碍物限制面以上的空间,用以限制机场及周围地区障碍物的高度。

二、旅客航站区及货运区

航站区主要包括航站楼、站坪及停车场。

航站楼的建筑面积应根据高峰小时客运量确定。面积的配置标准与机场性质、规模及经济条件有关。目前我国可考虑采用国内航班 $10\sim30m^2$/人,国际航班 $28\sim40m^2$/人。

停车场所设在航站楼附近,通常为停车场。停放车辆很多且土地紧张时宜用多层车库。

停车场所的面积主要根据高峰小时车流量、停车比例及平均每辆车所需要的面积确定。高峰小时车流量可根据高峰小时旅客人数、迎送者、机场的职工与办事人员数以及平均每辆车载客量确定。

机场货运区一般指处理航空货物(含航空快件)和航空邮件等航空货运运输的区域,包括货运站、货机坪以及货运区进出道路、停车场、货物停放坪、集中控制坪等,承担国际货运业务的机场还应设海关及联检用房。

三、机场维修及供油设施

1. 机务维修设施

机场按承担的飞机维修任务,分为航线飞行维护机场、航空分公司驻地机场、航空集团公司基地机场三类,各类机场机务维修区的规模及位置要求各不相同。

1)航线飞行维护机场

航线飞行维护机场仅承担航班过站维护及对过夜飞机航行前和航行后的维护。航线飞行维护通常在站坪上进行。工作间、工具间、航材库、特种车辆库等设施,可设置在旅客航站附近不影响客运服务和航站楼发展的地方。

2)航空分公司驻地机场

航空分公司驻地机场除承担机场航线飞行维护外,并承担一般定期检修任务。因此,除了在航站楼附近设置供航线飞行维护用的设施外,还要在离开航站楼较远处设置供定期检修用的设施,主要有机库、修理车间、航材库、修机坪、停机坪等。

3)航空集团公司基地机场

航空集团公司基地除了承担航线飞行维护和一般定期检修外,还承担航空集团公司和全民航同型飞机的结构检修及附件翻修任务。因此,除了在航站楼附近设置供航线飞行维护用的设施外,还要在远离航站楼处设置维修基地。在维修基地设有较大的机库,供飞机定期检修和结构检修用。机库前有较大的修机坪,机库旁有各种修理车库及航材库等。

2. 供油设施

供油设施一般包括为该机场供油而设置的铁路卸油站(或卸油码头)、中转油库以及储油库、机场油库、航空加油站、输油管线及汽车加油站等。卸油站应设在靠近便于接轨的火车站或便于设置油码头，并且交通方便、水电供应充足的地方。储油库宜与卸油站建在一起。使用油库应靠近站坪，宜不小于1000m。应远离其他各种建筑物。油库应符合净空管理要求。为机场内部车辆和特种车辆服务的加油站应设在特种车辆进出机坪的内场道路旁。对外营业的汽车加油站应设在进场路旁，并适当靠近航站区。

四、空中交通管制设施

空中交通管制设施有航管、通信、气象设施。

1. 航管设施

区域管制负责一个明确的地理区域内的飞机运行管制工作。区域管制室可设在机场内，也可设在机场外。当设在机场内时，可与塔台合建，也可单独建航管楼。为了安全，航管楼不应设在公共设施区域内。进近管制负责一个或几个机场飞机的进近和离场管制工作。进近管制室可以独立设置，也可以和塔台合并或设在航管楼内。

2. 通信设施

民用航空通信分固定通信和移动通信两类。

1）固定通信设施

航空固定通信设施可以采用有线通信、无线通信和卫星通信。

有线通信，可以通过专用电信线路或光缆，接入当地的电信局进入全国电信网。无线电短波收信台可与航管楼合建，并在楼顶或附近设天线场地。短波发信台的场地必须符合国家无线电台电磁环境要求和城市规划要求。卫星通信站通常设在航管楼或通信楼内。

2）航空移动通信

通常设置在机场附近高处，以保证航路对空通信方向不被遮挡。

3. 气象设施

机场气象设施有观测设施、气象雷达、气象卫星资料接收系统、气象资料传真广播及接收系统、民航气象数据库及网络服务系统等。机场配备的设施，应根据机场等级、航空业务量、当地气象条件复杂程度，以及该机场在全国气象信息网络中的地位等确定。

五、安全保卫及救援消防设施

1. 安全保卫设施

在飞行区和站坪的周边必须修建围栏(或围墙)，使其与机场公共活动地区隔离。围栏应符合机场净空和导航台站电磁环境要求。跑道两端的围栏要设置应急救援出口栅门，航站楼旁设置不低于1.2m的移动式铁栅门和供人员通行的便门，应有门卫执勤。在围栏内侧应设置供巡逻车用的巡逻道路。

整个机场宜设置围界，以便保证安全和保护机场用地。

2. 救援和消防设施

1）救援设施

应急指挥中心负责对紧急事故驰救的指挥和全面协调，其位置应设在便于观察整个飞行区的地方。

机场医疗服务设施可兼作救援设施,其位置应便于救援车辆迅速进入飞行区。

2) 消防设施

机场救援和消防等级根据使用机场最长飞机的总长度及最大机身宽度确定,并以两者中较高等级为准。见表1-6。

表1-6 机场救援和消防等级的划分

等级	飞机总长度/m	最大机身宽度/m	等级	飞机总长度/m	最大机身宽度/m
1	0~9	2	6	28~39	5
2	9~12	2	7	39~49	5
3	12~18	3	8	49~61	7
4	18~24	4	9	61~76	7
5	24~28	4	10	76~90	8

注:如果根据飞机总长度和最大机身宽度查得的等级不相同,则取较高的等级。

救援和消防等级不小于4级的机场应设置消防站。小于4级的机场不建消防站,但要设消防库及消防员值班室。

飞行区应有足够的消防水源。沿站坪边及跑道边应设供水管及地下消防栓。见图1-5。

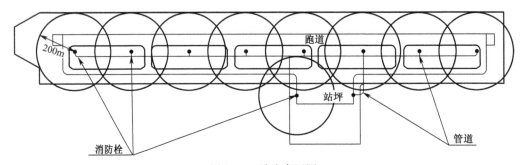

图1-5 消防布置图

六、行政办公区和生活区

1. 行政办公区

行政办公区有机场当局、航空公司、公安、武警、海关等的办公楼。应设在进场路附近并便于通往旅客航站区和飞行区的地方。

2. 生活区

主要的生活区应设在城市内,以便家属工作和子女上学。机场内的生活区只设需住在机场内的人员宿舍、食堂、澡堂、门诊所、商店、邮局、银行等,这些建筑物应设在行政办公区附近并离开跑道和站坪较远的地方。

七、生产辅助和后勤保障设施

1. 生产辅助设施

生产辅助设施主要有宾馆、航空食品公司、特种车库等。

宾馆是为过早、过晚航班及延误航班的部分旅客设置，其位置应靠近航站楼。

航空食品公司有加工车间、库房、车库、办公室等，应设在便于通往站坪的地方。

特种车库应设在站坪附近但不会影响站坪将来发展的地方。

2. 后勤保障设施

后勤保障设施主要有场务队、车队、综合仓库及各种公用设施。

场务队承担飞行区和站坪的维护工作，有办公室、设备用房、维修车辆停放场或车库，在北方机场还有停放吹雪车、除冰机等大型机械的场地。场务队应适当靠近飞行区。

车队和综合仓库宜适当靠近场内干道。

公用设施有供电、供水、供热、供冷、供气、通信、排水、污水和污水处理等设施。污水处理场应设在机场较低处而且便于排入当地排污系统的地方，并尽量设在机场的下风方向。焚烧站应设在机场下风方向而且远离机场重要建筑和周围居民的地方。

八、地面交通设施

1）进出机场交通

进出机场交通有公路、铁路、水路等方式。

公路是进出机场的主要交通方式。进场路应为专用公路，要与其他公路的交通分开。除支线机场的进场路采用三级公路标准外，其他机场的进场路，采用不低于二级公路的标准。路面应采用高级路面。

铁路和地铁是航空运输繁忙机场较理想的交通方式。但造价高，目前世界上只有少数大型机场采用。

2）场内交通

场内交通分公共道路与工作道路两类。工作道路只供机场公务或专门车辆使用。货运繁忙的机场，通往货运区的道路应与通往旅客航站区的场内干道分开。

习题与思考题

1. 什么是机场？一个机场应包括哪些基本区域？
2. 什么是跑道？跑道周围的区域主要包括哪几部分？
3. 跑道分为哪几类？
4. 民用机场飞行区是如何分级的？
5. 机场类别的划分原则有哪几种？

第二章 机场总体规划

第一节 概 述

一个机场包括范围相当广阔的各种活动,它们的要求各不相同而又常常相互冲突,可是,它们又是相互关联的,以致一种单项活动可能使整个机场的容量受到限制。过去,机场总体规划是在当地航空需要的基础上进行的。近年来,这种规划已与机场系统规划结合在一起,不仅考虑一个具体的机场场址的需要,同时还要从服务于那个地段、地区、省或国家的机场系统的整体需要来进行评价。

一、规划的目的

机场总体规划是整个机场地区以及机场邻近土地使用的方案。土地使用方案应满足航空要求,并与环境、公共事业发展、其他形式的交通方式相协调。

机场规划的目的:提出指导性方案或方针,供机场当局制定短期和长期的发展政策和决策,向上级部门或其他单位寻求财政资助,争取当地政府的支持。

总体规划的基本原则:

(1) 民用机场总体规划必须满足机场运行和管理的需要,做好近期建设和远期发展的结合,根据机场具体条件制定出满足航空运输的需要,并与环境、公共事业发展及其他交通方式协调一致的长期发展规划。

(2) 总体规划应明确机场性质和规模,并结合机场所在地的政治、经济、文化、交通、自然条件及机场功能设施的不同要求等制定。

(3) 总体规划应遵照统一规划、分期建设、滚动发展的原则制定近期和远期规划。

(4) 总体规划应满足所预测的航空业务量的需求。

(5) 总体规划应遵循以功能分区为主,行政区划为辅的原则;要求功能齐全,分区明确,运行合理,系统完整,并使各功能区保持灵活性和扩建性。

(6) 总体规划必须贯彻执行《土地法》中的土地使用方针,因地制宜,合理布局,节约用地,提高土地利用率。可利用荒地的,不得占用耕地;可利用劣地的,不得占用好地。

(7) 总体规划应结合场地条件,尽可能减少拆迁、减少工程量,并注意建筑物相对集中,节省投资。

(8) 总体规划布局中应尽可能地节约能源。

(9) 总体规划应结合环境影响评价报告及批复制定机场及周围地区的土地使用规划,控制机场净空要求和机场规划用地,保证机场安全运行,使机场与周围地区协调发展。

二、规划的过程和内容

整个规划过程可大体分为5个阶段。

1. 第一阶段：收集资料

规划工作的第一步是收集机场服务地区的有关数据,为规划提供基础信息。所需采集的资料包括：

(1) 当地自然资源(旅游、矿产及其他资源等)。

(2) 当地交通情况(公路、铁路、水运、航空以及对航空运输需求的简要预测和描述)。

(3) 社会和经济发展情况(当地人口、城市面积、国内生产总值、各产业发展情况、地方财政收支、人均可支配收入和纯收入相关指标等)。

(4) 城市规划情况。

(5) 当地的气象资料(最近5~10年的气温、降雨、风向风速、能见度、气压、湿度、恶劣天气等气象观测资料的统计数据)。

(6) 当地的地形图(场址区域1∶10000及1∶50000的地形图)；

(7) 场址的工程地质与水文地质普查报告；

(8) 当地来往人群乘坐各种交通数据的比例。

2. 第二阶段：航空运输需求预测

1) 一般规定

(1) 机场总体规划应以航空业务量预测为基础；

(2) 航空业务量预测时应对机场所在地区做大量的调查研究,考虑各种影响因素,使不可靠程度减至最小；

(3) 对航空业务量预测产生主要影响的因素应予以评价,对不同预测值作出可靠的判断；

(4) 在机场航空业务量预测时,应在宏观上检查该机场在其所在地区或在全国航空网中的作用,并用民用航空的五年计划和长远规划数据来加以校核。

2) 预测年限

(1) 航空业务量预测年限分为近期和远期,近期为10年,远期为30年；

(2) 航空业务量预测一般应以年度为单位编制。

3) 预测方法及选择

(1) 机场航空业务量至少用三种方法进行预测。

(2) 航空业务量预测可采用以下方法：趋势外推法、计量经济模型法、市场调查分析法、专家调查法及综合分析判断法,以及其他有关的预测方法。

(3) 在选用预测方法时,应根据机场所在地具体条件,选用合适的方法,并同时采用多种方法进行对比,增强其可信度。

(4) 当具备下列条件时,应采用定量的预测方法：

① 有较长年份(不少于8~10年)的社会经济及交通统计或航空业务量的资料；

② 历史资料能形成可靠的规律或发展趋势；

③ 对所选用的影响因素能够量化。

当进行远期规划时,宜采用专家调查法及综合分析判断法。

4) 基本参数预测的内容、项目及方法

(1) 基本参数预测应以年度需求基本预测值转换成高峰期的旅客、货邮吞吐量及飞行架次,以此确定各种设施的规模。高峰期是指小时、日和月,高峰期的需求通常超过平均值,一般用典型值,而不是绝对高峰值。

(2)典型高峰小时、高峰日、高峰月的旅客吞吐量、货邮吞吐量及飞机起降架次应划分出国际、国内的到达、出发、经停和中转数量。

(3)基本参数预测的项目有:旅客航站楼面积、机坪机位数(门位数)、停车场(或停车楼)面积、进出道路数量以及机场货运站的规模。

① 机场旅客航站楼面积应根据典型高峰小时旅客吞吐量及有关参数进行预测;

② 机场的机型组合应根据机型分类、各种机型数量及比例、飞机平均客座率等进行预测;

③ 机场机坪机位数应根据机场典型高峰小时起降架次及飞机停留时间等进行预测,并包括客机坪机位数及货机坪机位数;

④ 机场停车场(或停车楼)面积及进场道路数量应根据机场地面交通量预测值确定;

⑤ 货运站规模应根据机场货运量预测及货机高峰小时起降架次数确定。

(4)基本参数预测的推算方法:

① 用年度预测量推算;

② 用机场历史资料进行分析计算;

③ 用类比经验预测数推算。

3. 第三阶段:场址选择

民用机场选址工作分初选、预选、比选三个阶段。

初选阶段:在拟选场址地区周围的较大地域范围内,通过图上作业、现场初勘,寻找具有可能建设民用机场的初选场址。初选场址的数量一般不少于5个。

预选阶段:对初选场址逐个调查有关技术资料,并进行技术经济分析比较,选择场址条件相对较好的预选场址,预选场址一般不少于3个。对预选场址的地面建设和空中运行条件进一步研究论证,提出初步建设规划方案,估算工程量和投资。

比选阶段:对预选场址的空中和地面的有利条件及不利条件进行全面综合分析论证后,从中推荐一个首选场址。

4. 第四阶段:机场布局

在选好场址和确定所需设施后,根据确定的跑道方向和场址地形进行机场平面布置,确定跑道、滑行道和机坪的构型,确定航站设施的范围,确定导航设施和空中指挥设施,确定货邮设施区和机务维修区的范围,确定其他机场配套设施的位置等。

5. 第五阶段:财务计划

财务计划是指对整个机场建设计划进行社会和经济性评价。它从收入和支出的角度,去审视对第一阶段活动的预测,分析整个计划阶段机场的资产负债表,以确保机场的出资方能够继续投资下去。在这个阶段需要考虑资金的来源和筹集方法。

第二节 机场场址选择

机场位置选择是整个机场规划设计工作中最重要的一环,对机场使用性能和造价有很大影响。如果位置选得不好,即使在设计和施工中尽了最大努力,通常也弥补不了由于位置选得不好而产生的缺点。例如,有的机场位置选得离城市太近,虽然设计和施工质量都很好,但是随着经济建设发展,由于机场净空和飞机噪声污染影响,使城市建设和机场运营的矛盾越来越大,最后机场被迫搬迁。又如,有的机场选在地势起伏很大的地方,后来虽然地势设计得很合理,但是土方工程量仍然很大,造成投资很大。由此可见,机场位置选择工作很重要,必须认真做好。

一、一般规定

机场场址选择应根据全国与地区机场网布局并结合当地城市规划要求,按照民航总局令68号《民用航空运输机场选址规定》进行。

民用机场场址应当符合下列基本要求:
(1) 符合民用机场总体布局规划;
(2) 机场净空符合有关技术标准,空域条件能够满足机场安全运行要求;
(3) 场地能够满足机场近期建设和远期发展的需要;
(4) 地质状况清楚、稳定,地形、地貌较简单;
(5) 尽可能减少工程量,节省投资;
(6) 经协调,能够解决与邻近机场运行的矛盾;
(7) 供油设施具备建设条件;
(8) 供电、供水、供气、通信、道路、排水等公用设施具备建设条件,经济合理;
(9) 占用良田耕地少,拆迁量较小;
(10) 与城市距离适中,机场运行和发展与城市规划协调;
(11) 中国民用航空局(以下简称民航局)认为必要的其他条件。

一般不得选择下列地区的机场场址:
(1) 与邻近机场的运行会产生严重矛盾且难以协调解决的地区;
(2) 影响重要的工矿建设、水利电力建设、重要供水水源的保护区、国家规定的历史文物保护区、风景区及自然保护区等地区;
(3) 地震断层和设防烈度高于九度的地震区;
(4) 地质条件恶劣、处理困难或投资过大的地区;
(5) 大坝、大堤一旦决溃后可能淹没的地区;
(6) 具有开采价值的重要矿藏区。

二、机场场址基本条件

场址在保证飞行安全方面应符合下列要求:
(1) 场址空域应满足机场规划空域的要求。位于空中禁区和限制区附近的机场,应和有关部门研究确定机场与禁区和限制区边界间的距离、机场与相邻机场的间隔距离。
(2) 场址净空或经处理后的净空应符合《民用机场飞行区技术标准》的有关技术要求。如仍有局部不能满足要求的,应进行航行方面的专门研究。
(3) 场址应避开气象条件不良地区。
(4) 场址地域应满足飞行区所需的几何尺寸和构形的要求,同时也应满足机场导航台和助航灯光地段的要求。

（5）机场场址应远离候鸟群的习惯迁移飞行路线和吸引鸟类聚集的地区。

（6）场址与易爆易燃、产生大量烟雾以及电磁干扰等设施应根据有关要求保持必要的安全距离。

场址在为社会服务及环境方面应符合下列要求：

（1）场址地域范围应尽可能满足所服务城市和地区航空业务量发展的最大需求所需要的机场建设规模。

（2）场址与所服务城市的距离应根据城市发展规划、拟定的机场跑道方位、地面交通及公用设施的保障情况确定。

（3）拟建机场的起落航线与起飞着陆程序一般不宜飞越城市上空。必要时，应与有关当局协商允许飞越的高度和地域范围。

（4）跑道方向应避让学校、医院、精密仪表研究机构或工厂以及人口稠密的居民区等噪声敏感设施，并符合国家有关的噪声环境标准。

（5）机场建设应与当地城镇规划和土地使用规划相互协调。

（6）机场场址应与地区无线通信网站规划相协调。

场址在减少工程投资方面应符合下列要求：

（1）场址应选在地形、地势、地质等有利的地段；尽可能利用荒地、劣地、拆迁少的地区等。

（2）场址应尽可能避开地质不良地段。

（3）场址应尽量结合利用附近的道路、供油设施及城市公用设施的现有条件及发展规划，充分利用就近的地方建筑材料和工业材料。

第三节　机场净空

《中华人民共和国民用航空法》规定：禁止在依法规定的民用机场范围内和按照国家规定的机场净空保护区域内从事下列活动：

（1）修建可能在空中排放大量烟雾、粉尘、废气而影响飞行安全的建筑物或者设施；

（2）修建靶场、强烈爆炸物仓库等影响飞行安全的建筑物或者设施；

（3）修建不符合机场净空要求的建筑物或者设施；

（4）设置影响机场目视助航设施使用的灯光、标志或者物体；

（5）种植影响飞行安全或者影响机场助航设施使用的植物；

（6）饲养、放飞影响飞行安全的鸟类动物和其他物体；

（7）修建影响机场电磁环境的建筑物或者设施；

（8）禁止在依法划定的民用机场范围内放养牲畜。

由此可见，机场净空保护的好不好，直接关系到机场运行的安全，关系到旅客的生命安全。

本节的目的是规定在机场周围保持无障碍物的空域，使准备使用该机场的飞机能够安全运行，并防止由于机场周围障碍物增多而使机场变得无法使用。

一、障碍物限制面

1. 跑道限制面的规定

进近跑道的障碍物限制面的尺寸和坡度应符合表 2-1 规定值。供起飞用的跑道的障碍物限制面的尺寸和坡度应符合表 2-2 的规定值。

表 2-1 进近跑道的障碍物限制面的尺寸和坡度

障碍物限制面及尺寸	非仪表跑道 飞行区指标 I				非精密进近跑道 飞行区指标 I			精密进近跑道		
	1	2	3	4	1,2	3	4	I 类 1,2	I 类 3,4	II 或 III 类 3,4
锥形面										
坡度/%	5	5	5	5	5	5	5	5	5	5
高度/m	35	55	75	100	60	75	100	60	100	100
内水平面										
高度/m	45	45	45	45	45	45	45	45	45	45
半径/m	2000	2500	4000	4000	3500	4000	4000	3500	4000	4000
内进近面										
宽度/m	—	—	—	—	—	—	—	90	120[e]	120[e]
起端距跑道入口距离/m	—	—	—	—	—	—	—	60	60	60
长度/m	—	—	—	—	—	—	—	900	900	900
坡度/%	—	—	—	—	—	—	—	2.5	2	2
进近面										
起端宽度/m	60	80	150	150	150	300	300	150	300	300
起端距跑道入口距离/m	30	60	60	60	60	60	60	60	60	60
两条侧边散开率/%	10	10	10	10	15	15	15	15	15	15
第一段										
长度/m	1600	2500	3000	3000	2500	3000	3000	3000	3000	3000
坡度/%	5	4	3.33	3.33	3.33	2	2	2.5	2	2
第二段										
长度/m	—	—	—	—	—	3600[b]	3600[b]	12000	3600[b]	3600[b]
坡度/%	—	—	—	—	—	2.5	2.5	3	2.5	2.5
水平段										
长度/m	—	—	—	—	—	8400[b]	8400[b]	—	8400[b]	8400[b]
总长度/m	—	—	—	—	—	15000	15000	15000	15000	15000
过渡面										
坡度/%	20	20	14.3	14.3	20	14.3	14.3	14.3	14.3	14.3
内过渡面										
坡度/%	—	—	—	—	—	—	—	40	33.3	33.3
复飞面										

(续)

障碍物限制面及尺寸	非仪表跑道 飞行区指标Ⅰ				非精密进近跑道 飞行区指标Ⅰ			精密进近跑道		
								Ⅰ类		Ⅱ或Ⅲ类
	1	2	3	4	1,2	3	4	1,2	3,4	3,4
起端宽度/m	—	—	—	—	—	—	—	90	120e	120e
距跑道入口距离/m	—	—	—	—	—	—	—	c	1800d	1800d
散开率(每侧)/%	—	—	—	—	—	—	—	10	10	10
坡度/%	—	—	—	—	—	—	—	4	3.33	3.33

注：a. 除另有注明外，所有尺寸均为水平度量，单位为米；
　　b. 可变的长度(见"进近面")；
　　c. 距升降带端的距离；
　　d. 或距跑道端距离，两者取其小者；
　　e. 飞行区指标Ⅱ为F时，该宽度增加到155m。

表2-2　供起飞用的跑道的障碍物限制面的尺寸和坡度

起飞爬升面	飞行区指标Ⅰ		
	1	2	3 或 4
起端宽度/m	60	80	180
距跑道端宽度/m	30	60	60
散开率(每侧)/%	10	10	12.5
末端宽度/m	380	580	1200 或 1800c
总长度/m	1600	2500	15000
坡度/%	5	4	2d

注：a. 除另有注明外，所有尺寸均为水平度量，单位为米；
　　b. 设有净空道时，如净空道的长度超出规定的距离，起飞爬升面从净空道端开始；
　　c. 在仪表气象条件和夜间目视气象条件下飞行，当拟用航道含有大于15°的航向变动时，采用1800m；
　　d. 见本节"一、一般规定"中第9条。

2. 进近面

进近面是跑道入口前的一个倾斜的平面和几个平面的组合。其起端位于跑道入口前规定距离处，起算标高为跑道入口中心的标高。按表2-1规定的进近面起端位置、起端宽度和两条侧边的散开率自跑道中线延长线向两侧散开，并以规定的各段坡度和长度向上、向外延伸，直到进近面的外端。进近面的起端与外端垂直于跑道中线的延长线。

仪表进近跑道，坡度为2.5%的那部分进近面与下述面相交处以外的进近面必须是水平的；

（1）一个高于跑道入口中点标高150m的水平面；

（2）通过控制超障高度/超障高(OCA/H)的任何物体顶端的水平面。

两者中以较高的水平面为准。

3. 过渡面

过渡面应从升降带两侧边缘和部分进近面边缘作为起端，按表2-1规定的过渡面坡度向上和向外倾斜,直至与内水平面相交。过渡面沿升降带两侧边缘底边上每一点的起算标高应等于跑道中线与其延长线上距离最近一点的标高;沿进近面的过渡面底边上的每一点的起算标高应为进近面上该点的标高。

4. 内水平面

内水平面的起算标高应为跑道两端入口中点的平均标高。以跑道两端入口中点为圆心,按表2-1规定的内水平面半径画出圆弧,再以与跑道中线平行的两条直线与圆弧相切成一个近似椭圆形,形成一个高出起算标高45m的内水平面。

5. 锥形面

锥形面的起端应从内水平面的周边开始,其起算标高应为内水平面的标高,以1:20的坡度向上和向外倾斜,直到符合表2-1规定的锥形面外缘高度为止。

6. 内进近面

内进近面为紧靠跑道入口前的一块长方形。内进近面起端应与进近面的起端重合。按表2-1规定的内进近面的宽度、长度和坡度向上、向外延伸至内进近面的终端。如图2-1所示。

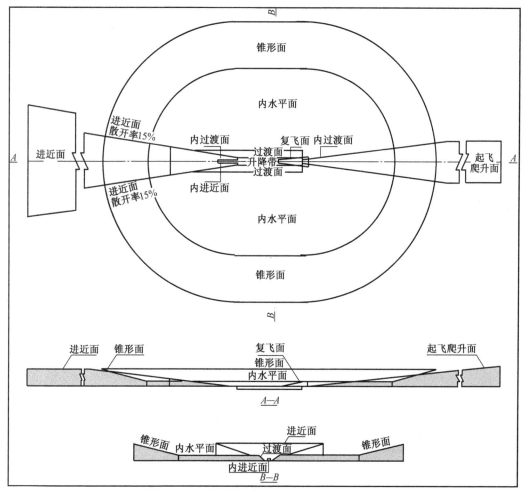

图2-1 障碍物限制面示意图

7. 内过渡面

内过渡面对助航设备、飞机和其他必须接近跑道的车辆等物体进行控制,除了易折装置的物体外不得突出该控制面。内过渡面的底边应从内进近面的末端开始,沿内进近面侧边延伸到该面的起端,然后从该处沿升降带平行于跑道中线至复飞面的起端,再从该起端沿复飞面的侧边,按表 2-1 规定的内过渡面的坡度向上和向外倾斜,直至与内水平面相交。内过渡面沿升降带两侧的底边上的每一点的起算标高应等于跑道中线与其延长线上的最近一点的标高;内过渡面沿内进近面和复飞面的底边上的每一点标高分别等于该面上每点的标高,见图 2-2。进近净空立体图见图 2-3。

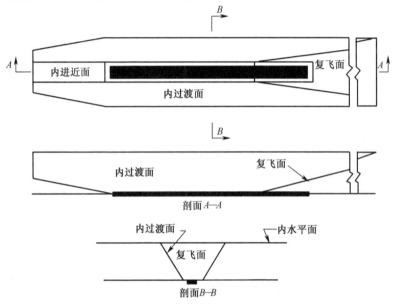

图 2-2 障碍物限制面——内进近面、内过渡面、复飞面

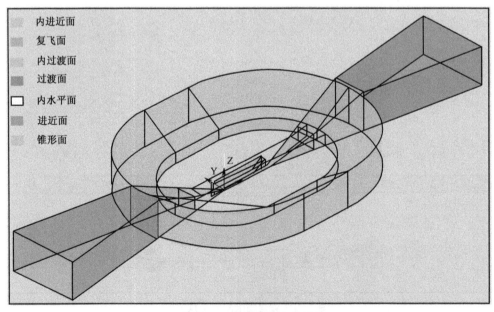

图 2-3 进近净空立体图

8. 复飞面

复飞面起端应位于跑道入口后面按表2-1规定的复飞面距离处并垂直于跑道中线，其起算标高为该起降跑道中线的标高；按规定的起端宽度、散开率的两侧散开，并以规定的坡度向上延伸，直至与内水平面相交。

9. 起飞爬升面

起飞爬升面起端应位于跑道端外规定距离处或净空道末端，其起端标高应等于跑道端至起飞爬升面起端之间的跑道中线延长线上的最高点标高，或当设有净空道时为净空道中线地面的最高点标高。起飞爬升面的起端宽度、末端宽度、两侧散开率、坡度及总长度等应符合表2-2中的规定值。

当起飞航道为转弯航道时，起飞爬升面必须是包含其中线水平法线的复合面，其中线坡度必须与直线起飞航道的坡度要求相同。

当准备使用该跑道的各种飞机的操作性能要求适合于应付临界的运行条件时，应考虑是否需要减少表2-2中所规定的坡度。如果减少了规定的坡度，则应对起飞爬升面的长度作相应的调整，使之提供保障直至末端300m的高度为止。

如当地条件与海平面标准大气条件相差很大时，宜将表2-2所规定的坡度适当减少。减小的幅度取决于当地条件与海平面标准大气条件之间的差异程度以及使用该跑道的飞机的性能特性和操作要求。

如已存在的物体没有达到2%坡度的起飞爬升面，新物体应限制在保持原有的无障碍物面或保持一个坡度减少至1.6%的限制面内。

二、障碍物限制要求

（1）跑道一端或两端同时作为飞机起飞和降落使用时，障碍物限制高度应按表2-1和表2-2中较严格的要求进行控制。

（2）内水平面、锥形面与进近面相重叠部分，障碍物限制高度应按较严格的要求进行控制。

（3）当一个机场有几条跑道时，应按表2-1和表2-2的规定分别确定每条跑道的障碍物限制范围，其相互重叠部分应按较严格的要求进行控制。

（4）非仪表跑道必须设立下列障碍物限制面：锥形面、内水平面、进近面、过渡面。

（5）非精密进近跑道必须设立下列障碍物限制面：锥形面、内水平面、进近面、过渡面。

（6）Ⅰ类精密进近跑道必须设立下列障碍物限制面：锥形面、内水平面、进近面、过渡面，并应设立下列障碍物限制面：内进近面、内过渡面、复飞面。

（7）Ⅱ类或Ⅲ类精密进近跑道必须设立下列障碍物限制面：锥形面、内水平面、进近面、内进近面、过渡面、内过渡面、复飞面。

（8）供起飞用的跑道必须设立起飞爬升面。

（9）新建筑物或现有建筑物进行扩建的高度均应按表2-1和表2-2中对各障碍物限制面的规定严格控制，并考虑机场发展对障碍物更严格的限制要求。在机场净空范围内超过规定限制高度的现有物体应予拆除或搬迁，除非：

① 经过专门研究认为在航行上采取措施，该物体不致危及飞行安全，并经民航行业

主管部门批准。该物体应按规定设置障碍灯和/或标志。

② 该物体被另一现有不能搬迁的障碍物所遮蔽。

遮蔽原则是指，当物体被现有不能搬迁的障碍物所遮蔽，自该障碍物顶点跑道相反方向为一水平面，向跑道方向为向下 1∶10 的平面，任何在这两个平面以下的物体，即为该不可搬迁的障碍物所遮蔽。遮蔽原则的应用应经航行部门研究认可。

（10）除了由于其功能需要必须设置在升降带上的易折物体外，所有固定物体不得超过内进近面、内过渡面或复飞面；在跑道用于飞机着陆期间，不得有运动的物体高出这些限制面。

三、障碍物限制面以外的物体

（1）障碍物限制面以外的机场地区，高出机场地面标高 150m 或更高的物体应视为障碍物，除非经航行部门研究认为它们并不危及飞行安全。

（2）物体未高出进近面，但对目视或非目视助航设备有不良影响时应尽可能地予以拆除。

（3）任何物体，经航行部门研究认为对飞机活动地区上或内水平面和锥形面范围内的空间的飞机有危害时，应视为障碍物，尽可能将其移去。

第四节　机场的空域规划

一、一般规定

（1）空域规划包括进离场航线、等待航线、仪表进近程序、复飞程序、目视盘旋飞行以及起落航线所需的空域。

（2）空中交通管制对一个机场或一条跑道需要的空域，一般根据使用飞机的分类、仪表进近和复飞以及仪表离场的方向，规划一个长方形的区域。这个区域未包括等待区和基线转弯所需的范围。

二、影响空域使用的主要因素

1. 地形限制

机场周围各个方向地形走势，对飞机的起飞离场、仪表进近和复飞的影响，应从当地气象条件、机场规划规模、预测飞行需求量以及能够达到的机场运行量最低标准等方面进行评价。当地形地势限制超过了使用机型爬升性能时，必须调整跑道方位以适应它的限制，否则只能另选场址。

2. 跑道的构型和使用

在制定每条跑道各个方向的离场航线和仪表进近程序时，应尽可能减少受地形的影响。对于平行或接近平行的多条跑道，应根据跑道不同的使用方式（独立平行进近、非独立平行进近、独立平行起飞、分开的平行运行）规划导航设施和必要的空域。

3. 邻近机场的空域、航线的限制

原则上一个机场的管制区、等待空域和进离场航线，应与相邻机场的空域和航线分开。如果两个或几个机场距离较近、航线交叉、空域重叠,影响彼此的飞行时,宜考虑设置终端管制区,统一管制两个机场的进、离场飞行。

4. 空域、航路结构的限制

机场空域及其进离场航线的划分设计要充分考虑邻近机场的空域和航路结构的状况,做到与现行和规划调整的空域、航路结构相结合。

5. 空中交通管制服务方式的限制

机场空域要与机场提供的空中交通管制服务方式相结合,考虑该机场空域的管制服务类型,满足程序或雷达管制服务条件下飞行间隔的标准,便利调配空中交通,提高空中交通流量。

三、机场规划空域

1. 机场仪表飞行的雷达空域

(1) A/B类飞机正班使用的机场,纵向要求的空域长度,从跑道中心起算,进近方向为20km,起飞方向为10km。这样,当跑道使用双向仪表进近时,空域总长度为40km;当跑道使用单向仪表进近时,为30km。空域宽度为跑道中心线及延长线两侧各7.5km,总宽15km。

(2) C/D类飞机正班使用的机场,纵向要求的空域长度,从跑道中心起算,进近方向为30km,起飞方向为20km。这样,当跑道使用双向仪表进近时,空域总长度为60km;当跑道使用单向仪表进近时,为50km。空域宽度为跑道中心线及延长线两侧各10km,总宽20km。

这样的长方形的空域为机场的跑道中线两侧各提供一条与跑道中线间距6.0km的平行航迹。

(3) 一个地区内存在几个机场时,各机场的主要仪表跑道,应采用接近相同的方位,使彼此的仪表空域之间能保持最大的间隔。

2. 相邻机场的空域间隔

(1) A/B类飞机正班使用的两个相邻机场的空域,其纵向边界之间应保持4km的间距,即两机场跑道中心线的间隔为19km。

(2) C/D类飞机正班使用的两个相邻机场的空域,其跑道中心线的间隔为20km。即两机场空域的纵向边界相接,但不重叠。

(3) 大都市地区空中交通密集的机场C/D/E类飞机正班使用的两个相邻机场的空域,其纵向边界之间宜保持10km的缓冲带,即两机场跑道中心线的间隔为30km。

3. 无雷达覆盖的机场空域

在无雷达覆盖的机场的仪表飞行空域与不同飞机分类要求的雷达空域相同,但在相邻机场之间的空域内应避免建立飞行程序和起落航线。

第五节 飞行区规划设计

一、一般规定

(1) 飞行区的规划必须结合地形地貌、周围环境、土地使用及远期航空业务量预测的要求进行。

(2) 飞行区规划应满足近期使用及远期规划的飞机运行特性、尺寸、重量以及风力负荷、净空条件及机型组合和运行架次的要求。

(3) 飞行区规划应与机场空域、空中交通管制设施以及目视助航设施的规划协调一致。

(4) 在进行飞行区规划时,应研究机场其他各功能区和设施布局的合理性,特别是旅客航站区、货运区和机务维修区。

(5) 对飞行区各组成部分的规划应注意彼此之间的有机协调。近期规划要考虑远期发展的可能。

(6) 飞行区指标及各组成部分的平面尺寸与间距以及机场净空要求应符合《民用机场飞行区技术指标》的规定。

二、跑道的位置和方位

(1) 跑道的位置和方位应以不影响机场飞行安全、运营高效与环境噪声等重要因素为前提综合确定。

(2) 跑道的位置和方位应根据机场净空条件、风力负荷、运行的类别、与城市和相邻机场之间的关系、现场的地形和地貌、工程地质和水文地质情况、噪声影响等各项因素进行综合分析确定。

(3) 机场的跑道方位应使该机场的飞机的机场利用率不少于95%。

三、跑道的数量及构型

出现下列情况时,应规划增加跑道:

(1) 在航空需求量预测超过或5年内达到现有跑道的运行容量时,应规划增加跑道。通常,增加的一条或几条跑道应平行于主跑道。

(2) 当规划跑道的方位不能满足经常使用或规划飞机的风力负荷要求(不小于95%)时,宜增设侧风跑道。

(3) 当规划跑道方向难于避开噪声敏感、地形复杂或有障碍物等地区时,需增加交叉或开口的V形跑道以满足规划机场的容量。

跑道构形应根据规划机场的运行条件选用如下几种形式:

(1) 单条跑道——大多数机场跑道构形的基本形式,见图2-4。

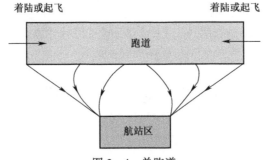

图 2-4 单跑道

(2) 两条跑道——相互平行或基本平行、远距或近距的两条,见图 2-5。

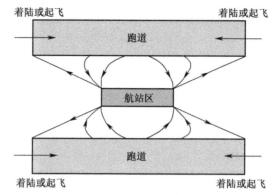

图 2-5　双跑道

(3) 两条跑道——不平行或相互交叉的两条跑道的构形。

(4) 三条或四条跑道——相互平行或基本平行、远距或近距的多条跑道,见图 2-6。

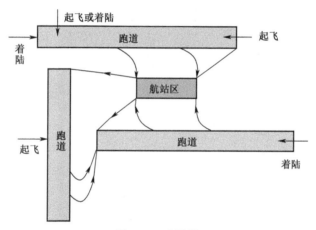

图 2-6　多跑道

(5) 三条、四条甚至更多条跑道——平行或不平行的三条或多条跑道构形,见图 2-7。

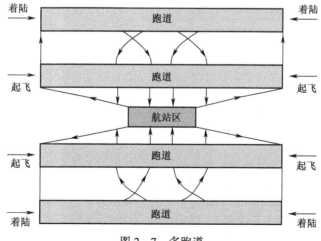

图 2-7　多跑道

各种跑道构型的小时容量和年服务量见表2-3。

表2-3 各种跑道构型的小时容量和年服务量

顺序	跑道构形	组合指数②(%)/(C+3D)	小时容量/(架次/时) 目视飞行	小时容量/(架次/时) 仪表飞行	年服务量/(架次/年)
1		81~120 121~180	55 51	53 50	210000 240000
2	210~760m①	81~120 121~180	105 94	59 60	285000 340000
3	751①~1310m	81~120 121~180	111 103	70 75	300000 365000
4	≥1310m	81~120 121~180	111 103	105 99	315000 370000
5		81~120 121~180	77 73	59 60	225000 265000
6		81~120 121~180	77 73	59 60	225000 265000
7		81~120 121~180	76 72	59 60	225000 265000
8	210~760m 210~760m	81~120 121~180	149 129	70 75	310000 375000
9	210~760m 761~1065m	81~120 121~180	161 146	70 75	315000 385000
10	210~760m ＞1065m	81~120 121~180	161 146	117 120	51000 645000
11	210~760m ＞1065m 210~760m	81~120 121~180	210 189	117 120	565000 675000

(续)

顺序	跑道构形	组合指数②(%)/(C+3D)	小时容量/(架次/时) 目视飞行	小时容量/(架次/时) 仪表飞行	年服务量/(架次/年)
12	210~760m	81~120 121~180	148 129	55 60	300000 355000
13	210~760m	81~120 121~160	105 94	59 60	285000 340000
14	210~760m①	81~120 121~180	105 94	59 60	285000 340000
15	761①~1310m	81~120 121~180	111 103	70 75	300000 365000
16	>1310m	81~120 121~180	111 103	105 99	315000 370000
17	210~760m / 210~760m	81~120 121~180	146 129	59 60	300000 335000
18	210~760m / 210~760m	81~120 121~180	146 129	59 60	300000 355000

注：① 此值适用于前后错开的平行跑道的当量间距，当量间距的确定方法：

(a) 如果是向较近的入口进近，并且跑道实际间距<1310m，则当量间距为按实际间距加上，每错开150m增加30m，直至最大限值1310m为止。

(b) 如果是向较远的入口进近，并且跑道实际间距>300m，则当量间距为按实际间距减去，每错开150m减少30m，直至最小限值210m为止。

② 组合指数是指 C 类飞机所占百分数，加上 3 倍 D 类飞机所占百分数，C 类飞机指最大起飞质量 5670~136080kg 尾流涡流分类属大型的飞机，D 类飞机指最大起飞质量>136080kg 尾流涡流分类属重型的飞机。

四、跑道

1. 跑道的长度

（1）当规划了主要使用机型及具体航程时,跑道长度应按该机型及具体航程以及当地条件计算确定。

（2）当规划了主要使用机型但未规划具体航程时,跑道长度应按该机型的最大起飞重量、飞机的性能以及当地条件计算确定。

（3）当仅有规划的飞行区等级、未规划具体机型与具体航程时,跑道长度应按适应该飞行区指标的几种主要机型以及当地条件计算后确定。

（4）当场地受限制时,跑道长度应按可能的最大长度确定。

（5）当规划机型的着陆长度大于起飞长度时或跑道主要用于着陆时,跑道长度按使用机型的着陆重量、性能特性和当地条件计算确定。

（6）如果场地条件允许,应预留今后跑道延长的可能。

2. 跑道的宽度

跑道宽度应不小于表2-4规定的值。

表2-4　跑道宽度　　　　　　　　　　（m）

飞行区指标Ⅰ	飞行区指标Ⅱ					
	A	B	C	D	E	F
1*	18	18	23	—	—	—
2*	23	23	30	—	—	—
3	30	30	30	45	—	—
4	—	—	45	45	45	60

＊注：飞行区指标Ⅰ为1或2的精密进近跑道的宽度应不小于30m。

3. 跑道道肩

跑道道肩应符合下列要求：

（1）跑道道面两侧道肩的最小宽度应为1.5m;

（2）飞行区指标Ⅱ为D或E的跑道,其道面及道肩的总宽度不小于60m;

（3）飞行区指标Ⅱ为F的跑道,其道面及道肩的总宽度不小于75m。

跑道道肩的强度和结构应满足飞机偶然滑出跑道时不致造成飞机的结构损坏,并能承受偶然通过的车辆荷载。跑道道肩表面应能防止被飞机气流吹蚀。

跑道道肩与跑道相接处的表面应齐平。道肩横坡宜较跑道道面横坡大0.5%~1%,但道肩最大横坡应不大于2.5%。

五、平行跑道间距的规划

（1）同时使用非仪表平行跑道进行着陆和起飞时,平行跑道中心线之间的最小间距应为210m。当考虑重型喷气机造成的尾流湍流影响时,平行跑道中心线间距不得小于750m。

（2）同时使用平行仪表跑道,在规定的运行条件下,两条平行跑道中心线的最小间距应为：

① 独立平行进近——1035m；
② 非独立平行进近——915m；
③ 独立平行起飞——760m；
④ 分开的平行起飞——760m。

（3）同时使用平行仪表跑道，分开的平行运行条件下，两条平行跑道中线的最小间距应为：

① 两条跑道入口未错开时，760m。
② 当跑道入口错开，而进近是向着近的跑道入口时，则跑道入口每错开150m，其间距可减少30m，但减少后的间距最少不得少于300m。E类飞机使用的跑道，建议其间距不少于360m。
③ 当跑道入口错开，而进近是向着远的跑道入口时，则按跑道入口每错开150m，其间距应增加30m。

六、滑行道系统的规划原则

（1）滑行道系统应包括：进口与出口滑行道；平行与双平行滑行道；旁通、相交或联络滑行道；以及停机坪滑行道与滑行通道，见图2-8。

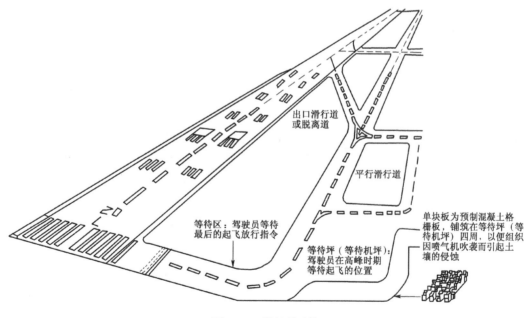

图2-8 滑行道系统

（2）滑行道系统规划应为各条跑道、旅客航站楼、货运站、各机坪区的飞机来往滑行提供运行便捷。为保持流程通畅，应使需要改变飞机滑行速度的地点减至最小。
（3）规划的滑行道系统应满足规划的跑道系统各规划分期的飞机起降架次需求量。
（4）在规划多条跑道的滑行道系统时，应尽量减少横向跨越跑道。
（5）尽可能避免飞机的滑行干扰导航设备及影响飞机停放。

七、滑行道系统的规划

滑行道应根据机场交通量发展情况分期设置。

（1）当年需求量小于20000起降架次时，对于单条跑道的滑行道系统，宜设置连接跑道与站坪的一条或两条直角进、出口滑行道和跑道两端的掉头坪，见图2-9（a）。必要时，跑道中部地段再增加1~2个掉头坪。

（2）当年需求量超过20000起降架次时，单条跑道宜设置部分平行滑行道，见图2-9（b）。同时，在它与跑道和站坪间布置相应的进口和出口滑行道。

（3）当年需求量超过40000起降架次时，或者当典型高峰小时达到16起降架次时，单条跑道应设置与跑道等长的平行滑行道、跑道两端的滑行道以及跑道中部地段的2~3条出口滑行道，见图2-9（c）。

（4）当年需求量达到70000起降架次时，或者当典型高峰小时达到26起降架次时，单条跑道每一方向的着陆地段设置2~3条快速出口滑行道，同时跑道两端应布置旁通滑行道或等待坪，见图2-9（d）。当为单向跑道时，则只需在单向的着陆地段和起飞端设置。

（5）当年需求量超过70000起降架次时，或者当典型高峰小时达到26起降架次时，根据旅客航站区构型需要，宜设置第二条平行滑行道；双平行滑行道之间应布置若干联络滑行道，见图2-9（e）。

（6）2条或2条以上跑道的机场，应根据地面运转的需要，在合适位置安排跑道与跑道连接的联络滑行道。对于2条平行跑道，联络滑行道应不少于2条，当联络滑行道兼做站坪通道时，必须增加为3条或4条。

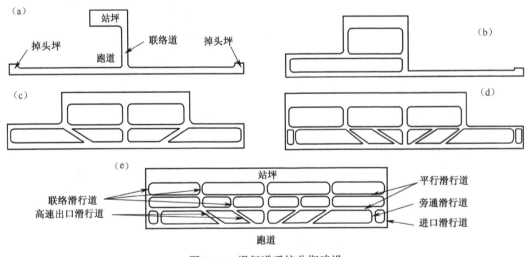

图2-9 滑行道系统分期建设

八、滑行道的具体要求

1. 滑行道的宽度

滑行道道面的宽度，应使当滑行的飞机的驾驶舱位于滑行道中线标志上时，飞机的主起落架外侧主轮与滑行道道面边缘之间的净距不小于表2-5的规定值。

表 2-5　飞机主起落架外侧主轮与滑行道道面边缘之间的最小净距

飞行区指标Ⅱ	净距/m
A	1.5
B	2.5
C	飞机前后轮距<18m 时,3.0 飞机前后轮距≥18m 时,4.5
D	4.5
E	4.5
F	4.5

注：① 飞机前后轮距是指飞机前起落架到主起落架的几何中心的距离；
　　② 飞行区指标Ⅱ为 F 且高交通密度时,宜要求机轮至滑行道道面边缘间的净距大于 4.5m,以允许较高的滑行高度；
　　③ 滑行道直线部分的道面宽度应不小于表 2-6 的规定值。

表 2-6　滑行道直线部分的道面的最小宽度

飞行区指标Ⅱ	滑行道道面的最小宽度/m
A	7.5
B	10.5
C	飞机前后轮距<18m 时,15 飞机前后轮距≥18m 时,18
D	飞机外侧主起落架轮距<9m 时,18 飞机外侧主起落架轮距≥9m 时,23
E	23
F	25

2. 滑行道的弯道

滑行道的弯道的转弯半径应满足飞机转弯性能的要求。弯道的设计应使当飞机的驾驶舱位于滑行道中线标志上滑行时,飞机的主起落架外侧主轮与滑行道道面边缘之间的净距不小于表 2-5 中的规定值。

3. 滑行道增补面

滑行道与跑道、机坪以及其他滑行道的连接处和交叉处以及滑行道转弯处,应设增补面。增补面的设计应满足飞机通过上述位置时,飞机主起落架的外侧主轮与滑行道道面边缘之间的净距符合表 2-5 中的规定值。

4. 滑行道道肩的宽度

（1）飞行区指标Ⅱ为 C、D、E 和 F 的滑行道两侧应设对称的道肩。滑行道直线段道面及两侧道肩的总宽度应不小于表 2-7 的规定值。

（2）在滑行道的弯道或交叉处等设有增补面的地段,其道肩宽度应与其相连接的滑行道直线段的道肩宽度相同。

表2-7 滑行道直线段道面及道肩的最小总宽度

飞行区指标Ⅱ	滑行道直线段道面及道肩的最小总宽度/m
C	25
D	38
E	44
F	60

5. 滑行道的最小间距

滑行道与跑道、其他滑行道以及物体之间的净距应不小于表2-8中规定值。

表2-8 滑行道的最小间距 （m）

基准代字	滑行道中线与跑道中线的距离							滑行道中线与滑行道中线的间距	滑行道（不包括机位滑行通道）中线至物体距离	机位滑行通道中线至物体距离
	仪表跑道				非仪表跑道					
	飞行区指标Ⅰ				飞行区指标Ⅰ					
	1	2	3	4	1	2	3	4			
A	82.5	82.5	—	—	37.5	47.5	—	—	23.75	16.25	12
B	87	87	—	—	42	52	—	—	33.5	21.5	16.5
C	—	—	168	—	—	—	93	—	44	26	24.5
D	—	—	176	176	—	—	101	101	66.5	40.5	36
E	—	—	—	182.5	—	—	—	107.5	80	47.5	42.5
F	—	—	—	190	—	—	—	115	97.5	57.5	50.5

注：① 本表为国际民航组织建议的尺寸；
② 物体包括固定物体（如道路和房屋等建筑物）和移动物体（如飞机等）。

九、飞行区其他部位的要求

1. 升降带

（1）飞行区内必须设置升降带。升降带包含跑道及停止道（当设置时）。

（2）升降带的长度。升降带必须自跑道端（或停止道端）向外至少延伸如下距离：

① 飞行区指标Ⅰ为2、3或4，60m；
② 飞行区指标Ⅰ为1并为仪表跑道，60m；
③ 飞行区指标Ⅰ为1并为非仪表跑道，30m。

（3）升降带的宽度应不小于表1-5中的规定值。

（4）升降带内的物体：

① 位于升降带上可能对飞机构成危险的物体，应视为障碍物并尽可能将其移去。

② 除了为保证飞行安全所必须的并符合易折要求的助航设备外，升降带下列范围内不应有固定的物体。

——飞行区指标Ⅰ为4和飞行区指标Ⅱ为F的Ⅰ、Ⅱ、Ⅲ类精密进近跑道，距跑道中线两侧各77.5m以内。

——飞行区指标Ⅰ为3或4的Ⅰ、Ⅱ、Ⅲ类精密进近跑道，距跑道中线两侧各60m

以内。
——飞行区指标Ⅰ为1或2的Ⅰ类精密进近跑道,距跑道中线两侧各45m以内。

当跑道用于起飞或着陆时,升降带上述区域内不得有可移动的物体。

(5) 升降带的平整:

① 升降带每侧应予以平整的最小范围应符合表2-9的规定。

表2-9 升降带平整的最小范围(自跑道中线及其延长线向每侧延伸) (m)

跑道运行类型	飞行区指标Ⅰ		
	3或4	2	1
仪表跑道	75	40	40
非仪表跑道	75	40	30

② 飞行区指标Ⅰ为3或4的精密进近跑道的升降带宜进行较大范围的平整,建议的平整范围如图2-10所示,并应考虑设置在升降带内导航设施对场地平整的要求。

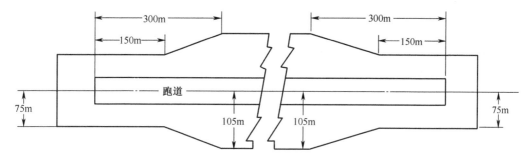

图2-10 飞行区指标Ⅰ为3或4的精密进近跑道升降带建议平整范围

③ 升降带的土质表面高程与其相接的道肩表面齐平,最多不低于3cm。

2. 跑道端安全区

(1) 飞行区指标Ⅰ为3或4及飞行区指标Ⅰ为1或2并为仪表跑道时,必须在升降带两端设置跑道安全区。

(2) 跑道安全区的尺寸:

① 跑道端安全区必须自升降带端向外至少延伸90m。

② 飞行区指标Ⅰ为3或4的跑道端安全区宜自升降带端向外延伸240m;飞行区指标Ⅰ为1或2的跑道端安全区宜自升降带向外延伸120m。

③ 跑道端安全区的宽度必须至少等于与其相连的跑道宽度的2倍,条件许可时应不小于与其相联的升降带平整部分的宽度。

(3) 跑道端安全区内可能对飞机构成危险的物体,应尽可能移去。

3. 净空道及停止道

(1) 净空道及停止道应根据跑道端外地区的物理特性和飞机的运行性能要求等因素决定是否设置。

(2) 净空道的起点应位于起飞滑跑距离的末端。净空道的长度应不大于可用起飞滑跑距离的1/2;宽度应自跑道中线延长线向两侧延伸不少于75m。

(3) 净空道上对空中的飞机安全有危害的物体应移去。因航行需要必须在净空道地

37

面上设置的设备或装置应满足易折要求,安装高度尽可能低。

(4) 停止道的宽度必须等于与其相联接的跑道的宽度。

(5) 停止道的强度应能承受当飞机中断起飞在其上运行时不致引起飞机结构的损坏。停止道表面的摩阻特性应良好。

4. 无线电高度表操作场地

(1) 精密进近跑道宜在入口前设立一个无线电高度表操作场地。

(2) 无线电高度表操作场地的长度应自跑道入口向外延伸不小于300m,其宽度应自跑道中线延长线每侧横向延伸60m,在特殊环境下,经行业主管部门批准该宽度可以减少到30m。

(3) 在无线电高度表操作场地上,应避免坡度变化或保持最小的变化。当坡度不能避免时,边坡应平缓,避免急剧的边坡或反坡。

5. 防吹坪

(1) 跑道两端应设防吹坪。防吹坪应自跑道端至少向外延伸30m,其宽度等于跑道和道肩的总宽度。

(2) 防吹坪表面应与其相联的跑道表面齐平,并应具有良好的摩阻力。防吹坪应能承受飞机气流的吹蚀,其强度应满足飞机过早接地或冲出跑道时对飞机的危害最小。

6. 等待坪、跑道等待位置、中间等待位置和道路等待

(1) 机场交通密度为中或高的飞行区应设置等待坪。

(2) 下列位置必须设立一个或几个跑道等待位置:

① 滑行道上滑行道与跑道相交处;

② 一条跑道与另一条跑道相交处,当前者跑道是一条标准滑行路线的一部分时。

(3) 滑行道上滑行的飞机或行驶的车辆突出障碍物限制面或干扰无线电助航设备时,在该滑行道上必须设立跑道等待位置。

(4) 除了跑道等待位置,滑行道上其他需要规定等待限制的地方,应设立中间等待位置。

(5) 道路与跑道相交处必须设立道路等待位置。

(6) 在滑行道/跑道相交处的等待坪、跑道等待位置或与跑道中线相交处的道路位置与跑道中线之间的距离应符合表2-10中的规定值。对于精密进近跑道,必须使等待的飞机或车辆不干扰无线电助航设备的运转。

表2-10 等待坪、跑道等待位置或道路等待位置距跑道中线的最小距离 (m)

跑道运行类型	飞行区指标 I			
	1	2	3	4
非仪表跑道	30	40	75	75
非精密进近跑道	40	40	75	75
I 类精密进近跑道	60[b]	60[b]	90[a,b]	90[a,b,c]
II 类及 III 类精密进近跑道	—	—	90[a,b]	90[a,b,c]
起飞跑道	30	40	75	75

注:a. 如果等待坪、跑道等待位置或道路等待位置的海拔高于跑道入口,则不高出1m,距离增加5m;如果该海拔低于跑道入口,则每低1m,此距离可减少5m,但以不突出内过渡面为准。

b. 为了避免干扰无线电助航设备,特别是下滑航道和航向设施,需要时应增加距离以避开仪表着陆系统的敏感区。

c. 飞行区指标II为F时,该距离为107.5m。

(7) 飞行区指标Ⅰ为4的精密进近跑道,当机场海拔大于700m时,按表2-10规定的90m距离,还应按下述原则增加：
① 海拔700~2000m,超过700m后按每100m增加1m;
② 海拔超过2000~4000m,13m基数再加超过2000m后按每100m增加1.5m;
③ 海拔超过4000~5000m,43m基数再加超过4000m后按每100m增加2m。

(8) 按本标准的规定而设立的跑道等待位置必须使等待的飞机或车辆不侵犯无障碍物区、进近面、起飞爬升面或仪表着陆系统的临界/敏感区,或不干扰无线电助航设备的运行。

7. 机坪

1) 机坪布局

机坪布局应根据机坪的类别、停放飞机的类型和数量、飞机停放方式、飞机间的净距、飞机进出机位方式等各项因素确定。

2) 机坪停放飞机的净距

机坪停放飞机的净距应不小于表2-11的规定值。飞行区指标Ⅱ为D、E、F在机头向内停放时,停放飞机与飞机以及相邻的建筑物、其他物体之间的净距在下述情况下可适当减小：

(1) 旅客航站任何固定的旅客登机桥与机头之间；
(2) 提供有由目视停靠引导系统的方位引导的机位上的任何部分。

表2-11 机坪停放飞机的最小净距　　　　　　　　　　　　　　　(m)

飞行区指标Ⅱ	F	E	D	C	B	A
机坪上停放的飞机与滑行道上滑行的飞机之间的净距	17.5	15	14.5	10.5	9.5	8.75
在机坪滑行通道上滑行的飞机与停放的飞机、建筑之间的净距	10.5	10	10	6.5	4.5	4.5
机坪上停放的飞机与另一机位的飞机以及邻近的建筑物、其他物体之间的净距	7.5	7.5	7.5	4.5	3	3
停放的飞机主起落架外轮与机坪道面边缘的净距	4.5	4.5	4.5	4	2.25	1.5
机坪服务车道安全线距停放飞机的净距	3	3	3	3	2	1

3) 隔离机位

飞行区指标Ⅱ为D、E、F的机场宜设置一个隔离机位,用以停放不宜与其他混停的飞机。隔离机位距其他机位、建筑物或公用地区的净距不小于100m,并不得位于地下燃气、燃油管道以及电力或通信电缆之上。

4) 除冰/防冰设施

(1) 在可能出现飞机结冰情况的机场,应设置飞机除冰/防冰设施。
(2) 除冰/防冰设施应设置在飞机机位上或平行滑行道靠近起飞跑道的端部。除冰/防冰设施位置应能保证除冰/防冰后飞机在起飞时不致重新结冰。
(3) 位于平行滑行道、靠近起飞跑道端部的远距除冰/防冰设施不应突出障碍物限制面。不干扰无线电助航设备,并且塔台管制员能看到除冰处理过的飞机。
(4) 除冰/防冰坪的数量应根据机场气候条件、要进行除冰/防冰飞机的类型、使用除冰/防冰液的方法、配药设施的类型和容量以及飞机出港流量等因素确定。

习题与思考题

1. 空域分为哪两大类？
2. 跑道系统有哪几类基本构型？
3. 画出长 3000m、宽 45m 机场基准代码为 4E 的跑道所需的道肩、净空道、升降带和跑道端安全地区。
4. 障碍物限制面有哪几种面？
5. Ⅰ类精密进近跑道必须设置哪几种障碍物限制面？
6. 滑行道系统由哪几部分构成？
7. 设置快速出口滑行道的意义是什么？

第三章 地势设计及土石方工程

第一节 地势设计概述

机场工程,首先需改变天然地面,满足一定的技术标准要求。这一改造设计工作,称为地势设计或竖向设计。

一、机场地势设计的任务和要求

1. 机场地势设计的任务

机场地势设计的任务,就是设计出一个合理的飞行场地地势表面,使得在满足飞机起飞、着落、滑跑和停放的安全要求的前提下,土石方工程量最小。

简单地说,一要满足使用要求,二要经济。

2. 机场地势设计的基本要求

机场地势设计的基本要求主要包括如下几个方面:

(1) 符合技术标准要求。修建机场主要是供飞机在地面上活动用的。因此,设计出来的飞行场地地势表面首先必须保证飞机起飞、着落和滑跑的安全。符合技术标准要求是保证飞机活动安全的必要条件。

(2) 便于机场排水。机场地势设计时,同时也应考虑到机场排水设计的问题,使场区内的水能够尽快地排出去,从而提高机场的使用效率。

(3) 尽量减少土石方工程量。不仅挖填土石方的总量要少,土石方调运的平均运距要短,而且,应尽可能使场区内达到挖填平衡。

(4) 适当考虑机场发展的要求。机场地势设计时,应适当考虑机场的远期规划,考虑机场等级提高后跑道延长、飞行区尺寸构型变化发展后能否满足技术标准要求等。

二、机场地势设计的特点

机场地势设计具有如下几个特点:

1. 面状设计

公路、铁路都是横向尺寸小,纵向很长,它们的横向影响相对较小。这种窄而长的设计,称为线状设计。机场的宽度相对于公路、铁路来说要宽得多,飞行场地的长度和宽度之比不太大,它的横向影响较大,这种设计称为面状设计。因此,在进行机场地势设计时,应充分考虑横向的影响。

2. 土石方工程量大

机场的土石方工程量,少则几十万立方米,多则几百万、几千万立方米。土石方工程投资费用约占场道工程投资的30%,而一些山区机场所占比例更高。地势设计的合理与否使得土石方投资费用相差几百万、甚至几千万元。因此,地势设计的合理与否对机场工程的投资影响较大。

3. 综合考虑因素较多

地势设计是整个机场设计的关键环节,不仅影响到机场的净空条件、机场总体布局、机场的排水能力以及机场道面的设计,还同样关系到机场助航灯光、通信导航设施的设置、航管楼、航站楼的布置等。

第二节 机场地势设计的技术标准要求

飞机在飞行场区内进行起飞、着落、滑行等活动过程中,由于其活动的方式和运行的速度在飞行场地的不同部位是不一样的,它对飞行场地的各个组成部分的表面要求也就有所不同。因此,为了保证飞机在飞行场区内活动的安全,就必须对飞行场地不同部位的设计表面分别做出相应的要求。

机场地势的技术标准要求可分为三大类,即:坡度、变坡和视距。

坡度是地表陡缓的程度,通常把坡面的垂直高度 H 和水平距离 L 的比叫做坡度,用字母 i 表示。当坡度改变时所形成的转折角,叫做变坡值。

飞行员坐在驾驶室内所能看到的前方跑道上具有一定高度的障碍物的最远距离叫做视距。以下就飞行区的不同部位介绍机场地势设计的技术标准。

一、跑道坡度

1. 纵坡

跑道的纵坡应尽可能平缓。跑道各部分纵坡应不大于表 3-1 中的规定值。

表 3-1 跑道各部分的最大纵坡

飞行区指标 I	4	3	2	1
跑道有效坡度	0.010	0.010	0.020	0.020
跑道两端各 1/4 长度	0.008	0.008	0.020	0.020
跑道其他部分	0.0125	0.015	0.020	0.020

注:跑道有效坡度为跑道中线上最高点和最低点标高之差除以跑道长度。

跑道有效坡度的计算为

$$i = \frac{H_F - H_B}{L} = \frac{\Delta H}{L}$$

式中: i 为跑道有效坡度; ΔH 为跑道中线最高点和最低点高程差(米),见图 3-1; L 为跑道长度(m)。

2. 横坡

如果跑道的横向坡度过大,就会影响飞机滑跑的安全与稳定;而如果跑道的横向坡度过小,排水能力较差,容易引起道面表面积水,在有侧风的湿跑道上,带来飞机滑溜的安全隐患,因此,为保证机场的正常使用,必须对最大和最小横坡加以限制。

为加速排水,跑道横坡宜采用双面坡,跑道中线两侧的横坡应对称,各部分的横坡应基本一致。跑道横坡应符合表 3-2 中的规定值。

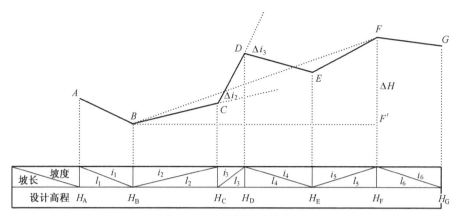

图 3-1 跑道纵断面示意图

表 3-2 跑道横坡

飞行区指标Ⅱ	F	E	D	C	B	A
最大横坡	0.015	0.015	0.015	0.015	0.020	0.020
最小横坡	0.010	0.010	0.010	0.010	0.010	0.010
注:跑道与滑行道相交处可根据需要采用较平缓的坡度。						

3. 纵向变坡

当飞机机轮通过变坡点时,起落架上会产生附加荷载。在凸形变坡上,起落架上的荷载是先小后大,逐渐衰减,在凹形变坡上起落架上的荷载是先大后小,逐渐衰减。起落架上所产生的附加荷载的大小,主要取决于飞机通过变坡点时的滑跑速度和变坡值的大小。为了保障飞机有足够的滑跑速度和飞机的安全(起落架不受损伤),同时还要考虑到飞机上的人员不至于产生很不舒服的感觉,就必须限制变坡值的大小。

当相邻两坡度方向相同时,变坡值为两坡度之差,如图 3-1 中 $\Delta i_2 = i_3 - i_2$。当相邻两坡度方向相反时,变坡值为两坡度之和,$\Delta i_3 = i_3 + i_4$。

在变坡不能避免的地方,相邻两个坡度变化应不大于:

(1) 飞行区指标Ⅰ为 3、4 时,1.5%;

(2) 飞行区指标Ⅰ为 1、2 时,2%。

4. 变坡曲线的曲率半径

为了减小飞机通过变坡点时机轮上所产生的附加荷载,实际设计时,变坡点位置处通常需设变坡曲线,即从一个坡度过渡到另一个坡度应采用不大于表 3-3 中变率的曲面来完成。

表 3-3 变坡曲线曲率半径

飞行区指标Ⅰ	4	3	2	1
变坡曲线的最小曲率半径/m	30000	15000	7500	7500
曲面变率(每 30m)	0.001	0.002	0.004	0.004

5. 变坡间距

相邻两变坡点之间的水平距离,叫做变坡间距。

当飞机机轮通过变坡点后附加荷载是逐渐衰减的。但是,如果衰减的程度还未达到较弱时,机轮又通过了下一个变坡点,此时,机轮上的附加荷载就会叠加,从而产生更大的附加荷载,这是很不利的。因此,变坡间距不宜太短,必须避免过近的起伏或明显的变坡。两个相邻的曲线变坡点间的距离应不小于下述二值中的大者:

(1) 两个相应变坡的绝对值之和乘以下曲率半径的数值:

① 飞行区指标Ⅰ为4的跑道,30000m;

② 飞行区指标Ⅰ为3的跑道,15000m;

③ 飞行区指标Ⅰ为2或1的跑道,5000m;

下例说明变坡之间的距离如何确定,如图3-2所示:

$$D = R \times (|i_3 - i_2| + |i_3 + i_4|) = R \times (\Delta i_2 + \Delta i_3)$$

式中:D 为变坡间距(m),$C'D'$;R 为曲率半径(m)。

(2) 45m。

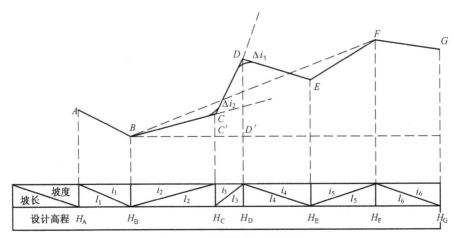

图3-2 跑道纵断面示意图

6. 跑道视距

当跑道纵向变坡不能避免时,应具有下列无障碍视线:

飞行区指标Ⅱ为C、D、E、F的跑道,在高于跑道3m的任何一点应通视至少半条跑道长度内的高于跑道3m的任何其他点;

飞行区指标Ⅱ为B的跑道,在高于跑道2m的任何一点应通视至少半条跑道长度内的高于跑道2m的任何其他点;

飞行区指标Ⅱ为A的跑道,在高于跑道1.5m的任何一点应通视至少半条跑道长度内的高于跑道1.5m的任何其他点。

跑道视距示意图见图3-3。

在进行地势的纵断面设计时,应采用边设计边修正的方法,纵断面线形确定后,应再对纵断面的视距进行一次全面的检查或修正,才能确保视距满足技术标准的要求。

二、滑行道坡度

1. 滑行道坡度

滑行道的纵、横坡度及纵向变坡应符合表3-4中的规定值。

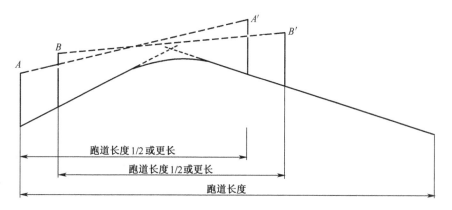

图 3-3 跑道视距示意图

表 3-4 滑行道坡度

	飞行区指标Ⅱ	F	E	D	C	B	A
纵坡	不大于	0.015	0.015	0.015	0.015	0.030	0.030
	变坡曲线的变率	每30m不大于0.010	每30m不大于0.010	每30m不大于0.010	每30m不大于0.010	每25m不大于0.010	每25m不大于0.010
	最小曲率半径	3000	3000	3000	3000	2500	2500
横坡	不大于	0.015	0.015	0.015	0.015	0.020	0.020
	不小于	0.010	0.010	0.010	0.010	0.010	0.010

2. 滑行道视距

当滑行道纵向变坡不能避免时,滑行道视距应能满足:

(1)飞行区指标Ⅱ为C、D、E、F时,在高于滑行道3m的任何一点,应能看到距该点至少300m距离内的全部滑行道;

(2)飞行区指标Ⅱ为B时,在高于滑行道2m的任何一点,应能看到距该点至少200m距离内的全部滑行道;

(3)飞行区指标Ⅱ为A时,在高于滑行道1.5m的任何一点,应能看到距该点至少150m距离内的全部滑行道。

三、飞行区其他部位坡度

1. 升降带的坡度

升降带平整部分的纵、横坡应符合表 3-5 的规定值。纵坡变化应平缓,避免急剧的变坡或反坡。为利于排水,从跑道道肩或停止道的边缘向外的头3m内的横坡应为降坡,坡度可大到5%。

升降带平整部分以外的任何部分的横坡,其升坡应不大于5%。

表 3-5 升降带平整部分的坡度

飞行区指标 I	4	3	2	1
纵坡,不大于	0.015	0.0175	0.02	0.02
横坡,不大于	0.025	0.025	0.03	0.03

2. 跑道端安全区的坡度

跑道端安全区的坡度应使该地区的任何部分不突出进近面或起飞爬升面,同时:
（1）跑道端安全区的纵坡的降坡应不大于5%,变坡应平缓,避免急剧的变坡或反坡。
（2）跑道端安全区的横坡,其升坡或降坡均应不大于5%,并应满足通信导航和目视助航设施场地要求,不同坡度之间的过渡应尽可能平缓。

3. 道肩的坡度

道肩的横坡应大于与其相邻道面横坡0.5%,但道肩最大横坡应不大于2.5%。

4. 停机坪的坡度

机坪的纵、横坡度应能防止其表面积水,并在符合排水要求的条件下,尽可能平坦。飞机机位部分的最大坡度不宜大于1%。

第三节 飞行场地表面控制点设计高程的确定

一、影响设计高程的因素

影响设计高程的因素有许多方面。从客观情况来看,有土质的好坏、地下水位的高低、洪水位的影响、近净空的条件等。从各项设计工程来看,有道面地基设计方面的问题、排水设计方面的问题、总体布局方面的考虑等。

1. 土质的好坏

主要看能否作为道基土,根据土的物理和力学性质,结合道面的设计和对土基的要求,具体问题由道面设计来定。当土质较差不能作为道基土时,那么必须挖除或在较差的土上换填相当厚度的好土,这样就可能出现设计高程低于或高于原地面。

2. 地下水位及冰冻深度

地下水位的高低及冰冻深度均影响道面高程的确定,当地下水位较高时,应抬高道面的设计高程,使道基表面高程与地下水位保持一定的高度差或采用降低地下水位的排水措施或两者兼用的方法。

3. 洪水和内涝的影响

当机场位于大江大河附近时,一般来说应根据机场等级,使道面设计高程高于当地50年一遇或100年一遇的洪水位。而当机场位于较小汇水面积的水体附近时,可采用修筑排洪沟的方法,从而不影响道面高程的确定。

4. 近净空的情况

在勘察定点选择跑道位置时,应尽量选择良好的净空条件,但有时不宜全面做到,因此,在地势设计方面,尽可能抬高跑道端部的设计高程,以便满足近净空的要求。

二、设计高程的确定

在分析影响设计高程的因素时,应先确定一点或某几点的道面高程,反复推敲与诸因素之间能够协调一致,并进行比较,既要满足机场地势设计的技术标准、各项工程设计的要求,又要做到经济合理,尽可能结合原地形做到挖填土方的平衡,尽量减少挖方弃土或填方借土的现象,尽量减少工程造价。

三、纵断面设计

纵断面设计是地势设计非常重要的一环,对机场使用的性能和工程的经济性,起着决定性的作用。因此,设计时必须认真对待,全面分析,反复考虑,才能得出既满足使用要求,又经济合理的设计成果。

纵断面设计包括确定变坡点、相应该点的设计高程和两点之间的坡度,以及由此标出各桩号的设计标高和工作标高,如图3-4所示。

纵断面设计应遵循土方平衡的设计原则,基本做法如下:

(1) 根据已选定的一个或几个设计高程控制点,并结合天然纵断面的变化情况,确定若干个变坡点。

(2) 参照飞行区地势设计的技术标准,确定坡度线,并使挖方面积略大于填方面积,设计过程中,要考虑变坡、视距是否符合要求,如不符合要求,就要修改坡度线。为了节省土方,设计坡度线应尽量接近于原地面,但也不能采用"顺地爬"的设计方法,设计时应反复推敲,直至合理为止。

四、横断面设计

(1) 分析天然横断面的变化趋势,考虑排水线路的布置、水流方向、出水口位置的设置等。

(2) 确定采用标准横断面还是非标准横断面进行设计。标准横断面,及各类地区(如跑道、跑滑间、升降带等)的横坡大小与方向沿纵向是一致的。若各类地区横坡沿纵向不一致,即所谓非标准横断面。就我国目前机场设计的情况来看,可行性研究阶段,通常采用标准横断面设计,初步设计和施工图设计阶段,通常采用非标准横断面设计。

(3) 选定横坡的大小与方向。根据技术标准,并考虑天然横断面的实际情况和排水要求,来确定横坡坡度的大小和方向。

(4) 在天然横断面图上,标定相应跑道中心线上各点设计高程的位置(由跑道纵断面设计图上确定),按照选定的横坡大小和方向,绘制横断面设计图,如图3-5所示。有道面部分,应以槽底设计线为准,横断面设计线的两端,要将边坡放坡至与天然地面线相交为止。

上述设计步骤,是先纵断后横断。另外,亦可采用先横断后纵断的设计步骤。首先,在天然横断面上逐个"戴帽子",使每个断面上的挖方面积与填方面积接近,然后选取跑道中心线上各点的标高,绘制跑道的纵断面图,作为纵断面设计的依据。

无论是先纵断面后横断面的设计,还是先横断面后纵断面的设计,均应反复推敲,既要符合技术标准的要求,也要考虑经济性的原则。

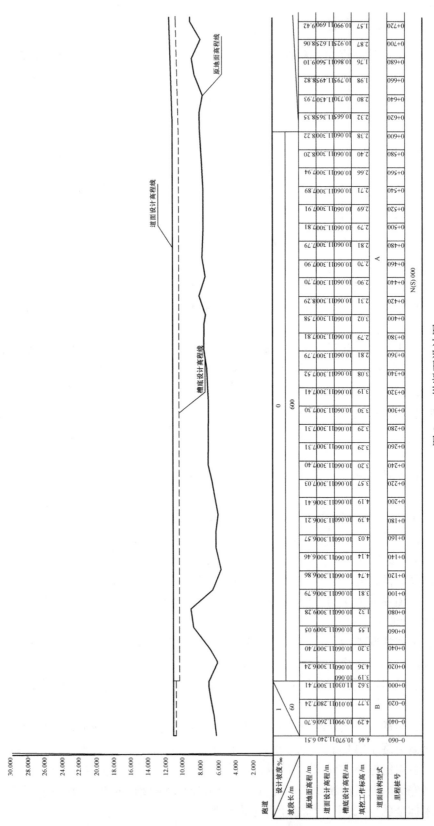

图 3-4 纵断面设计图

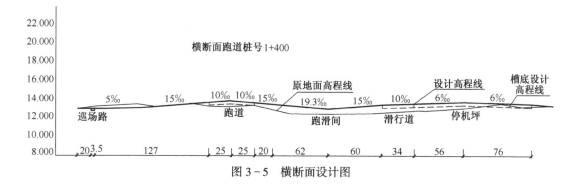

图 3-5 横断面设计图

第四节 土石方工程量计算及土方调配

土石方工程量计算的方法很多,机场工程中通常采用的有断面法、方格网法、三角网法等。断面法设计常用于进行土方估算,当需要比较精确计算土方时,常采用方格网法、三角网法。

一、断面法

断面法是在纵横断面设计完后进行的,将各个横断面设计图上的挖填面积分别计算出来,以此计算土石方工程量。其计算式为

$$V = \frac{1}{2}(A_1 + A_2) \times L$$

式中:V 为相邻两横断面间的挖方或填方体积(m^3);L 为相邻两横断面间的距离(m);A_1、A_2 为相邻两断面的挖方或填方面积(m^2)。

由于土石方计算工作量较大,计算方法应力求简化。天然地面起伏多变,挖填方不是简单的几何体,精确计算往往很复杂,且实用意义不大。因此,一般采用平均断面法近似计算。

二、方格网法

方格网法是将土方工程计算范围的地形划分成多个 20m×20m~40m×40m 的方格网,一般尽量与测量或施工坐标网重合,按照原地形和纵横断面设计的结果标出每个方格四个角点的设计标高、自然标高,并计算出挖填标高,如为道面部分,还应标出槽底设计标高、槽底挖填标高,依此计算出每个方格内的挖填土方,再将所有方格的挖填土方汇总即为整个场区的土方工程量。如图 3-6 所示。

三、土方调配

土方调配是为了确定挖土区的土方去向和填土区的土方来源。土方工程量除了取决于土方体积的大小,还与这些土方的运输距离(运距)和调运方向有关。因此,土方调配的目的在于确定一个合理的调配方案,使得总调运量最小。换句话说,就是要从各挖方区挖出来的土方怎样调运到各填方区,使得总调运量最小。土方量、土方运距和调运方向是

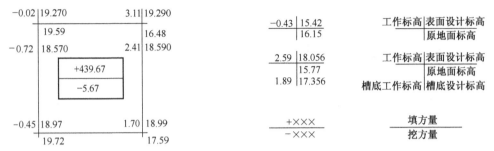

图 3-6 方格网法示意图

土方调配中的三要素。

1. 土方调配区的划分

在土方调配之前,首先应进行土方调配区的划分。进行土方调配区划分时,通常应考虑以下几个方面的因素:

(1) 应该与构筑物的平面位置相协调,并要考虑它们的开工顺序、工程的分期和施工程序。

(2) 应该满足土方施工用主要机械(挖土机、铲运机等)的技术要求,调配区的大小应与施工机械的有效活动范围相适应。

(3) 应该与方格网相协调,通常可由若干个方格组成一个调配区,一般调配区的大小为 200m×200m。

(4) 当土方运距较大或场区范围内土方不能平衡时,可考虑弃土或借土,此时,一个弃土区或一个借土区都可作为一个独立的调配区。

(5) 一个调配区内如果既有挖方又有填方,则内部平衡后剩余的土方量作为该调配区的土方调运量。

2. 土方调配原则的确定

(1) 不同性质的土应分别进行调配。尤其是道基部分,应尽可能采用相同性质的土,以避免发生不均匀沉降。

(2) 要避免两次以上搬运土方。

(3) 要避免交叉搬运土方。

(4) 结合地形,尽可能重车下坡,空车上坡。

(5) 尽量缩短运距,一般先横向调配,后纵向调配。

土方调配区的划分以及土方调配原则的确定,相互之间都是密切相关、不是孤立的。因此,在进行土方调配时,必须全面考虑,这样才能得到一个比较好的调配方案。

土方调配区的大小和位置确定后,便可计算出各调配区的土方调配量以及各挖方区与各填方区的土方运距。

第五节 土石方工程技术要求

一、一般规定

(1) 施工前,应做好临时防汛、防洪、排水设施,并尽可能结合正式防洪、排水线路,但开挖深度宜保持在沟(管)的土槽面以上。排水沟渠应保证水流顺畅。

（2）施工前应做好临时供水、供电设施。

（3）施工前应修筑临时道路，保证行车安全。

（4）对填土、挖土和借土各作业区的各类土壤,施工单位应在施工前测定其最佳含水量、最大干密度和天然密度，并按区编号列表，经监理工程师同意后，作为现场控制土方施工质量的依据。

二、土基填筑

填方施工前土基作业区及借土区的草皮土、种植土、腐植土、树丛、树根、淤泥等以及各种建构筑物应清除干净。土基范围内的原地面的坑、洞、墓穴、沟、塘等应按设计要求进行妥善处理。土基基底原状土的土质不符合设计要求时,应进行换填,换填深度应不小于30cm，并应按要求的密度予以分层压实。

土基填料不得使用淤泥、沼泽土、白垩土、冻土、有机土、含草皮土、生活垃圾、树根和含有腐朽物质的土。采用盐渍土、黄土、膨胀土填筑土基时，应按设计要求施工。经分解稳定的不含磁性的钢渣、粉煤灰以及其他工业废渣，在其有害物质不致污染环境情况下可用做土基填料。

土基填方前应对原地面进行平整、压(夯)实，达到设计要求的密度后，方允许在其上填筑。用透水性不良的土填筑土基时，应控制其含水量在最佳压实含水量的±2%以内。土基填土时土块应打碎；填石或填土石混合料时石料最大粒径不宜超过层厚的2/3。土基填土宜采用同类土，至少要求各层填土用同类的土，不得将不同土壤混填，同时应将透水性强的土壤填在上层。

土基填筑应分层填筑、分层压(夯)实。采用一般能量机械压实时，每层的最大松铺厚度不应超过30cm；采用能量较大的压(夯)实机具时，每层最大松铺厚度应通过试验确定。采用爆破后的石渣填筑时，颗粒应有一定级配。当石块级配较差、粒径较大、填层较厚、石块间的空隙较大时，可在每层表面的空隙里填入石屑、石渣或中、粗砂等细料，再用振动压路机反复碾压，使空隙密实。

原地面自然坡度陡于1:5时，原地面应挖成台阶(台阶宽度不小于1m，高宽比1:2)，台阶顶面应向内倾斜，并用压(夯)实机加以压(夯)实。填筑应从最低一层台阶填起，并分层压(夯)实。土基填石时，当石料岩性相差较大时，应将不同岩性的石料分层或分段填筑。土基填土石混合料时，当土石混合料岩性或土石混合比相差较大时，应分层或分段填筑。如不能分层或分段填筑，应将含硬质石块的混合料铺于填筑层的下面，同时石块不得过分集中，上层再铺含软质石料的混合料，然后整平碾压。土石混合料中，石料含量超过70%时，应先填筑大块石料，放置平稳，用小石块、石渣或石屑嵌缝找平，然后碾压；当石料含量少于70%时，土石可混合铺填，但应避免大块硬质石料集中。

用装载机、自卸车、推土机及挖掘机等运填土时，应有专人指挥卸土位置、分层厚度、土壤分类，并配备推土机或平地机平土，以保证填土均匀。填方分几个作业段施工时，两段交接处如不在同一时间填筑，则先填地段应按1:1坡度分层预留台阶；若两个地段同时填筑，则应分层相互交叠衔接，其搭接长度不得小于2m。两段施工面高差不得大于2m。

填筑高度10m及以上时，应埋设沉降观测点，定期观测沉降。填筑高度20m以上时属高填方,除了满足土基密度要求处,还应满足设计沉降要求。填筑接近设计高程时,应对高程加强测量检查。为保证土基表面平整,在已竣工的土基上,不允许施工机械在其上行驶;雨后湿软,禁止任何车辆和行人通行。

三、土面区填筑

除下列各点之外,土面区填筑技术要求与土基填筑相同:

(1) 土面区内的沟、坑、塘等不要求进行特殊处理,但应排除积水,晾干淤泥。
(2) 土面区填方地段的植物土可不挖除,但应清除树根、草丛和稻根。
(3) 除跑道端安全区和升降带平整区表面下20cm深度外,泥炭、淤泥、草皮土、腐植土、膨胀土、盐渍土等,晾干后均可作为土面区填土。但不同类土壤不宜混填。

石方或土石混合料填筑接近设计高程时,距设计高程15cm内应采用不得夹有石块的土填至设计标高。

四、土石方开挖

土(石)方开挖时,对计划用在土面区的植物土和其他表土应存放在指定地点。对挖出的适用的土类,不同类别的土壤不应混杂堆放。

土方开挖应自上而下进行,不得乱挖、超挖,严禁掏洞取土。土方开挖如遇特殊土质时,应报请监理工程师和设计部门提出处理方案。弃土应运至建设单位和有关部门指定地点堆放。弃土堆的边坡不应陡于1:1.5。

土方挖至接近设计高程时,应对高程加强测量检查,并根据土质情况预留压(夯)实沉降值,避免超挖。对挖方地区的暗坑、暗穴、暗沟、暗井等不良地质体,应按设计要求进行妥善处理。挖方过程中如遇地下水应采取排水措施;挖土时应避免挖方段地面积水。

开挖石方应根据岩石的类别、风化程度和节理发育程度等确定开挖方式。对于软质岩石和强风化岩石,可采用机械开挖或人工开挖;对于坚硬岩石应采取爆破法开挖。石方进行爆破作业时,必须由经过专业培训并取得爆破证书的专业人员施爆。施工单位制定的爆破方案应报建设单位批准。石方爆破,特别是进行中、大型爆破时,必须做好确保周围建筑物、各类设施及人员生命财产安全的措施。

土基区的石方开挖,应按土基设计高程超挖30~40cm,换填普通土;土面区宜超挖15~20cm,换填普通土或草皮土。

五、土石方压实

土方应有足够的密实度。土方压实过程中,应按照设计要求,严格控制土壤含水量和密实度。为提高土方压实度效果,土壤含水量应控制在最佳含水量±(1%~2%)的范围内。土基区和土面区的土方密实度要求不得小于表3-6的规定值。

填土必须分层填筑,分层压实。不同土质的土不得混填。按土质类别、压实机具性能等,经过试验确定最大松铺厚度。当填筑至土基顶面时该层最小压实厚度应不小于10cm。

碾压工作一般是先用轻型后用重型机具,先慢后快。每次运行碾压机具应两侧向中央进行,主轮应重叠15cm左右。压实时应特别注意避免引起不均匀沉陷。碾压机具的时

表 3-6 土方压实度要求

部位		土基顶面或土面以下深度/m	重型击实法的压实度/% 飞行区指标Ⅱ	
			A、B	C、D、E、F
土基区	填方	0~1.0	96	98
		1.0~4.0	93	95
		4.0 以下	92	93
	挖方及零填	0~0.3	96	98
		0.3~0.8	/	94
土面区	填方	跑道端安全区 0~0.8	85	90
		0.8 以下	83	88
		升降带平整区 0~0.8	85	90
		0.8 以下	83	88
		其他土面区 0~0.8	80	85
		0.8 以下	80	85
	挖方及零填	跑道端安全区 0~0.3	85	90
		升降带平整区 0~0.3	85	90
		其他土面区 0~0.3	80	85

注:(1) 表列仅为一般土质压实要求。特殊土质,通过现场试验分析经设计单位研究确定压实标准。
(2) 在多雨潮湿地区或当土质为高液限黏土时,根据现场实际情况并经设计单位同意,可将表格中的密实度适当降低 1%~3%。
(3) 对于高填方地区,除了满足土基密实度要求外,还应满足沉降控制要求。

速宜控制在 2~3km/h。原地面碾压过程中,如发现碾压机械的轮迹突然增大时,应检查下面是否有暗坑、暗沟、暗井、暗坟或不稳定土壤,并应采取措施妥善处理。电缆沟、排水沟和小坑塘的填土,当不能用大型机械碾压时,可用小型机械或人工分层夯实,并应在整个深度内均匀地达到要求的密实度,同时应注意不得损坏下埋的构筑物和电缆。

挖方区的设计面、填方区的原地面及各层填土的密实度,需经实验室取样试验合格后才允许进行上一层的施工。施工中应防止出现翻浆或弹簧土现象,特别是在雨季施工时,应集中力量分段突击填土碾压。填土应加强临时排水设施。如发现翻浆或弹簧土现象时,应采取下列措施处理:

(1) 成片翻浆或弹簧土地段,在地下水位较高地区或在雨季施工时,应在土基两侧设置盲沟。
(2) 当土基在冰冻线内,处理局部翻浆或弹簧土时,应与设计单位研究处理措施。

采用强夯夯实时,根据土、石方材料性质通过试验确定有关施工参数。

石方填筑和碾压之前,应用大型推土机摊铺平整,个别不平处应用人工配合以石屑找平。

石方填筑和土石混合料填筑的密实度采用固体体积率控制,可用灌砂法或水袋法检测,土基区应不小于 83%,土面区应不小于 72%。其标准干密度应根据每一种填料的不同含石量的最大干密度做出标准干密度曲线,然后根据试坑挖取试样的含石量,从标准干密度曲线上查出对应的标准干密度。

六、低温施工

连续 15 天昼夜平均气温在 0℃ 以下进行施工时,属于低温施工。

大面积土基填土,禁止低温施工。

局部土基填土必须延至低温期结束的工程,应制定低温施工组织设计方案(包括工程数量、施工方法、防冻措施、施工工期等),经监理工程师、建设单位批准后,方可进行施工。

七、雨季施工

雨季施工应符合下列要求:

(1) 根据地形、地势作好防洪及排水(截水)系统。利用场区永久或临时排水系统,排除场区水流或洼地积水。

(2) 雨季土基填土应特别注意填料的选择,选用含水量合适的土,如土质过湿应晾干后再用。

(3) 雨天开挖土方时,在取土面和工作地段,应保持一定的排水坡度,以便雨停后即可施工;若取土地点地下水位较高,应挖纵横向排水沟,将水引出,降低地下水位。

(4) 土基填挖土方,不宜全面铺开,应做到随挖、随填、随摊铺、随碾压密实,充分利用雨停间隙施工。

(5) 分层填土,每层表面应有 1.0%～1.5% 的横坡,并整平。雨前或每日收工前应将摊铺的松土碾(夯)压完毕,若来不及碾(夯)压实及时覆盖。

雨季石方爆破,宜尽可能打水平炮眼,以免炸药、雷管受潮发生哑炮。

八、施工质量控制

为保证压实质量,应按规定检查土基的密实度。取样检验数目,应符合表 3-7 的规定。土基及土面区竣工高程和平整度应符合表 3-8 的规定。

表 3-7 土基及土面区压实度检测要求

项 目	频 数	检测方法	标 准 值
土基	每层 1000m² 一点	环刀法 灌砂法 或水袋法	压实度符合表 3-6 要求; 固体体积率符合本节相关内容要求
跑道端安全区 升降带平整区	每层 1000m² 一点	同上	同上
其他土面区	每层 2000m² 一点	同上	同上
坑、沟、塘等处理	每层 ≤500m² 一点	同上	同上

表 3-8　土基及土面区平整度及高程检测要求

项目		频数	检测方法	标准值/mm
土基	高程	10m×10m 方格网控制	水准仪	+10、-20
	平整度	每 1000m² 一点	3m 直尺（最大值）	≤20
跑道端安全区升降带平整区	高程	20m×20m 方格网控制	水准仪	+30
	平整度	每 2000m² 一点	3m 直尺（最大值）	≤50
其他土面区	高程	20m×20m 方格网控制	水准仪	+50
	平整度	每 5000m² 一点	3m 直尺（最大值）	≤50

习题与思考题

1. 何为机场地势设计？有何特点？
2. 飞行场地表面控制点设计高程受哪些因素影响？如何确定？
3. 何为机场纵断面设计？如何进行纵断面设计？
4. 为何要控制机场土方压实度？

第四章 航 站 区

按照《民用机场总体规划规范》(MH 5002—1999)的规定:机场内以旅客航站楼为中心的,包括站坪、旅客航站楼建筑(含车道边)、停车设施及地面交通组织所涉及的区域称为旅客航站区,通常简称为航站区。航站区是机场空侧与陆侧的交接面,是地面与空中两种不同交通运输方式进行转换的场所,在这里实现旅客及行李出发、到达、中转、过境的汇集与疏散。航站区是机场和地面交通主要衔接地区,包括旅客和行李的集散系统、货物装卸、机场维护、运营、管理系统。本章主要介绍航站区规划、站坪和停车场,航站楼见第五章。

第一节 航站区规划

一、规划原则

航站区是机场的一个重要功能区,在规划时应从方便旅客、运营效率、设施投资和建筑美学等方面考虑,宜遵循以下原则:

(1) 与机场总体规划相一致。

(2) 根据"统一规划、分期建设、滚动发展"的原则。规划时应按照业务量的预测,注意近、远期工程的有机联系,使其规模与客货运输量基本适应,各区域容量相平衡,并具有未来扩建发展的余地。

(3) 航站区空侧应根据飞机运行架次、机型组合、地面保障服务设施等因素合理规划,使飞机停靠灵活,且使得飞机和地面服务车辆的运行安全、顺畅、高效。

(4) 航站区陆侧应便于交通组织,确保车辆交通方便、快捷和有序,并与城市地面交通系统有良好的衔接。

(5) 航站区相对于飞行区和机场的其他功能区的间距、方向及位置应合理。

(6) 航站区应地势开阔、平坦,排水条件好。

(7) 注意航站区的群体建筑景观效应,注意绿化、美化和保护航站区及其周围环境。

二、航站区位置

在考虑航站区具体位置确定时,尽管有诸多影响因素,但机场的跑道条数和方位是制约航站区定位的最重要因素。航站区—跑道构型,即两者的位置关系是否合理,将直接影响机场运行的安全性、经济性和效率。在考虑航站区—跑道构型时,应尽量缩短离港飞机从站坪至跑道起飞端和到港飞机从跑道出口至站坪的滑行距离。尤其是离港飞机,因载重较大,其滑行距离宜尽量缩短,以便提高机场运行效率,节约油料。在跑道条数较多、构型更为复杂时,航站区可采用贯通式或端头式的布局。同时,尽可能避免飞机在低空经过航站上空,以免发生事故而造成重大损失。

交通量不大的机场,大都只设一条跑道。此时,航站区宜靠近跑道中部。为了减少飞机滑行距离,航站楼应尽量靠近平行滑行道。当飞行区只有一条跑道而且风向较集中时,航站楼宜适当靠近跑道主起飞的一端。南京禄口国际机场即属于这种布置,见图4-1。

图4-1 南京禄口国际机场

如果机场有两条相互平行跑道(包括跑道入口平齐和相互错开)且间距较大,一般将航站区布置在两条跑道之间,如图4-2所示。

图4-2 上海浦东国际机场

若机场具有两条呈 V 字形交叉的跑道,为缩短飞机离港、到港滑行距离,通常将航站区布置在两条跑道所夹的场地上,见图 4-3。

图 4-3 加拿大渥太华机场

如机场的交通量较大,采取 3 条或 4 条跑道时,航站区位置可参阅图 4-4。

图 4-4 TOKYO-HANEDA 国际机场

当跑道条数、方位进一步增多时,必须综合考虑各种因素,才能合理地确定航站区的具体方位,如芝加哥国际机场,见图 4-5。

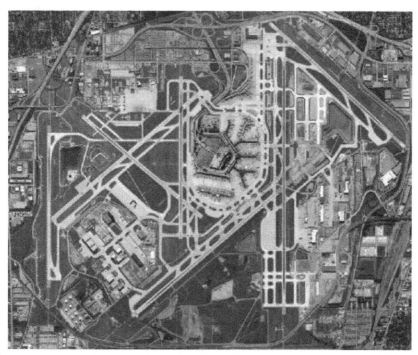

图 4-5 美国芝加哥国际机场

第二节 站 坪

站坪连接航站楼和飞行区,供飞机停放以上下旅客,包括停机位和飞机进入停机位所必需的回旋和滑行以及相关的服务设施。机坪的大小取决于下列因素:飞机门位数目、飞机的停放方式、门位的尺寸和航站楼的平面布局形式。

一、门位数目

门位的数目依据机场的设计小时飞机流量确定,并同机场的其他设施相互协调。机场的设计小时飞机流动量取决于设计高峰小时的飞机数量和每架飞机占用门位的时间。

占用门位时间即一架飞机占用门位的时间,这一时间的长短取决于飞机的大小和飞机的类别,即它是经停航班或是回程航班。飞机停在门位上是为了办理旅客和行李的进程手续以及飞机维护和准备飞行。大型飞机因其容纳的旅客较多,清整机舱的工作需要的时间更多,另外需要更多的时间来给飞机加油并进行日常维护。清整机舱和为飞机加油一般是确定占用门位时间的最关键活动,因此,大型飞机比小型飞机占用门位时间更长。同时飞机的类型影响服务要求,因而也影响占用门位的时间。一般经停的飞机占用门位时间最低可达 20~30min,而回程的飞机则需要 40~60min 来进行全套的服务。图4-6 列出了在一次回程飞机停留中一般需要进行的工作及各项工作所需的时间。

飞机门位数按高峰小时飞机起降架次、机型及其组合、飞机占用机位时间、机位利用系数等,按式(4-1)计算:

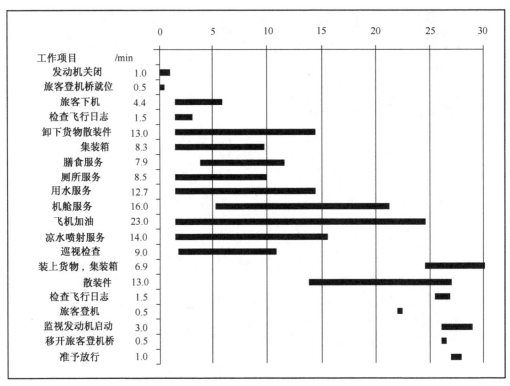

图 4-6 飞机服务活动时间表

$$G = \sum_{i=1}^{n} \frac{C_i T_i}{U_i} \quad (4-1)$$

式中 G——门位数;

C——每小时到达或出发飞机架次数,由高峰小时飞机起降架次数乘以 0.6~0.7 得出;0.6~0.7 为到达或出发架次在总架次数中可能占的比例;某一机型的到达或出发架次数,则再乘以该机型在机型组合中的百分比计算得出;

T——加权平均占用门位时间,可以参照类似机场的数据或表 4-1 取值;

U——门位利用系数,一般取 0.5~0.7;

i——机型组合中的某类机型飞机;

n——机型数。

表 4-1 机位占用时间

飞机类别	代表机型	占用时间/h	
		国内	国际
B	Y-7	0.75	
C	B737/MD82	0.75~1.0	
D	B757/B767	0.75~1.0	1.0~1.2
E	B747	1.0~1.2	1.0~1.5

通常,根据预测的年旅客吞吐量和机场规模,将起降机型划分为 3~4 种类型,并给出

每种类型客机的典型座位数。根据类似机场的机型组合现状和客座利用率(0.65~0.75),可以计算出机场的年飞机起降架次,进而计算出典型高峰小时飞机起降架次。根据式(4-1),即可得出机场站坪客机位数。有时候,会考虑增加一个备用机位。若每个门位只能处理特定的飞机类型,门位数可能还要多一些。另外,大型飞机的门位可以用来处理小型飞机,因此在规划和使用中应注意优化,保证其服务水平和服务效率。

二、飞机停放类型

飞机停放类型是指飞机停放位置相对于航站楼的样式和飞机运转进出停放位置的方式,飞机可以按照航站楼建筑线成不同的角度停放,可以依靠自身动力或者依靠牵引机具运转出停机位。飞机的停放类型是影响停机位大小的重要因数。

目前使用较多的飞机停放类型包括机头向内、机头斜角向外、机头斜角向内、平行停放四类,如图4-7所示。

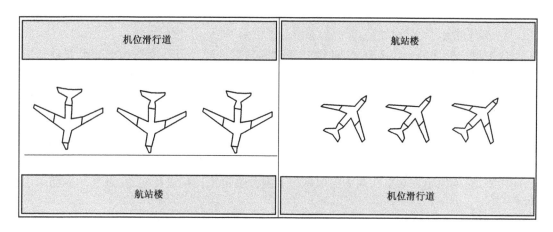

(a)机头向内停放　　　　　　　　(b)机头斜角向内放

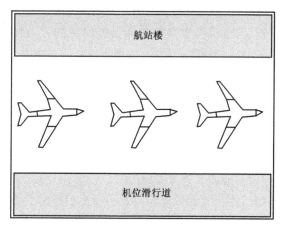

(c)机头平行停放

图4-7　飞机停放类型

1. 机头向内停放

在这类停放方式中,飞机垂直建筑物的轴线停放,机头在一定范围内靠近建筑物。飞机以其自身动力运转进入停机位。而在离开门位时,飞机必须被牵引出足够长的距离,才能以自身的动力前进。这种停放方式的优点就是一架飞机所需的门位面积最小,由于接近航站楼处没有自身动力转弯,噪声较小,机头接近建筑物便于旅客登机。其缺点是必须要有牵引机具牵引,同时飞机后舱门不便于用来供旅客登机使用。

2. 机头斜角向外停放

飞机以机头背向航站楼停放,同机头斜角向内停放类似,这一停放类型不需要任何牵引机具,飞机可依靠自身动力进出门位,这也是这类停放方式的优点。其缺点是机头斜角向外构型较机头向内需要更大的门位面积,比机头斜角向内需要的门位面积稍小;飞机开始滑行时产生的噪声和喷气都指向建筑物。

3. 机头斜角向内停放

这一停放类型同机头向内停放类似,但却可以依靠自身动力运转进出门位。同时需要的门位面积也就比机头向内停放大,与机头斜角向外停放类似,这一构型也会对周围的建筑物产生较大影响。

4. 平行停放

从飞机运转的的方式来看,这种构型是最容易实现的。但是这类构型要求有较大的门位面积,特别是在航站楼前面。平行停放的优点是:飞机自身运转进出门位,且不需要转弯,因而产生的噪声和喷气对环境影响较小;飞机的前、后机舱门均可用来上下旅客,但可能需要较长的登机桥。

显然,每种停放类型都有各自的优点和不足,没有一种停放类型可以对任何情况都适用。因此,必须对不同构型进行全面的评价,找出最为合理的停放方式。目前,趋势是机头向内停放,同时也在对机头向内停放依靠自身动力滑出门位进行实验,以节约地面牵引机具。

三、门位大小

门位大小取决于要容纳飞机的大小和飞机所用的停放类型。飞机的大小确定停放和运转所需要的门位面积、为飞机提供必需服务所需设备的大小和范围。由于停放飞机的类型决定了飞机运转进出门位所需的面积,因而影响门位的大小。

影响门位大小及其布局的因素很多,在设计中可以借助联邦航空局和国际航空运输协会提供的方法和尺寸作为参考。这一资料中提供了不同飞机类型、不同的停机方式和运转条件所需的各类尺寸。这里列出资料中波音747-200飞机的设计方案,如图4-8所示。

虽然飞机门位的具体设计需要参照相关的资料,在初步规划中,门位中心之间采用统一尺寸,就可以确定门位的面积。表4-2给出了飞机在自身动力下进入门位而借助牵引机具离开门位时的典型门位尺寸和依靠自身动力滑出门位时的典型尺寸。

四、飞机在机坪上的流通

在设计布局中,要考虑到飞机的流通,特别是在交通量大的情况下,需要在机坪四周提供滑行道,使飞机易于在跑道和机坪之间运转。在设计中还应保证飞机进出门位有足够的空间,当采用指廊式航站楼时,指廊相互平行,其间距取决于指廊长度和停靠飞机的

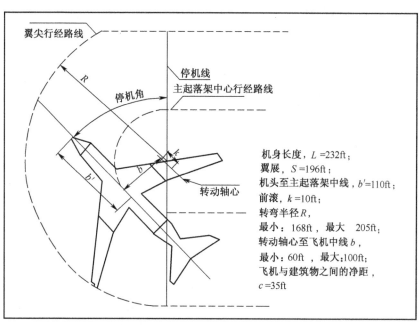

图 4-8 波音 747-200 使用的门位设计需用的飞机尺寸和转弯要求

表 4-2 飞机推出和滑出门位的机坪停放轨迹尺寸比较

飞机组别	推出			滑出		
	L /m	W /m	面积 /m²	L /m	W /m	面积 /m²
A FH-227	31.42	30.10	945.74	45.36	42.72	1937.78
YS-11B	32.39	38.07	1233.09	52.12	45.69	2381.36
BAC-111	37.64	34.60	1302.34	39.62	42.21	1672.36
DC-9-6	40.97	33.35	1366.34	45.47	40.97	1862.91
B DC-9-21.30	45.52	34.54	1572.26	45.52	42.16	1919.12
727(all)	52.78	39.01	2058.95	59.13	46.63	2757.23
737(all)	36.58	34.44	1259.81	44.23	42.06	1860.31
C B-707(all)	52.71	50.52	2262.91	78.63	58.14	4571.55
B-720	47.78	45.97	2196.44	69.50	53.59	3724.51
DC-4-43.51	52.04	49.50	2575.98	64.57	57.12	3688.24
D DC-4-61.63	63.22	51.52	3236.86	76.91	58.05	4533.84
E L-1011	57.51	53.44	3073.33	80.31	61.06	4903.73
DC-10	58.60	56.49	3310.31	88.70	64.10	5685.67
FB-747	73.71	65.73	4484.96	99.97	73.36	7333.80

尺寸。当指廊每侧的门位不超过 6 个时,可以只建一条滑行道,门位增加时,指廊直接就需要配置两条滑行道。

五、机坪公用设施的要求

到达机场的飞机需要在各自的门位上进行服务,因为要求机坪有一系列的固定设施代替活动服务设施,以减少机坪上的拥挤。这类公共设施包括:加油井和加油栓、电力设施、飞机的节点装置。

1. 飞机的供油设施

飞机在机坪上是用加油车、加油井和加油栓系统来加油的。在较小的机场主要使用加油车加油,但在需要大量燃油的机场现正转向于采用加油栓系统。

加油车的主要优点在于其灵活性。飞机可以在机坪上的任何地方加油,可以按需要增减加油车的台数,对机场管理部门和航空公司来说,这种如法是比较经济的。可是,使用加油车有其缺点。大型喷气运输机需要大量的燃油,一般需要两辆加油车,每个机翼下一辆。对大型喷气机来说,如果燃油的需要量超过两辆加油车的容量时,有时还需有备用加油车。这样,在高峰期间机坪上有大量的车辆,从而形成与人员、其他车辆和飞机相撞的潜在危险;在有许多其他活动进行的机坪上,也构成潜在的火灾危险。加油车大而笨拙,占用作业区的宝贵场地,当加油车不用时,需要为这些车辆提供停车场。

另一种加油方法是从位于飞机起降区附近的中心储油区到位于机坪上门位位置的加油井敷设管线。利用设置在储油罐中的油泵将燃油输送至加油井。加油井必须设置在相当接近飞机机翼中的加油口的地方。当飞机在机坪上就位时,开始加油。加油井的优点是不论何时都能用来持续的供油,燃油安全地在地下传送,停机坪上不再需用加油车。其缺点是每个加油井都要有一套单独的油量表、滤油器和软管卷盘等,这样就使设备重复;此外,机场上今后作业的改变可能要求对装置作重大的改变;维护费用可能较高;如果使用加油井,应使其有良好的通风条件。

加油栓系统能完成与加油井同样的任务,但在装置上比较简单,因而它在使用上更如普遍。加油栓系统的各组成部分同加油井一样,只是用安装在道面内的坑中井与道面齐平的一个专用阀代替油井,软管卷盘、油量表、滤油器和空气分离器都装在一辆活功的自行式或牵引式的加油小车上。

加油栓的主要优点同加油井一样。其他优点是不需要重复收设软管卷盘等设施;不需要维护加油井;而且有较大的灵活性。其主要缺点是不能使加油车辆完全从机坪上移走。

2. 电力设施

在飞机发动机起动以前,机坪上需要电力为飞机服务。起动发动机往往也需要外来电力。不同类型的飞机对电力的需要各不相同。因此,电力设施的设置必须同航空公司进行协商。电力可由活动设备或者由在道面中的固定装置供给。因为后者不需要有车辆,并在某种程度上降低电动发动机组所产生的噪声,因而在机坪电力供给中较为常见。对固定装置来说,要埋设电缆管道供电,供电管道应与油栓阀保持一定的距离,同时还要便于飞机使用。

3. 飞机的接地装置

在机坪上要有接地装置,特别是在加油量大的地方,需要对停放好的飞机和加油车进行静电放电保护,接地装置的位置由油栓阀的位置确定。

六、机坪的灯光和标志

在机坪上布置一定的照明设施和标志是必要的,每个门位都应有泛光照明,这样活动的设备就不需要启动自身的照明设备。对于机坪照明来说,高架灯光照明系统应该是最优的,灯的高度应能使其提供均匀的照明。当员工为飞机服务时,如果在灯光不能提供必要的照明度,则需在飞机的下面和远侧有灯光。可以装设与地面齐平的嵌地灯来解决。这类灯的设置必须保证驾驶员不与门位位置的引导线相混淆。

在机坪上用油漆划线作为引导线来指导飞机的运转。最为常用的是给飞机的鼻轮沿循的一条黄色线,通常引导线是按使用该门位的最关键性飞机进行划线的;特别是在地面有工作人员给驾驶员以指导的条件下,小型飞机不需单独划线也可以灵活运转。在可能出现燃油散落的地方划线最好使用耐腐蚀的油漆。

第三节 停 车 场

机场如何设置停车场是一个相当复杂的问题。停车场需求与许多因素有关,如进出机场的人数、类型、交通方式、停车费用、停车时间等。机场所有的旅客中过境、中转旅客与停车场需求无关,因此在停车场需求预测中应将过境、中转旅客排除。

一、停车场分类

停车场一般分为三个等级:长期停车场、短期停车场以及远端停车场。短期停车场通常距离机场航站楼较近,为接送旅客的车辆服务,这些车辆通常在机场停留的时间不超过3h。通常短期停车场停车费用较高。长期停车场是为把车辆寄存在机场后去旅行的旅客服务的,这类停车场停车费用较低,同时可以停留较长的时间,然而每年长期停车场车辆只占机场全年停放车辆的15%~30%。远端停车场是指远离航站楼以外的长期停车场。通常会有巴士或者其他车辆将旅客送到航站楼,这类停车场停车费用最低。

停车场一般应按照车辆类型分区设置,如旅客车辆、出租汽车、公共汽车、贵宾汽车、机场工作人员车辆等,以减少车辆停放过程中的干扰,提高停车效率。停车场内各区的布局应考虑服务范围和对象,就近设置;同时,考虑车辆停放时间的长短,合理安排长期停车场、短期停车场的布置。当场地狭小、地形限制,或停车数量很大时,可规划建设多层停车楼或地下车库。

二、停车场设计

1. 指导思想

机场停车场设计应与机场航站区的总规划、陆侧总体交通组织设计相协调;合理布置停车场的各种流程和管理系统,包括汽车的进出、联系、存放、寻找车位,简单的收费、指示、计量管理系统;保证使用和运行的安全可靠,停车场需要有安全可靠的消防系统、安全疏散体系和环境保护措施,有广播、照明设施,并考虑职业司机的休息场所、快餐供应、厕所等设施;管理上应保证足够的灵活性,为提高使用效率和经济效益创造条件,同时能够适应将来的各种变化;在外部构型上,应充分把握停车场和航站区其他建筑物的协调性。

2. 停车需求与容量评估

停车需求可以用停车车辆的累计状况来表征,即停车时间的长短和占用停车位的数量。不同类型的车辆,其停车时间会有所差别。比如出租车,由于存在排队等待状态,其在停车场的等待时间较长。

停车费对停车需求影响比较大。调整停车费主要指增加短期停车费和长期停车费之间的价格差,从而鼓励对停车费用敏感的机动车司机选择低价停车区,有效调节停车场地的供需平衡;全部提高所有停车场停车费也可以促使部分旅客选择公共交通的方式到达机场,从而缓解机场停车场地紧张的局面。停车需求主要由长期停车场的数量来确定。由于短期停车场的费用较高,因而车辆进出短期停车场的次数比较多。一般来说,对停车场进口自动门的需求和出口收费亭的需求是停车场进出口数的函数,而停车场进出口数对于停车场容量评估来说是极为重要的。

通常能够提供足够服务水平所需要的停车位数量要比总的停车需求高。例如,在一个大型多层停车楼或者露天停车场,很难迅速找到停车位,因而当停车场85%~95%的车位被占满时即认为这个停车场已经停满,或者说停车位的利用率小于95%。

长期停车场停车费和短期停车场停车费之间如何均衡是停车场容量评估的关键,停车费可极大地影响停车需求,如果所有的停车费都大幅提升,就会降低长期停车场的利用率,进而有大量的停车位满足短期停车的需求。但这一措施要求有足够的其他交通方式满足机场地面进场的需求。

停车场的运营除了需要确定可用的停车位数量以及从停车场到航站楼距离以外,还要调整停车场进出口的结构设计、设置标示牌引导车辆在停车场内均衡分布,分开不同类型车辆,以提高停车服务效率,力求使繁忙时不发生堵塞。

在停车场规划时,要考虑影响停车场服务水平和容量的主要因素,见表4-3。

表4-3 影响停车场服务水平和容量的需求因素和运行因素

影响因素	相关描述
登机的可用时间	登机可用时间受下列因素影响:停车场与航站楼的距离、停车场到航站楼的运输系统、停车时间、是否有封闭的等待区域和步行区域
进场时间	包括寻找车位时间、等待时间、从远端停车场开始行走的时间
旅客特征	开车人数的比例、汽车客座率、访客比率、停留时间
停车费用	停车费用提高会抑制需求或者会使部分车辆流向低成本停车场
航班时刻和载荷	是决定到达停车场人数的基本因素
离开时间	包括等待时间、到达停车场所用时间、是否有封闭的等待区域和步行区域
出口位置以及工作人员的效率	出口数量以及出口方向、走出出口的服务时间

旅客航站区的停车场、停车楼的容量应按预测旅客、迎送人员、驻场各单位人员、商用及自备等车辆需要进入停车场的交通量计算确定。

3. 设计方法

为进行停车场规划,FAA曾给出图4-9(a)。利用该图,可以根据出港旅客数量确定机场停车场的停车位数。另外Whitlock和Cleary还将高峰小时旅客出发量与机场短期停车场车位数量关联起来,给出了如图4-9(b)所示关系。

我国在预测旅客停车场容量时,通常按以下步骤进行:

(1) 计算机场的典型高峰小时旅客吞吐量,或者进一步划分为进港旅客人数和出港

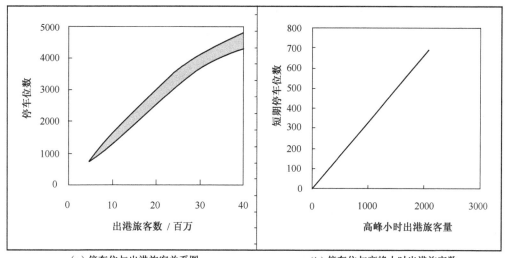

(a）停车位与出港旅客关系图　　　　　　（b）停车位与高峰小时出港旅客数

图 4-9　机场旅客与停车位关系图

旅客人数；

（2）计算迎送人员数量，通常以迎送人员占高峰小时旅客吞吐量一定的比例来考虑；

（3）计算进出停车场的总人数；

（4）统计进出机场的车辆种类，根据规模相似机场的情况以及机场当地社会、经济、旅游情况，确定机场的旅客乘车比例，预测进出机场的车辆数；

（5）估算各种车辆的车位面积及其在停车场的停车时间；

（6）计算进出机场的旅客车辆所需的停车面积，得到停车场面积。

浦东国际机场一期工程中，典型高峰小时旅客吞吐量（目标年 2005 年）为 7120 人次，考虑迎送人员，进出浦东机场总人数为 8750 人次。浦东国际机场的旅客停车场面积预测见表 4-4。

表 4-4　车辆组成结构预测

项目	大客车	面包车	出租车	小汽车
乘坐比例/%	35	15	30	20
平均载客数/人	30	10	1.5	1.5
乘坐人数/人	3063	1313	2625	1750
车辆数/辆	102	132	1750	1167
车辆比例/%	3.23	4.19	55.54	37.04
单位停车面积/m²	60	50	40	40
停车总面积/m²	6120	6600	70000	46680

故旅客停车场面积总计为 129400m²，取整数为 13 万 m²。高峰小时旅客车辆总计为 3151 辆。

停车场的数量、大小、形状和类型与航站楼的水平布局有关，同时航站区的道路布局也会影响停车场的设计。如果航站区难以规划出较大的停车场，而旅客的停车需求又特别大，可以考虑设置停车楼。北京首都机场航站区的最近一次扩建内容之一，便是修建一座大型停车楼。这类停车场相比于地面停车场就是在相同的占地面积下可设置更多的停车位,并使车辆免受风吹日晒。

第四节　机场陆侧交通

本节将介绍机场陆侧交通的基本问题,包括机场常见陆侧交通方式,确定陆侧交通方式的原则方法、陆侧交通布局。

一、机场陆侧交通方式

1. 陆侧地面交通系统分类

机场陆侧交通系统主要提供出发和到达旅客、接送人员、机场工作人员、访问者、货物和邮件、各种服务供应的运送,其中主要交通系统为运送旅客至登机的相关系统,次要交通系统为与航空公司或机场以及在机场的各类经营者活动相关的交通系统。

机场陆侧客运系统还可分为外部交通、内部交通和衔接系统三个部分,其中在机场候机楼之间的交通系统可以分为步行、轨道交通、巴士和步行输送系统。候机楼内部交通则主要为步行系统。停机坪和候机楼之间的接驳是一种特殊情况,在机场没有登机口设备或者登机设备不可用的情况下使用。

2. 进出机场的交通方式

进出机场的交通方式目前主要有道路交通和轨道交通两类,可采用的交通工具主要有公交车、自备车、出租车、轨道交通。

1) 公交车

进出机场的公交车主要包括城市公交车和机场大巴。机场大巴一般有城市中心区或者副中心区至机场定点的往返巴士,其载客量较大,价格低廉,一直以来是旅客到达机场使用较多的交通工具。但机场巴士一般都不是从旅客的始发地直至机场,旅客需要预先乘车到发车地点,因此不太方便;沿途逐个站点停靠,耗时较长。

2) 自备车

自备车包括公务车、私家车、租用汽车。自备车具有较高的灵活性,旅客可以自行决定出发时间,同时可以避开交通拥挤路段,特别是当旅客携带有大宗行李或有老人或小孩同行时,自备车的优势更为明显。但自备车也有明显的不足:载客量小,因而大幅增加机场的交通系统负荷,由此引发机场道路交通拥挤和停车量需求急剧增加的难以解决的问题;机场附近停车费用普遍比较高,若将车辆停放在距离航站楼较远的停车场,难免需要长时间的步行或者换乘其他交通工具,这样使得整个机场进场时间延长。目前,许多大型机场已经试图采取一定的措施减少私家车需求,从而降低机场交通系统负荷。

3) 出租车

出租车多作为机场距离城市不太远或者商务旅行时的陆侧交通工具,可以把旅客从始发点直接送到航站楼的车道边,为旅行提供了极大方便。但另一方面,出租车与私家车相似,都会对机场道路交通产生较大影响,容易对其他车流造成干扰,因此在多数机场常采用特定区域、特定的循环道路和车道边停留时间限制等措施,控制在给定时间内机场保有车辆数,缓解机场地面交通。当几个人一起旅行、所携带行李物品较少时采用这一种交通工具进出机场还是较为经济合理的。

4）轨道交通

轨道交通包括普通铁路、地铁、轻轨等几种形式，是目前最为可靠且高速的进出机场的交通方式。与其他交通方式相比，轨道交通在行程时间和可靠性方面都具有明显的优势，但是轨道交通不能提供门到门的服务，旅客需要其他的交通方式与轨道交通相结合。另外，轨道交通建设和运营费用高昂，受城市建设和规划限制较大，目前在国内有北京首都机场、香港赤腊角机场、上海浦东机场、广州白云机场、深圳宝安机场、重庆江北机场等已开通轨道交通线，南京禄口机场、天津滨海机场等几个大型机场即将开通机场轨道交通线。

一般来说，与机场相连的铁路是城市铁路网的一个支脉。这种交通方式进入机场费用低廉，不受地面交通干扰，因而具有准时、可靠的优点；其缺点是沿途停靠站点较多时，速度较慢；铁路只连接城市中心线与机场，旅客还需要先乘坐其他交通工具到达铁路沿线站点，这对于携带大宗行李的旅客来说极不方便。

5）直升机和水路

直升机无疑是最不受外界环境影响的交通工具。20 世纪 40 年代末，纽约政府大力支持这种方式的发展，但昂贵的费用、频繁的事故限制了它的发展，比较成功的是德克萨斯纳萨和休斯敦机场直接的联系，还有伦敦两个主要机场盖特威和希思罗机场之间的联系。

如果机场靠近水体，也可以选择水运进入机场，这种交通方式可避免道路交通系统的拥堵，另一方面乘船还可以欣赏城市景观，比较吸引旅客。如深圳宝安机场，可以通过机场福永码头进出港船班进场。

3. 机场陆侧的客流构成

机场陆侧客流主要由三部分构成：出发和到达的旅客、机场工作人员、参观者。出发和到达的旅客，客流量随航班出港和到港时间变化，每个航班只有一次进场交通出行；机场工作人员，包括航空公司、机场、政府和特许部门的工作人员，机场的各类经营者，大都每天在特定的时间往返机场；参观者主要包括迎送人员和机场观光者，以及从事其他商业活动的人。

机场规划中，应考虑不同性质旅客的出行需求。通常来说，旅客以及迎送人员、机场工作人员的出行需求是最基本的，在规划中是要必须满足的，见表 4-5。其中机场工作人员的出行特性是典型的通勤行为，而航空旅客的出行需求发生和航班时间有较大的相关性。

表 4-5 四大类交通出行的特点

旅客构成	陆侧交通中地位	出行需求	其他
航空旅客、迎送人员	重要	快速、舒适、服务时间长，和所有航班配套	携带大件行李；可预测性强；客流发生时间和航班相关
机场员工	重要	快速、价格低	可预测性强，有早高峰和晚高峰
换乘旅客	次要	快速，换乘方便	
沿线居民	次要	班次多、停靠站点多、价格低	需求增长快，预测难度大

在机场规划中,沿线居民的出行需求处于次要地位,由于机场特殊的地理位置和作用,会带动沿线经济发展。沿线居民的出行需求会不断增加,因而在机场规划中必须进行考虑。机场规划中四大类出行往往很难协调,比如机场工作人员和旅客希望一站式到达,而沿线居民则希望在机场附近的公共场所设经停站点,因此单一的交通方式几乎无法满足各类人群的出行需求,也不能保证运输任务顺利的完成。

每种客流在数量上没有一个固定的划分,随机场而异,取决于机场大小、机场的地理位置以及机场所提供的航空服务种类。如果机场是一个枢纽机场,那么机场的始发和终程旅客在所有的旅客数量中所占的比例将不同于普通机场,他们在总的出行量中所占的份额较少。另外,不可以将机场进场出行量等同于旅客量。机场规划中应注意旅客同机场工作人员对于机场地面交通的影响不同。旅客主要集中于机场的主要入口,而工作人员和商业交通则遍布整个机场;旅客对于机场布局不够熟悉,同时心理上也不同于工作人员。

因此在机场规划中,应综合考虑交通出行需求和进出机场的各类交通方式的优缺点,在规划时应考虑采取多种交通方式相结合,根据不同的服务水平要求、城市公共交通系统的要求和今后发展以及经济水平来确定接入方式。

二、机场陆侧道路布局

机场地面交通系统是机场航站楼与机场外部交通的衔接系统,主要是用来满足机场各功能区地面流程及车流量的需要。机场陆侧道路布局与航站楼构型、集散程度、附属设施有关,同时还应该考虑机场未来的扩建。机场陆侧交通系统从功能上可分为机场内部道路交通系统、行人设施、航站楼前车道边三个主要部分。

1. 机场内部道路交通系统

机场内部道路主要包括航站区进出道路、重复循环道路、航站楼前正面道路、工作道路等。航站区进出道路提供包括从机场进出通道至航站大楼、航空货物区、停车场等设施的道路。重复循环道路连接始发和到达旅客客流至航站区进出道路的道路设施。航站楼前正面道路直接把车辆分布到航站楼的各个特定地点,正面道路中航站楼车道边最重要。机场内部工作通道分为受限制和非限制工作道路。机场内部道路交通系统有集中式布局、分段式布局、环形分散式布局和组合式四种构型,如图4-10所示。

1) 集中式布局

当航站楼由单一的建筑物或连续的建筑系列组成时,地面交通系统一般由连续的和集中设置的各个部分组成,如图4-10(a)所示。几乎所有与旅客相关的车辆都通过相同的道路,公共停放和租用车辆设施也集中设置。

2) 分段式布局

这种道路布局形式将航站建筑划分为到达旅客一侧和出发旅客一侧两个区域,或将航空公司分别集中在建筑物的不同区域,每个区域都有属于自己的航站正面道路。

3) 环形分散式布局

当航站楼由分散的单元航站建筑组成半环形时,车流在航站进出通道和航站正面道路分离。停放车辆和出租车辆设施以航站单元为基础进行组合。

4) 组合式布局

航站系统的一系列航站建筑分布呈一条直线时,地面道路布局采用如图4-10(d)所示的组合式布局,其中进出航站区道路设置成集中式。

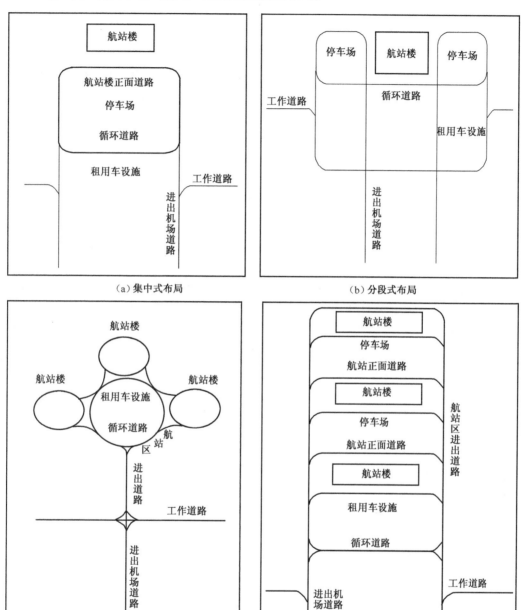

图 4-10 地面交通系统构型

2. 航站楼车道边

航站楼车道边是航站楼建筑外供旅客上下车、搬运行李的地方。一般由紧靠建筑的一条步行道、停靠车道、通过车道、垂直车道的人行横道构成。其主要功能有:供旅客上下车;为某些需要在航站楼前绕行的车辆提供通过的道路;临时停放车辆等。

车道边的主要形式有一层式、二层式两种。一层式是指出发车道边和到达车道边位于同一层,一般适用于客流量较小的机场;二层式是指将出发车道边和到达车道边分为两层设置,通常适用于旅客流量较大的机场,避免交通拥挤。

车道边容量主要是指单位时间所能停靠的车辆数,其影响因素主要有:可利用的车道边长度;车道数和人行横道数;管理政策、停留规则;旅客特征以及机动车辆的组合比例;车道边空间布置。

车道边需求是指高峰时段车道边出发和到达的旅客量 Q,可以根据机场高峰时段出发和到达的旅客量,结合车道边交通流的特征数据,计算高峰时段航站楼车道边到达和出发的车辆数,如下式:

$$D = Q \sum_{i}^{n} f_i / k_i \qquad (4-2)$$

式中　　i——旅客乘坐的交通车辆类型;
　　　　D——高峰时段航站楼车道边到达和出发的车辆数;
　　　　Q——高峰时段航站楼车道边到达和出发的旅客量;
　　　　f_i——高峰小时出发、到达旅客总数中乘坐某种车辆的旅客所占的比例;
　　　　k_i——某种车乘坐的旅客数。

在规划时,可按年每百万出发旅客 35m 计算。做精确计算时,车道边长度应根据交通工具类型、流量等作详细计算后得出。下面通过一个算例加以说明。

已知某机场高峰小时出发和到达旅客所用车辆类型如表 4-6 所列。考虑 40%高峰小时车辆在 20min 内到达,波动系数为 1.2,则出发车道边长度计算过程见表 4-7。由表 4-7 可见,出发车道边长度需 495m。同样,可以计算出到达车道边长度。

表 4-6　车辆分布

车型	出发旅客乘车数/辆	到达旅客乘车数/辆
小汽车	700	467
出租车	1050	700
面包车	79	53
大客车	61	41

表 4-7　出发车道边长度

车型	车辆数/辆	40%车辆在 20min 内到达数/辆	停靠时间/min	20min 内周转数/辆	所需车位数/个	单位车道长度/m	车道边长度/m
大客车	61	25	5	4	6.25	10	63
面包车	79	32	2.5	8	4	8	32
出租车	1050	420	1.5	13.3	31.58	7.6	240
小汽车	700	280	1.5	13.3	21.05	7.6	160
总计	1890	757					495

当航站楼只设一层时,其车道边总长度应小于出发、到达高峰小时旅客车辆所需车道边长度之和。如设两层车道边,可分别计算出发到达高峰小时所需车道边长度作为设计

依据。

三、机场陆侧交通的总体考虑

航站楼及其陆侧设施为旅客提供了路面与航空运输两个系统的衔接区域。整体来看航站楼对空侧设施的功能要求和性能影响要小于空侧设施对航站楼的影响。航站区系统设计的功能要求以及方案选择应考虑飞机的大小、机型组合比例、航班时刻以及旅客和货物的流量。

机场规划时应该考虑机场内外交通的相互作用和相互影响,但是机场规划往往无法对机场外的交通实施完全控制,为使进出机场的交通畅行无阻,机场附近的道路必须具备容纳高峰交通量的能力。机场高峰交通时间与城市高峰交通时间在一定程度上是重合的,这显然会增加机场附近道路的交通压力,机场附近应设置机场车辆专用道路,以避免由此带来的交通拥堵和交通延误。

规划设计者必须对各种交通设施的交通能力实施有效预测和评价后才能对机场附近的道路以及机场内部的道路进行规划。机场陆侧交通规划设计工作受到机场场址和构形的限制。一般来讲,其陆侧交通至少应与目前空侧交通容量相平衡。但考虑到机场的发展潜力,陆侧交通应具有一定的超前性。机场陆侧道路的扩建是相当困难的,因此最理想的状况应使陆侧交通能力与机场远期规划相适应。

航站区规划应建立在对设计使用期内的旅客流量进行尽可能准确的预测,合理选择方案,如当年旅客吞吐量达到 1000 万人时,航站楼到达、出发旅客道路、车道边就宜布置为两层;年旅客吞吐量为 1000~1500 万人次,则必须分为两层。特别是单元式航站楼,在进行航站区道路布设时,既要满足每个航站单元的需求,又要考虑各单元间联系的便捷和整个道路系统的和谐,合理地进行水平、垂直两个方向的分隔与联系,同时还要顾及航站区未来扩建的灵活性。

航站区停车场或停车楼规划时需要确定可用的停车位数量以及从停车位到航站楼的有效距离,此外还要调整停车场进出口的结构设计,以避免交通拥挤。

考虑到在未来一段时间内,汽车仍会是机场陆侧的主要交通方式。因此,在机场内外合理布设公路是每个机场必须面对的问题。有些机场的公路交通能力扩充已非常有限,不少规划人员倡导快速轨道系统,既可以作为机场进出的专线,也可以作为地区交通网络的一部分。对于公共汽车,可在公路上为其开辟专用车道。在机场公共汽车站如距航站楼较远,可考虑由机场当局或特许经营者在航站楼和公共汽车站之间进行机场公共汽车接送旅客。

人类科技的发展推动了城市交通网络的建设与完善,如何将各种交通方式集合成一个协调一致的整体,就需要引入一种称为"一体化交通系统"的新概念。一体化的交通系统就是不论通过何种运输系统,如航空、铁路、汽车等运到的旅客和货物,都能顺利方便地转入另一种运输系统。在最完善的一体化交通系统中,旅客只需使用同一张客票和行李票就能搭乘几种不同的交通工具完成一次旅行。

对机场而言,交通一体化系统能最大程度地满足货主和旅客的需要,提供优质高效的服务。各种运输力式的有效衔接,能给旅客带来中转出行便利,也给货主带来运输方便。此外,多种运输工具的紧密衔接,还可为用户节省大量的流通费用,将库存商品压缩到最低。作好一体化交通规划又是解决地面交通阻塞、航站楼拥挤、空气污染和旅客感觉不便的一种重要手段。新建机场规划时应充分考虑到一体化交通系统,建立与之相适应的海陆、空互相协调的现代化立体交通体系,涵盖航空、地铁、城际铁路、公交、长途客运、出租车、社会车辆等多种交通方式,使之实现无缝衔接。

习题与思考题

1. 站坪飞机门位数如何确定?
2. 站坪飞机停放类型有哪几类?如何选择停放类型?
3. 机场停车场分哪几类?停车场面积如何定?
4. 机场进出交通方式有哪几类?它们各有何优缺点?
5. 如何设计车道边长度?

第五章 航站楼

航站楼,是机场内的一个功能建筑,提供飞机乘客转换陆上交通与空中交通的设施,方便他们上、下飞机。在航站楼内,乘客购票后需办理报到、托运行李,并经过安全检查及证照查验方能登机。

规模较小的机场通常只有一个航站楼,而大型机场会有多个航站楼,可容纳较多旅客。大多数机场的航站楼设计相当朴实,不过,近年来许多机场开始有了一些现代或新锐的设计,如北京首都国际机场的T3航站楼,外形似一条巨龙(图5-1)。规模较大的机场,乘客可通过走道、天桥或地下道从航站楼通往不同的登机大楼(如丹佛国际机场);也有些机场会设置多个航站楼,每个航站楼都附设登机大楼(如纽约拉瓜地亚机场)。

目前世界最大的航站楼是迪拜国际机场3号航站楼(118.5万 m^2),首级机场T3航站楼为世界第二大航站楼(98.6万 m^2)。

图5-1 首都机场T3航站楼

第一节 航站楼功能区划分

随着航空业的迅猛发展,机场航站楼已经从过去的单一功能(办票、候机、登机),逐步发展成为功能多样、超大空间的建筑集合体。

一般机场航站楼建筑包括以下功能区域:

(1) 旅客办票区、离港区、到达区及迎客区,人流集散区,旅客候机及登机区;

(2) 与航空相关的商务设施,如航空公司办公区、餐饮区和零售商店等;

(3) 行李交运、行李传输处理、行李提取等；
(4) 与建筑运营管理相关的设备用房等；
(5) 航站楼内部还设有现代化的内部交通，外围区域设置有大规模的停车场。

一、旅客和行李的流程

航站楼的主要交通流是旅客和行李。国内、国际的旅客和行李的流程主要分为四类：出发、到达、中转、过境。由于旅客到达航站楼的随机性，航站楼的交通流是相当复杂的，因此国内外机场航站楼的实际情况以及国际惯例中不同的客流，如国内出发、国内到达、国际出发、国际到达、过境客流一般是分开的。图 5-2 为航站楼的旅客和行李流程。

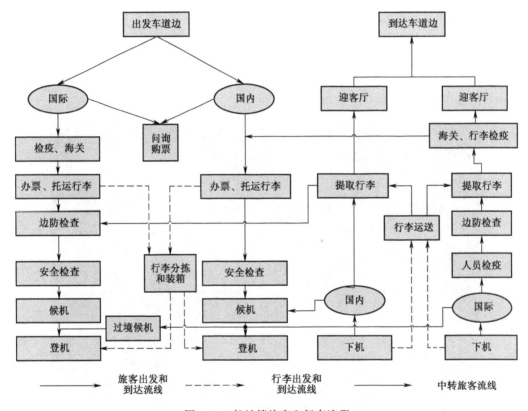

图 5-2 航站楼旅客和行李流程

二、系统组成

航站楼系统主要包括地面交通出入系统、旅客进程办理系统和候机登机系统三个部分。

1. 地面交通出入系统

地面交通出入系统主要包括进出机场的地面交通、航站楼车道边、停车设施和使出发旅客和到达旅客及行李、迎送者进入和离开航站楼的连接通道。主要包括以下交通设施：

(1) 进出机场的地面交通：为旅客提供进出机场的地面交通设施，这部分主要包括进出机场的城市快速路与高速公路以及进出机场的轨道交通。

（2）旅客及迎送人员使用的车道边：供车辆停靠以上、下旅客和装卸行李，下车点应依据旅客流动路线最短设计。旅客较多的机场应设置不同的出发和到达车道边，旅客较少的机场出发到达可使用同一车道边。

（3）地面停车设施：为旅客提供和迎送人员所使用的公共交通车辆、出租车、租用车辆以及私家车提供停车场所和车辆服务设施。

（4）提供进入航站楼的车道边、停车场地和公共街道及公共系统的行车通道，以及停车场的机场内部行车道。

（5）停车设施与航站楼之间提供规定的人行过道，主要包括地道、自动步道等。

（6）提供进入航站内各项设施和机场其他设施的道路和消防通道。

2. 旅客进程办理系统

旅客进程办理主要包括机票事务、安全检查、行李交运等事项，因此这一系统内应包括办票柜台设施、安全检查设施、政府管制系统、行李设施系统、用于旅客及迎送者等候大厅及公共流通通道以及机场管理和服务场所。

1）办票柜台

办票柜台提供办理票务和交运行李服务。办票柜台是旅客进入航站楼后的第一个目标，因而应依据交通流状况设计在明显的位置。大厅的尺寸取决于办票柜台线总长度、柜台前旅客排队的长度和周围流通的空间。为使旅客尽早办理票务和交运行李，办票柜台的布置宜采用保持旅客流平行地通过大厅，并以最短的距离到达登机门位的方案。所需办票柜台的种类和数目，取决于高峰小时登机旅客数、旅客到达航站楼的时间分布、柜台办理手续的速率和服务水平要求等。

2）安全检查

出发旅客在登机前必须通过安全检查点的检查，安全检查点设置在办票区和出发候机室之间。具体位置随航站楼布局思想（方案）和当地法规而异，通常分散设点（每个登机门位）要比集中设点要求更多的工作人员和设备。安全检查措施包括身份证件验证、旅客通过磁强计安全门和手提行李通过 X 光仪。

3）政府管制

国际航班旅客必须通过的关卡政府管制，包括海关、边防和检疫。国际和国内航班旅客通常是按照不同的路径完成登机前准备工作的。对于国际航班旅客，各国的管制要求和办理次序并不相同。我国现行的次序是：出发旅客先经过海关，再办理票务，然后才可以出境；到达旅客先经过边防和检疫，然后才能通过海关。为了保持旅客流的速率和连续，各个关卡设立时均考虑了不同需求旅客的处理次序。

4）候机室

候机室是用来作为出发旅客等候登上特定航班飞机的集合和休息场所。它们通常是分散地设置在每个飞机门位位置处。这时，应为下机旅客提供通道，以便不干扰出发旅客的等候。候机室的面积按飞机载客率的 80% 估算，其中 80% 的旅客有座位（每个座位 $1.4m^2$），20% 站立（每人 $0.9m^2$）。

5）过厅或走廊

过厅或走廊连接上述各组成单元，服务于登机和下机旅客内部流通。其布置和面积视航站楼布局方案和旅客流量而定。

6）行李设施系统

行李设施系统包括旅客登机前交运行李和旅客下机后提取行李。机场的工作通常涉及到行李的收取、分拣和分发,行李设施系统的服务效率与旅客延误时间有直接关系。

旅客通常在车道边值机处或者航站楼内的办票柜台交运行李,之后行李送到出港行李房,按航线和目的地进行分拣,而后以散装或集装箱形式,由小车或平板拖车分别运到相关飞机前,装送入飞机机舱。

提取行李区应设在接近航站楼出口的地方。行李从飞机上卸下,由小车或平板车经机坪和工作道路运到行李提取处的卸货地段,卸在机械传送和陈列设备上,供旅客领取。旅客到达提取行李区和行李出现在陈列设备上的时间差,反映了服务的水平。理想的匹配是二者同时到达。这同航站楼的规划思想和组成单元的布局有关,它影响到行李运送路线的长短和水平层位的变化。

7）用于旅客和迎送者等候及流通的大厅及流通空间

航站楼大厅除设置办票柜台和行李设施系统,还应设置售票处、问询处、外币兑换台等;为保证旅客的流通,还应有楼梯、电梯和过道等。

8）机场管理和服务场所

航站楼内应包括机场管理办公室和相关医疗、通信、消防、电气设备及相应的维护设施;航空公司经营办公室,如票务、行李、飞行、飞机维护等;政府管制部门办公室,如安全检查、边防、海关、检疫等。

3. 候机登机系统

飞行交接面即航站楼与飞机机坪的连接部分,通常包括以下设施:

(1) 过厅,供出站厅和航站楼其他部分的流通使用。

(2) 出站厅或等候室,汇集出站航班的旅客。

(3) 旅客登机设备,供登机旅客和下机旅客在飞机门与出站厅间的运转。航站楼与飞机之间的连接主要采用两种方式。一种是飞机停放在远处机坪上,由登机舷梯上、下飞机,航站楼门位和机坪之间由车辆运转或旅客步行。另一种是采用登机桥,直接将航站楼门位与飞机舱门连接,旅客可步行进出,这种连接方式可提供较为均匀的客流,且不受天气、噪声的影响。

(4) 航空公司运营所需工作人员、设备的工作场所。

(5) 保安设施,用以检查旅客和行李以及对旅客登机场所的公共进入场所通道的管制。

(6) 为公众提供便利服务的设施,以及用以航站楼设施维护的设备。

第二节 航站楼规划与设计

1. 设计总体目标

航站楼的设计标准在不断变化中,各国设计标准也不尽相同。航站楼设计应在拟定具体的目标之后进行。总体的设计目标包括:

(1) 机场的规模能完成既定的交通量任务,在机场的总体规划下规定航站楼和机坪

的参数;

(2) 能满足中长期运营的需求;

(3) 满足功能性、实用性要求并具有财政上的可行性;

(4) 最大限度地发挥现有设施的使用性能;

(5) 考虑旅客到达、离开高峰时期的机场运营;

(6) 考虑群体建筑效应,注意绿化、美化和保护航站区周围环境;

(7) 在超过设计期以后机场维护的可行性;

(8) 航空新技术的应用。

2. 规划过程

航站楼应能快速、便利的实现陆上交通运输方式到空中运输方式的转变,因此在设计过程中必须处理好航站楼与机坪、地面交通的布局关系,还应注重航站楼内部各项设施的布局,规划过程大致包含以下四个步骤:

1) 确定设计旅客量

依据年旅客量的需求结果预测,可初步估计航站楼的规模。并依据高峰小时的旅客量设计航站楼的各项设施尺寸。高峰小时旅客量一般为年旅客量的 0.03%~0.05%。各项设施服务的旅客对象有所不同,因而需将旅客分为国内航线和国际航线,然后再分为登机和下机旅客,始发、终程、中转和过境旅客。表 5-1 是美国 FAA 给出的高峰小时旅客与年旅客量的关系,可供设计时参考。

表 5-1 高峰小时旅客量与年旅客量关系(FAA)

年旅客量/×10^3人次	高峰小时旅客量占年旅客量的比例/%
≥20000	0.030
10000~<20000	0.035
1000~<10000	0.040
500~<1000	0.050
100~<500	0.065
<100	0.120

2) 设施需求分析

航站楼设施需求分析实际上是楼内各项设施面积的计算。这一过程不需要确定各项设施的具体位置,只要有各项设施的尺寸。航站楼各项设施的面积与其预期达到的服务水平相关,各国对于不同类型的机场采用的面积变动很大。我国旅客航站楼建筑面积,可按其性质与作用,根据预测的年旅客吞吐量和典型高峰小时旅客数,参考表 5-2、表 5-3 进行计算。

表 5-2 按年旅客吞吐量估算旅客航站楼的面积

类别	每百万旅客所需建筑面积/m^2
国际旅客航站楼	12000~16000
国内旅客航站楼	7000~10000

注:年旅客量大,采用较低值,反之,采用较高值。

表 5-3　按典型高峰小时旅客数估算旅客航站楼面积

旅客航站区指标	类别/(m²/人)	
	国内旅客航站楼	国际旅客航站楼
1、2	14~20	24~28
3、4	20~26	28~35
5、6	26~30	35~40

3）制定总体布局方案

计算出各项设施单元的面积后，按旅客和行李的流程，将各项设施单元在航站楼的具体位置进行组合。组合应使旅客的流动路线简单、明显，避免较多的交通量交叉。旅客量较小的机场，到港和离港的旅客活动可在同一层内进行，航站楼为一层式；客运量较大的机场可将离港与到港的旅客进行分离，航站楼为两层式。同时应考虑旅客的步行距离（一般以从航站楼空侧一边中心到最远机位距离不超过 300m 为限），避免步行距离过长。

4）提出设计方案

其过程是将制定的总体布局方案和各设施单元的计算面积转化成平面图，在图纸上表明各设施单元的位置、形状、尺寸，建立各单元之间的功能关系，并对这一系统的性能进行评价。设计方案的评价内容主要包括：处理预期需求的能力，对需求增长和技术改变后反应的灵活性，与整个机场设计相适应性，旅客走向和流程是否简捷，滑行道系统和机坪范围内飞机运转路线及其潜在冲突，飞机、旅客的时间延误，财政及经济的可行性。

第三节　航站楼的建筑构型

一、影响航站楼布局的因素

航站楼规划的主要目的是要在旅客便捷、运行效率、设施投资以及美学上获得均衡。航站楼的布局与旅客量、飞行次数、旅客类型、使用该机场的航空公司数量、场地的物理特性、出入机场的地面交通模式等许多因素有关。按航站楼的使用功能要求布局时，在技术上要考虑以下问题。

（1）旅客相关。影响旅客的一个最主要因素是步行距离，航站楼设计上应尽量满足步行距离最小，其设施包括：便捷的停车设施，旅客能快捷地穿过航站综合体以及高效地处理行李传送设备。航站楼设计应为公共和私营运输提供足够的航站区车道边空间；从车辆停车场到办票柜台最为快捷；从办票柜台到旅客等待区，并从等待区到登机是否能满足最小距离，并最好照顾必须长距离步行的地方；考虑旅客在不同航空公司的转机效率；行李交付与提取；机场访客和观光者的便捷服务系统。

（2）旅客用车。在航站区实现公交车、商务车、勤务车的分流，应设置相应的停车场与车辆服务区。

（3）机场运行。航站区综合设施在功能上应具有灵活性，以满足航空运输行业对办理旅客及飞机的快速地面勤务工作的运行特点的要求。因此，需考虑下述设施的布置：机坪车辆与起落的飞机和停放飞机应分离；到港和出港旅客分流；旅客流与机坪活动分离；

航空货运及货运代理设施;机场维修库及其设施;飞机场地的保安以及非法进入机坪和飞行场地的防护;消防救援设施和器具。

(4) 飞机。飞机在机坪上以及在航站楼站坪和滑行道之间的高效运动;停放在闸口位置上的飞机便捷地运行;同时应考虑航站楼空侧边和陆侧边为满足旅客、行李、停放飞机和地面交通所需空间尺寸要求上的矛盾。

(5) 安全。客货登机;电梯、自动扶梯、楼梯等通道的设置;人行横道、残疾人通道的相关设施。

二、布局模式

机场航站楼可以分为集中式(中央式)、非集中式(非中央式)以及二者兼而有之(复合式)。

集中式旅客办理型航站楼是指,所有用于办票、行李办理手续、保安、海关以及边防的办理都在一个楼内完成,并且都用于办理使用该航站楼的所有旅客。

优点:
(1) 把机场、航空公司和国际旅客的办理统一集中在一起,因而降低了成本。
(2) 方便了对旅客的控制、转机和保安。
(3) 简化了行人信息系统和车辆信息系统。
(4) 把旅客服务及康乐设施统一集中在一起。

缺点:
(1) 在车道边产生车辆拥挤。
(2) 在值机处理区域发生行人的拥挤。
(3) 从停车场到旅客处理区域,步行距离远。
(4) 限制了扩建。

非集中式旅客办理型航站楼是指,旅客办理设施被安排在较小的单元内,并且在一个楼内或者多个楼内重复设置。

优点:
(1) 最佳的旅客服务水平或最优的旅客便捷。
(2) 步行距离最短。
(3) 旅客流程清晰,旅客的流向更加直接。
(4) 车辆在车道边的停放和下客这些环流过程分散了。
(5) 模块式建设提供了潜在的扩建能力。
(6) 能接纳各种运送旅客进出机场的运输模式。

缺点:
(1) 需要航空公司、机场以及政府相关办理活动的人员分开。
(2) 增加了每个闸口的资金成本。
(3) 增加了运行成本和维护成本。

三、航站楼竖向布局

航站楼的竖向布局模式主要有一层式、一层半式、两层式和三层式,如图5-3所示。

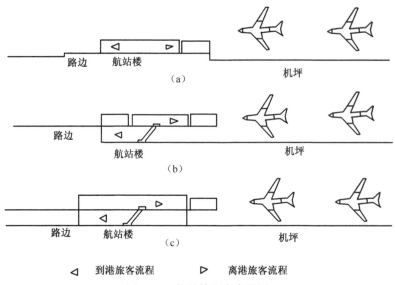

▷ 到港旅客流程　　▷ 离港旅客流程

图 5-3　航站楼竖向布局图

一层式：对于客运量较小的机场一般采用离港和到港旅客所需办理的手续都在同一层内进行，给旅客提供服务的系统、行政管理系统尽可能设置在二层。

一层半式：对于客运量适中的机场一般采用这一类型的航站楼，旅客出入航站楼、航空公司的航务以及行李转交等活动在机坪层进行，而上、下机则在二层进行，通常第二层供离港旅客使用，第一层供到港旅客用。

两层式：对于客运量较大的机场，通常将到达旅客和出站旅客人群分开。通常第二层供离港旅客用，第一层供到港旅客用。航空公司运营和行李处理也在下层进行。

三层式：行李房与两层式不同，设置在地下室或者半地下室，旅客、行李流程与两层式基本相同。

四、航站楼平面布局

航站楼的主要布局形式有直达闸口式布局、指廊式布局、卫星式布局、转运式布局，如图 5-4 所示。大型机场多采用一种或多种形式的组合。

1. 直达闸口式布局

简单的直线航站有一个共用的等候和办理票务的地方，其出口通往停机坪。适用于航空公司活动少的机场，通常设有紧靠停放 3~6 架商业旅客机的机坪。简单航站的布局应考虑将来以指廊式、卫星式或加长直线扩展航站的可能性。在直达门位式也就是前列式布局中，飞机是沿着航站建筑物的前面停放的。航站各职能部门与飞机门柱位置之间用过厅连接。如果旅客是以车辆转运系统运送到出站门位相近地点时，则这种方式进入航站楼较为便利且步行距离相当短。扩展可用现有结构的直线延伸或以连接体发展两个或更多的航站单元来完成。

直线型设计思想不要求有长条形的候机廊、指廊、卫星厅或者勤务楼，但是它不适合把一些公用设施集中安排在一起，例如候机室、专卖店、办理票台或者等待室。通常，每一次对航站楼的直线型扩展都要重复设置这些设施。在大型机场，这种设计思想还要求设

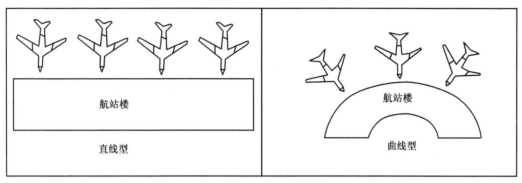

(a)直达闸口式

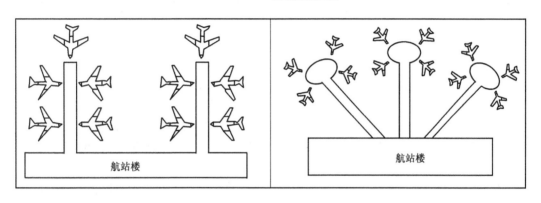

(b)指廊式布局　　　　　　　　　(c)卫星式平面布局

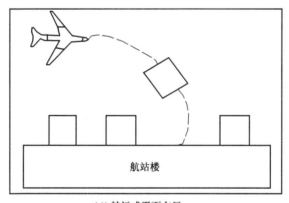

(d)转运式平面布局

图 5-4　航站楼平面布局

置大量的方向引导指示牌系统,因不仅需要把旅客引导到正确的航空公司候机区域,还要引导到该区域内正确办理旅客的模块单元内。这种设计思想的另一个问题是当旅客乘机返回机场时,他们会发现进港模块单元的位置与他们停放在出港模块处的车辆距离很远。在比较直线型航站楼与其他设计方案的运行成本和建设成本时,必须考虑上述这些因素。应该在比较直线型航站楼的构型和占用空间及其他设计方案的构型和占用空间基础上,确定哪一种方式与某一特定机场的实际情况最为符合。

83

2. 指廊式布局

指廊式航站楼概念产生于20世纪50年代,是简易型航站楼添加了闸口指廊。从此,产生了非常复杂的布局形式,即增加了闸口等待室、登机步道、飞机登机桥以及把办票值机功能与行李提取功能按上、下层分离出来;但是,基本的设计概念仍然没有发生变化,因为主航站楼用于办理旅客和行李,而引廊或指廊则提供从中央航站楼到飞机闸口的封闭式进人通道,飞机通常以平行或机头向内围绕着廊道轴线停放,这点与卫星式航站楼布局不一样,后者飞机均在指廊末端停放。

指廊式航站楼旅客的步行距离较长,步行距离取决于主航站楼的长度,并且与指廊提供的闸口总数无关。对于靠近集中式行李提取设施的下飞机车道边来讲更是如此。虽然指廊式航站楼在为现有航站楼增加闸口机位方面提供了经济的手段,但其扩建却受到限制,并且当主航站楼内没有提供充足的办理旅客空间,不能随意增加新的指廊。

3. 卫星式布局

卫星式航站楼概念的主要特点是由指廊与一个或者多个卫星式建筑结构连接在一起所构成的简易型航站楼(备有所有办票设施、行李处理设施以及辅助服务设施)。除了飞机闸口位置放在长条形指廊末端而不是等间距地沿着指廊停放以外,卫星式设计概念的特点与指廊式设计概念的特点非常相似。卫星式闸口通常由一个共同的等待室服务,指廊可以安排在地下(即"远端卫星式"),为飞机在主航站楼和卫星厅之间提供了飞机的滑行空间。

从主航站楼到卫星厅之间的距离通常要远比指廊式布局的相应平均距离长,因此,许多机场为了减少旅客步行距离,在主航站楼和卫星之间提供了旅客输送系统。

卫星式布局的另一个优点是,它本身适合于一个紧凑式中央航站楼,这个航站楼具有共同的旅客办理区域。在一些航站区空间受到限制的情况下,所提供的停车场是在中央航站楼的上部。然而卫星厅附近的飞机停机机位可能对飞机勤务设备的运行造成影响。

4. 转运式布局

运转式布局使得飞机停放高度较为灵活、飞机的服务活动同航站楼分开,旅客的步行距离大大减小,但旅客总进程时间较长。移动式休息厅把旅客从航站楼闸口位置可以当做等待室使用。在这种设计概念中,飞机停放位置可按照所需求间距平行地并排放置,移动式休息厅和勤务车道路从停机位中间穿过。

航空公司楼必须安排在飞机停机排旁边。这种布局下,步行距离被降到最小程度,因为这种紧客办理设施,而且车道边前缘可以从移动式休息厅闸口横穿航站楼直接布置。航站楼及其车道边的长度可以部分地通过移动闸口数量确定。

这种设计概念具有良好的扩建能力,因为增加移动式休息厅就可以增加容量,而且不用增加过多的候机廊、指廊或者卫星厅就可以完成对主航站楼和停机坪的扩建。同时这种布局模式使飞机具有极好的机动能力。远端停机位可以降低飞机到跑道的距离,避免飞机在航站楼设施附近造成拥挤。同时也免去区域的噪声和喷气机尾气吹袭问题。移动式休息厅必须能够与各种飞机高度以及航站楼层面高度相匹配。这种航站楼的建设成本最低,其运营具有较高的灵活性,上海浦东国际机场和北京首都国际机场都采用了这种布局。

五、航站楼构型

1. 码头式航站楼

码头式设计的航站楼为狭长型建筑，飞机停靠在两侧，末端连接到票务和行李领取处。这种设计较为简单，能容纳较多的飞机，但缺点就是登机柜台距离登机门的距离太长，例如关西国际机场的柜台和登机门就隔了将近半英里（约800m）之远，因此需设有旅客捷运系统或电动步道。几乎所有大型国际机场都有码头式的设计，包括芝加哥的奥黑尔国际机场、伦敦希思罗机场、曼谷国际机场或香港国际机场（图5-5）。

图5-5 香港国际机场

2. 卫星式航站楼

卫星式航站楼独立于其他机场建筑，飞机可停放在航站楼的四周，就像卫星环绕行星一样。第一个使用如此设计的机场为伦敦盖特威克机场，该机场使用了地下行人隧道以连接卫星航站楼和主航站楼。第一个使用自动旅客捷运系统连接主航站楼与卫星航站楼的机场是美国佛罗里达坦帕国际机场（图5-6），为今日机场的标准。其他例子还有：吉隆坡国际机场、戴高乐国际机场（1号航站楼）、西雅图塔科马国际机场。

3. 半圆式航站楼

一些机场的航站楼采用半圆式设计，飞机停靠在圆弧侧，另一侧则停靠汽车。这样的设计需让乘客长途步行，但可减少报到柜台和登机门间的距离。知名的例子包括：戴高乐国际机场2号航站楼（图5-7）、印度孟买机场2号航站楼、首尔仁川国际机场、多伦多皮尔逊国际机场和札幌的新千岁机场。

混合式航站楼也有机场使用，如旧金山国际机场（图5-8）和墨尔本机场使用的是码

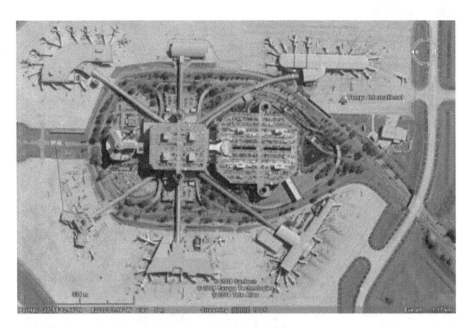

图 5-6　佛罗里达坦帕国际机场

图 5-7　戴高乐国际机场 2 号航站楼

头和半圆形混合式设计的航站楼。

大部分大型航站楼采用登机廊桥登机,也有部分航站楼为小型飞机或停靠在远机位的飞机提供航站楼巴士,把乘客从登机门运送到飞机。

图 5-8 旧金山国际机场

第四节 航站楼建筑防火与人员安全

现代化的机场航站楼建筑多采用单一大屋顶结构形式。这种结构形式的建筑通常表现为空间巨大,主入口靠近一侧,大空间区域难以分隔为不同的小空间,几层空间相互连通等建筑特点。机场航站楼建筑的使用功能和建筑特点决定了其人员组成复杂,进、出港大厅出入口等处人员密度高,人员一般对建筑疏散出口、路径及其他消防设施不熟悉。对于国际机场,往往有众多不同国籍和不同语言文化的人员。

一般认为,机场航站楼建筑火灾荷载相对较低,管理水平相对较高,火灾较少发生。但1996年4月11日,德国杜塞尔多夫机场航站楼发生火灾,造成了17人死亡,62人受伤,并使机场关闭了3天半。这场火灾使人们深刻地认识到,机场航站楼火灾对人员生命的危害程度和后果是非常严重的。

由于机场建筑体量大、周边长,限制了火灾救援的扑救面;不可分隔的巨大空间易造成火灾和烟气的迅速蔓延;人员负荷高,导致人员疏散距离大,疏散宽度相对较小。此外,航站楼建筑与装满油料的飞机相邻,墙体及玻璃区域以及其他建筑部分可能受到飞机气流影响,存在着较大的火灾风险。

现代化机场航站楼的建筑特征和火灾特点,也决定了其防火设计难以依据传统的规格式设计方法进行,这给防火设计、运营管理以及防火监督带来了较大的困难。目前大部分现代化机场航站楼采用基于性能化的设计方法进行防火安全设计。

性能化防火设计安全目标至少应包括以下部分:
(1)保证建筑内人员的疏散安全;
(2)保护财产安全;
(3)保持机场运行的连续性。

性能化消防设计是借助消防安全工程学的方法和手段，在对建筑物的火灾风险、火灾发展状况以及主动和被动防火措施的实际效果进行个案评估的基础上，确定该建筑所需要的消防措施的设计方法。性能化消防设计综合考虑了火灾的发生与发展、烟气的蔓延和控制、火灾的蔓延和控制、火灾探测和报警、主动和被动灭火措施以及人员的疏散等因素。因此，能够得出经济合理的消防设计方案，为设计人员提供更多的选择。

性能化消防设计分析方法常常应用在以下几个方面：火灾风险评估、消防设计安全评估、火灾发展和烟气流动模拟、人员疏散分析、火灾探测和主动灭火系统控火效能评估、结构防火安全性评估、制定综合消防策略规划等。

保证建筑内人员疏散安全是机场航站楼建筑防火安全设计的基本目标。机场建筑疏散设计应结合航站楼建筑的特点、火灾特点以及人员组成特点，综合考虑各方面影响因素，合理进行疏散设计，保证火灾情况下人员安全疏散。设计应以建筑内的人员能够脱离火灾危险并独立步行到安全区域为原则，通过采取防止火灾蔓延和保护消防安全通道等防火措施来实现。评估疏散设计是否合理、人员是否安全，主要以建筑中所有人员是否能够在危险到来前到达安全的区域来评价。通过采用疏散时间（RSET）和危险到来时间（ASET）作为判定参数。如果 ASET≥RSET，则疏散是安全的，疏散设计合理；反之则不安全，需要修改调整设计方案或设计参数。保证安全疏散的判定准则为：

$$RSET+Ts \leqslant ASET$$

式中：RSET 为疏散时间，即建筑中人员从疏散开始至全部人员疏散到安全区域所需要的时间；ASET 为危险到来时间，即开始出现导致疏散人员生理或心理不可忍受情况的时间；Ts 为安全裕度，即疏散设计所提供的安全余量。

疏散时间一般包括疏散开始时间（f_1）和疏散行动时间（f_2）。

（1）疏散开始时间。可分为从起火至人感知火的时间 t_1（由火灾探测和报警时间决定）和从感知火至开始疏散时间 t_2（即疏散人员预动作时间）。疏散开始时间与疏散人员类型、位置、状态以及火灾探测系统、火灾报警系统、疏散诱导系统等因素紧密相关。此外，还与起火场所、建筑布局及管理状况等因素有关。疏散开始时间的预测多采用定性和定量分析相结合的方法，其中探测时间可根据建筑场所探测器或喷淋头的不同，采用 FPETool 模型进行启动时间定量预测。

（2）疏散行动时间。分为从疏散开始至到达相对安全区域时间和从相对安全区域至避难区或室外时间两个阶段。疏散行动时间与建筑出口分布、宽度、疏散距离，以及人员状况等因素紧密相关。目前，疏散行动时间的预测模型主要有水力疏散预测模型（如日本避难安全检证法的经验公式）和人员行为计算机疏散模型（如 SIMULEX、STEP）。对于机场建筑二者均可使用，并可结合二者的预测结果进行疏散设计和评估。

对于机场建筑人员数量的确定是疏散行动时间预测的关键环节，可根据各个功能区域类型分别加以考虑。对于公共人流区域可结合机场航站楼建筑的设计能力和人员流线设计情况，以及人员在各区域停留时间预测综合考虑加以确定；对于办公区域则可根据人员密度进行确定。

ASET 一般应考虑火灾烟气、辐射热和人群恐慌等因素。火灾烟气的危害主要表现烟气的热作用和毒性，而烟气的能见度也是一个重要的影响因素。通常情况下人员疏散安全的控制指标如表 5-4 所列。

表 5-4 危险来临时间控制判据指标

项 目	人体可耐受的极限
烟层高度	烟气温度高于20℃,烟层高度2.1m
热辐射	对疏散人员是2.5kW/m²,对消防人员是4.5kW/m²
光学密度(能见度)	当烟层高度低于2.1m,一般0.1m^{-1}(10m)
疏散人员在烟气中疏散的温度	当烟层降到2.1m时,持续30min,60℃

表中的临界烟层高度取2.1m,该值可根据不同建筑情况适当加以调整。疏散区域所需的能见度对于大空间取为10m,而对于小房间应取5m。对于烟气的毒性,一般认为在可接受的能见度范围内,毒性都很低,不会对人员疏散造成影响。对于机场航站楼建筑由于空间大,烟气因空气稀释作用温度和浓度一般均较低,此时考虑人员心理因素,疏散时间应加以控制,避免人群出现恐慌。

对于烟气流动状况的预测,目前采用的模型主要有区域模型(如CFAST、NFPA 92B和CIBSE TM19等提供的经验公式)和场模型(如FDS、FLUENT等计算流体动力学工具软件等)。对于机场建筑内的大空间区域(如办票大厅、迎客大厅等)可结合区域模型及场模型进行火灾烟气模拟,而对于小空间的办公区等可采用区域模型进行火灾烟气模拟。

对于机场航站楼建筑,为弥补大空间区域无法进行防火分隔的不足,避免火灾及烟气在大空间区域的迅速蔓延扩散,保证人员疏散安全,保护财产安全,防火设计采用火灾控制的"舱概念"等性能化设计理念是十分有效的方法。此外,以下防火安全对策应在设计和管理中加以重视。

(1) 限制使用严重影响疏散的建筑及装饰装修材料,以及固定的家具。以此可限制火灾荷载密度,避免大面积火灾蔓延,减少烟气生成量,为保证人员疏散提供了条件。

(2) 确保火灾时结构安全。对于机场大空间建筑结构,保证结构安全至关重要,火灾时的结构安全设计可通过性能化分析,针对不同区域适当降低或增加防火设计等级。

(3) 合理疏散设计,保证人员疏散安全。保证两个方向出口。火灾发生以后,当人们意识到要逃生时,往往奔向熟悉或进来的出口和楼梯,但当遇到烟和火的阻碍,不能抵达熟悉的门和楼梯时,就会返回,并寻找其他路径以到达安全地点。这就需要每个区域至少提供两个可供选择的出口。尤其当人们在非常状态情况(惊恐、失去理智控制)下,行动往往比较盲目。因此,只有一个方向的疏散路线是不安全的。

在火灾事故中,飞机登机桥可以作为疏散通道(NFPA 415提出了从飞机到航站楼5min的疏散能力要求),但必须考虑到从航站楼通过登机桥疏散路径的合理设计和疏散出路,可在登机桥飞机侧设置辅助疏散楼梯

对于空侧、陆侧的人员在火灾时可考虑相互借用出口,但应注意通过技术和管理措施确保对进入空侧和陆侧的人员加以合理控制。因人员对机场航站楼建筑设施不熟悉,应提供适当的出口及路径标示,强化疏散诱导系统设置。

(4) 制定详细而妥善的疏散计划,避免建筑内人员同时疏散造成拥挤,阻塞疏散通道。

(5) 应采用适当的早期探测和报警系统。延迟的通知将导致大量人员滞留在建筑主要空间周边的航空俱乐部和休息厅等区域,而这些区域仅提供通过建筑主体空间疏散的

途径,而人员如不能得到及时的通知,疏散安全将受到威胁。

(6) 应采用适当的固定自动灭火系统对除无火灾危险的区域外的整个空间区域进行保护,可有效控制火灾蔓延和保证人员疏散安全。

(7) 针对建筑不同功能区域采用适当的防排烟措施,控制烟气蔓延扩散。

(8) 加强管理措施的制定和落实。所有建筑防火系统设备的制造、安装及维护、测试等均应符合相关的技术标准或规范要求。

(9) 制定管理人员的培训计划。

习题与思考题

1. 机场航站楼主要包括哪些基本设施?
2. 航站楼平面布局有哪几种基本类型?各适合于何种情况?
3. 何谓码头式航站楼、卫星式航站楼、半圆式航站楼?各有什么特点?

第六章 空中交通管制和通信导航系统

第一节 空中交通管制

在浩瀚无垠的天空,飞机似乎可以不受约束地随意飞行,想往哪飞就往哪飞。其实并非如此,就像车辆在地面行驶必须遵守交通规则、接受警察和红绿灯的指挥一样,飞机在天上飞行也必须要遵守空中交通规则,也要受到专门机构的指挥与调度,这就是空中交通管制(Air Traffic Control)。

空中交通管制又称航空管理和空中管制,是空中交通管理的重要组成部分,主要利用导航设备、雷达系统(一次和二次雷达)、通信设备、地面控制中心等组成空中交通管理系统对飞行进行监视和控制,以保证安全和有秩序的飞行。

一、管制任务

为了保证飞行安全,每个国家都有严格的空中交通管理法规,健全的管制机构和相应的设备和设施。除了保障空中交通安全以外,空中交通管制部门还担负着协调各部门对空域的使用、为国土防空系统提供空中目标识别情报、预报外来航空器入侵和本国飞机擅自飞入禁区或非法飞越国界等多项任务。

空中交通管制要保证一切航空器的飞行活动随时受地面指挥调度的管理,严格按计划(高度和航线)飞行;有效利用空间,保证空中交通有秩序进行;保证准确与安全的导航勤务,防止飞机在空中相撞或与地面障碍物相撞;提供有助于保障飞行安全的有效信息和情报,识别进入航管区域飞机的有关数据和代号,以便采取必要措施;必要时提供有关迷航、遇险飞机的情报。

二、管制机构

一般设置航路交通管制中心、进近管制室和机场管制塔台。

1. 航路交通管制中心

航路交通管制也称区域管制。对所管制的飞机沿航路和在空域其他部分飞行时进行引导和监视。每一个区域管制中心,均有一个明确的地理区域,它对所管辖的地理区域分为若干扇区。如果备有雷达设备,这一雷达需能探测整个扇区,并能监视扇区内飞机间的间隔。飞机机组和管制员之间的联系用无线电话。在标明本中心的管制区域界限的边界点上,飞机被交给相邻的航路交通管制中心或交给进近管制室,见图6-1(a)。

2. 进近管制室

进近管制是管制从飞机场管制塔台的边界至距离飞机场50~100公里范围内,从航路交通管制中心把飞机接收过来,并将其引导到所管辖飞机场中的一个飞机场。在提供这样的引导时,要按顺序安排好飞机,使它们均匀地和有秩序地飞往目的地。进近管制室对所管辖

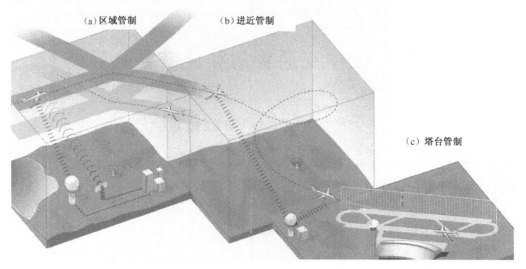

图6-1 空中交通管制示意图

的区域也分为若干个扇区,以均分管制员的工作负担。当飞机飞向或飞离飞机场大约10km时,进近管制室将到达的飞机"交给"飞机场管制塔台;或飞机场管制塔台将飞离的飞机"交给"进近管制室。当进近管制设有雷达时,称为"航站雷达进近管制"(TRACON)。

3. 机场管制塔台

塔台是飞行管制的工作场所,其内一般配置各种工作席位,如塔台管制席、助理管制席、飞行数据处理和放行许可席、地面管制席、通报协调席和主任管制席等。每个席位对应一个控制台,对飞机场上和在飞机场区内所规定的空域内起飞和降落的飞机进行管制,向机组提供关于风、气温、气压等气象要素和飞机场上有关飞行的情报以及管制在地面上除停放场地外所有的飞机,见图6-1(c)。

航路交通管制中心和进近管制室可以设在飞机场的航管楼内,也可以在飞机场外单建。飞机场管制塔台有的是独立建筑,有的是建在航管楼的顶层。小型飞机场一般将进近管制的任务并在飞机场管制塔台内,不单建进近管制室。飞机场管制塔台应布置在便于观看升降带飞机起飞和降落的地方,最好设在跑道中部附近,结合航站区的规划布置,并服从飞机场的总体规划。

三、管制方法

空中交通管制的方法主要有两种:程序管制、雷达管制。

1. 程序管制

程序管制方式对设备的要求较低,不需要相应监视设备的支持,其主要的设备环境是地空通话设备。机场管制塔台和进近管制室的话音通信采用甚高频收发讯机;航路交通管制中心则除甚高频收发讯机外,尚装备有短波单边带收发讯机,不能和飞机远距离通话或通报。程序管制的依据是飞行计划和飞行员位置报告。管制员在工作时,通过飞行员的位置报告分析、了解飞机间的位置关系,推断空中交通状况及变化趋势,同时向飞机发布放行许可,指挥飞机飞行。

飞机起飞前,机长必须将飞行计划呈交给报告室,经批准后方可实施。飞行计划内容包括飞行航路(航线)、使用的导航台、预计飞越各点的时间、携带油量和备降机场等。空中交通管制员根据批准的飞行计划的内容填写在飞行进程单内。当空中交通管制员收到航空器机长报告的位置和有关资料后,立即同飞行进程单的内容校正,当发现飞机之间小于规定垂直和纵向、侧向间隔时,立即采取措施进行调配间隔。这种方法速度慢精确度差,为保证安全因而对空中飞行限制很多,如同机型同航路同高度需间隔10min,因而在划定的空间内所能容纳的飞机较少。这种方法是中国民航管制工作在以往很长一段时间使用的主要方法。该方法也在雷达管制区雷达失效时使用。随着民用航空事业的迅速发展,飞行量的不断增长,中国民航加强了雷达、通信、导航设施的建设,并协同有关部门逐步改革管制体制,在主要航路、区域已实行先进的雷达管制。

2. 雷达管制

空中交通管制系统中配备多种类型的航管雷达,用于监视航道、引导飞机起飞与着陆、监视机场地面情况、探测管制空域内气象条件等。

雷达管制员根据雷达显示,可以了解本管制空域雷达波覆盖范围内所有飞机的精确位置,因此能够大大减小飞机之间的间隔,使管制工作变得主动,管制人员由被动指挥转变为主动指挥,提高了空中交通管制的安全性、有序性、高效性。

民航管制使用的雷达种类为一次监视雷达和二次监视雷达。一次监视雷达(PSR)用于监视无源发射目标,其发射的一小部分无线电脉冲被目标反射回来并由该雷达收回加以处理和显示,一次雷达无配合使用的地面询问设备,所以在显示器上只显示一个亮点而无其他数据。一次雷达只能探测出空中飞行物的方位和距离,但无法知道其飞行高度及性质,因此它只用于监控。二次监视雷达(SSR)也叫空管雷达信标系统,其对管制区域的有源辐射目标进行监视引导,是一种把已测到的目标与一种以应答机形式相配合设备协调起来的雷达系统,能在显示器上显示出标牌、符号、编号、航班号、高度和运行轨迹等及特殊编号,见图6-2。应用于航空的一次雷达分为地面和机载两大类。机载雷达主要用

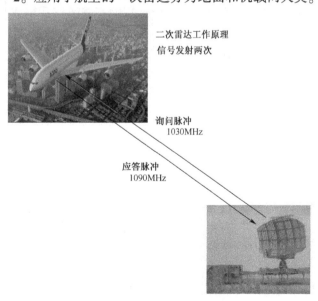

图6-2 二次雷达

于机上探测、瞄准和导航,如机载气象雷达、攻击空中目标的火控雷达、攻击地面目标的轰炸雷达、引导飞机超低空飞行的地形回避雷达、指示飞机高度的测高雷达、用于导航的多普勒雷达等。空中交通管制系统中运用的主要是地面雷达,地面雷达用于控制监测和指挥引导,如监视航道飞行或终端管制区飞行的一次监视雷达、引导飞机起飞与着陆的进场着陆雷达、监视机场地面的场面监视雷达、探测管制空域内气象条件的气象雷达等。地面雷达站规划设计内容参见后面导航章节。

国外空中交通管制发达的国家已经全面实现了雷达管制,而中国民航正逐步在主干航路实现雷达管制。

第二节 机场通信系统

机场通信系统分为陆空通信和平面通信两种。从业务上讲,民用航空通信分为航空移动业务和航空固定业务。陆空通信属于航空移动业务,平面通信属于航空固定业务。

一、陆空通信

陆空通信是民用航空地空台与飞机电台或飞机与其他飞机进行通信联络,建立用于空中交通管制、通报飞行动态、传递飞行情报等的无线电通信。包括高频(HF)通信系统、甚高频(VHF)通信系统和航空移动卫星系统。高频通信系统用于飞机与地面电台或与其他飞机之间进行调幅和单边带通信联络。它的传播特性适用于远距离通信,如越洋、边远陆地和远程航线飞行通信上,频率范围为 $2 \sim 29.999$ MHz。甚高频通信系统用于视线距离内的调幅通话联络,频率范围为 $118 \sim 136$ MHz。由于频率很高,其表面波衰减很快,传播距离很近,通信距离限制在视距范围内,以空间波传播方式为主;另外,甚高频电波受对流层、地形、地物的影响很大。选择呼叫系统是供地面人员向某一指定的飞机进行呼叫的机载译码设备,地面发出的音频信号通过所选用的高频通信系统或甚高频通信系统传输到飞机上。

未来的陆空通信系统更强调通信性能(PCP)、数据通信和信息共享。主要通过卫星数据通信、VHF 数据通信和 HF 数据通信,并在此基础上,逐步建设全球范围的航空电信网(ATN)。

ATN 是全球范围内用于航空的数字通信网络和协议,是基于开放式系统互连结构、面向比特的协议。它将航空界的机载计算机系统和地面计算机系统连接起来,随时互通信息,体现信息资源全球共享。

二、平面通信

平面通信是机场和机场业务部门之间的通信。早期以人工电报为主。现在则有电报、电话、电传打字、传真、图像、数据传输等多种通信方式;通信线路分无线、有线、卫星通信等。

机场无线电通信是指机场范围内的单位、人员和民用航空专用流动车辆之间,建立传递保障飞行以及其他信息的无线电话通信。

在机场附近划定的发信区修建无线电发信台,收信区修建无线电收信台。无线电中心收发室则建在机场航管楼内。发信台和收信台、收发室,以及和城市之间都要按照发射功率的大小和数量,保持一定的距离。功率越大,距离越远。收、发信台的天线场地以及邻近地区应为平坦地形,易于排除地面水;收信台台址还应特别注意各种可能对无线电波产生二次辐射的物体和干扰源。20世纪80年代,载波通信和微波通信发达的区域,平面通信一般不再利用短波无线电通信设备。无线发信台主要安装对飞机通信用的发射设备,也不再单建无线电收信台,而将无线收信台和无线电中心收发室合建在机场的航管楼内。

机场有线通信设施分有线通信和调度通信,它是机场内部、机关企事业内部以及与外部有关部门之间建立的电话通信。

机场、机关企事业和外部的电话通信,一般采用电信公用线路。机场、机关企事业内部的通信网络由民用航空各级通信导航雷达部门统一规划,分别建设,一般设不同规模的集群(集团)通信系统。航行、通信、气象、运输服务等单位之间的调度通信采用自建或租用专用线路。

第三节　导航系统概述

随着科技的发展,现在的导航已发展成为一个专门的学科。它是借助于航空器上的电子设备接收和处理无线电波在空间传播时的无线电信号参量(如幅度、频率及相位等),获得航空器相对导航台的导航参量(如方位、距离、速度等),从而获取航空器的实时位置信息,以保障航空器安全、准确、及时地到达目的地的一种导航手段。

导航既要保证飞机沿预定航线飞行,又要引导飞机进场着陆。着陆是飞机航行中的一个重要阶段,着陆时,飞行员必须在很短的时间内完成许多高要求操作。在云底高度大于300m,水平能见度4.8km的情况下,可依靠目视着陆,如利用机场助航灯光和标志标线等。但在不满足这种气象条件下,就需要借助无线导航系统。无线导航的着陆过程分为进近、拉平、滑跑和滑行几个阶段。

1. 进近

这一阶段的任务在于将飞机从航线飞行引导到着陆航线的方向(跑道中心线延长线的着陆方向),并保证飞机沿着进场航线(通过跑道中心线的铅垂面)过渡到下滑路径的入口(以远距导航台为标志),为下滑飞行做好准备。过渡飞行路径用 VOR、VOR/DME 和指点信标来规定起始进场点和最后进场点;进场高度用气压高度表和无线电高度表来测量。此外,也可从进场控制塔台得到距离、方位、仰角数据。

当飞机进入进场航线距离跑道端 25~30km,高度为 400~500m 时,进一步进场由 ILS 或 MLS 产生的无线电波来引导,一直引导到 30m 上空,距跑道端 300m(内指点标台所在地)时为止。这个期间,飞机沿一条由 ILS 或 MLS 提供的下滑线做下滑飞行。

国际民航组织(ICAO)规定下滑道必须在跑道起点上空 15m 高度经过,在离跑道起点 300m 处着地。这样,当飞行员看到跑道时,就要设法使飞机对准跑道中心线,并下降到要求的高度上。从 ILS 或 MLS 引导进场,过渡到 30m 决断高度见到跑道期间,必须飞得很平稳并要求做好可能放弃着陆的准备。

2. 拉平

当飞机接近着地点时,不能以原来在下滑道上的下降速度(2~5m/s)继续下降,否则会碰撞地面,所以必须执行一种拉平操纵,使飞机下滑率在着地时降低到0.6~1m/s。

对于典型的喷气式飞机,当飞机在轮子离地高度为9m时就要开始拉平;由于在俯仰方向上存在着惯性,所以飞行员或自动驾驶仪需提前2s执行拉平操纵,而且决断拉平还要提前1~2s。所以,整个拉平过程要在离着陆水平距离750m、垂直距离22.5m范围内实现。

3. 滑跑和滑行

在主轮着地约182m后,大型喷气式飞机鼻轮才着地,以后的操纵就与地面车辆相似了。这期间,飞机在跑道界限以内结束滑跑,找到出口,沿滑行道滑行到停机坪,最后完成着陆。

第四节 机场进近导航系统

典型的大型民航飞机上装有3套惯性导航设备或2套多普勒雷达、2套VOR系统、2套DME系统、2套自动测向器(ADF),以及气象雷达、罗兰系统、仪表着陆设备(或微波着陆设备)、无线电高度表等。机场配置什么样的导航台站系统就是根据这些机载设备和飞行程序的要求确定的。这些机载设备中大部分需要与地面台站配合实现既定功能,这种导航方式又称为他备式导航系统。机场导航台站建设的就是他备式导航的内容,包括无方向信标(NDB)台、全向信标系统、测距仪、仪表着陆系统、微波着陆系统、罗兰系统等,有时我们把用于航空管制的一、二次雷达系统、用于全球导航的卫星系统也划归到他备式导航的范畴。罗兰系统与卫星系统是为全球机场群服务而建设的他备式导航系统。

1. 地面无方向信标台

NDB系统的工作频率在150~1800kHz范围内,属中长波波段,因此主要依靠地波或直达波传播。地波的传播距离可以达到几百千米,但易受到天波的污染,特别是在夜间。地面台站与机载自动测向器配合工作。自动测向器ADF,又称无线电罗盘,是一种振幅最小值测向无线电导航系统。利用设置在地面的NDB,在机上用环形方向性天线接收和处理电波信号,获取飞机到地面导航台的相对方位,引导飞机沿预定航线飞行、归航和进场着陆。

NDB台由中波导航机(发射机)、发射天线及辅助设备组成,安装在每个航站和航线的某些检测点上,不断地向空间全方位地发射无线信号,故又称为无方向信标。

根据不同用途,又把地面导航台分为机场NDB导航台和航路(航线)NDB导航台。

(1)机场NDB导航台安装在飞机着陆方向的跑道延长线上。优先配置在跑道主着陆方向上(双向配置时,为主、次两个着陆方向)。机场NDB导航台不仅可以引导飞机进场,完成机动飞行和保持着陆航向,而且可以在夜间或气象条件很坏的白天,利用台站和机载ADF机引导飞机对准跑道,安全下降到一定高度,(一般为)穿出云层,然后进行目视着陆。

配置在跑道中线延长线上900~1200m的NDB台站称为近距导航台,配置在跑道中线延长线上4000~7000m的NDB台站称为远距导航台,配置在跑道中线延长线上更远距离的NDB台站称为超远距导航台，具体离跑道着陆端的距离可根据飞行要求和场地环境条件确定。远台和近台所配有的指点标台是一个发射机，发射频率为固定的75MHz，通过一个方向性很强的天线向上垂直发射一个很窄的倒锥形波束。当飞机刚好飞过指点标台上空时，飞机上的指点标台接收机就可收到该电波信号，在驾驶舱内就可显示灯光和音响信号，表示飞机正通过导航台上空。远台一般都兼作航线导航台使用。

（2）航路（航线）NDB导航台，供飞机在航线上定向和定位使用的，要求发射功率大，作用距离远，有效作用距离不少于150km。通常配置在航路（航线）转弯点、检查点和空中走廊口。

2. 甚高频全向信标台

甚高频全向信标VOR(VHF Omnidirectional Range)是一种相位比较测向近程导航系统。VOR的主要功能包括：

（1）对飞机进行定位。VOR机载设备测出从两个已知的VOR台到飞机的磁方位角，便可得到两条位置线，根据位置线相交定位原理即可确定飞机的地理位置；VOR台通常和测距台(DME)安装在一起，利用VOR测量飞机磁方位角，利用DME测量飞机到VOR/DME台的距离，也可确定飞机的地理位置。

（2）沿选定的航路导航。飞机沿预选的航道飞向或飞离VOR台，通过航道偏离指示指出飞机偏离预选航道的方向和角度，以引导飞机沿预选航道飞往目的地。

地面VOR导航台发射的甚高频电波给机载设备，可直接测量从飞机所在位置的磁北方向到地面导航台的方位(VOR方位)，以进一步确定飞机相对于所选航道的偏离状态。将VOR台想象为一个灯塔：它向四周发射全方位光线（相当于基准相位信号）的同时，还发射一个自磁北方向顺时针旋转的光束（相当于可变相位信号）。如果一个远距离观测者记录从开始看到全方位光线到看到旋转光束之间的时间间隔，并已知光束旋转速度，即可计算出观测者的磁方位角，如图6-3所示。因此VOR被ICAO所采用，1949年起成为国际标准航线的无线电导航设备，用作航路导航，也用作非精密进近引导。目前美国已建

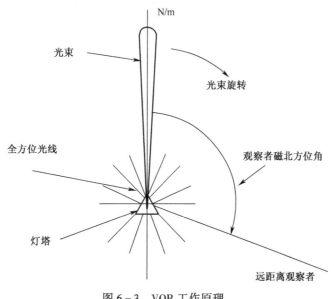

图6-3 VOR工作原理

有1000个左右VOR/DME地面台,日本有60多个,我国有100多个地面台,并随着新建机场数量的急剧加速而增加。

与同样是测向导航设备的ADF相比,VOR具有以下特点:

(1) ADF采用地面无方向性天线发射,机上采用方向性天线接收的方法测向;VOR则采用地面导航台有方向性天线发射,机上采用无方向性天线接收的方法测向。

VOR可以直接提供飞机的方位角(相对于地面导航台)而无需航向基准,且测向精度高于ADF。

(2) 工作频率高(108~118MHz),因此受静电干扰小,指示较稳定。但作用距离受视线距离的影响,与飞行高度有关。

(3) 地面导航台站的场地要求较高,如果地形起伏较大或有大型建筑物位于附近,则由于反射波的干涉,将引起较大的方位误差。

VOR系统的工作频段内共有160个通信频道,频道间隔为50kHz。用于航路导航的VOR导航台(CVOR),使用频率112~118MHz,共有120个频道,其作用距离可达100海里以上。台站通常选在无障碍物的地点,如山的顶部。这样,因地形效应引起的台址误差和多路径干扰就可以大大减小。用于引导进近着陆的VOR导航台(TVOR),使用频率108~112MHz,共有40个频段,其作用距离一般为25海里以上。通常设置在跑道后方,采用跑道轴线的延长线作为方位基准来指示飞机相对跑道的方位。它常和DME或LOC装在一起,或者组成极坐标定位系统,或者利用和跑道延长线一致的TVOR台方位线,代替LOC对飞机进行着陆前的引导。TVOR台位于建筑物密集的机场,多路径干扰严重影响VOR的精度,因此,只能用于短距离导航。

3. 测距仪台

测距信标台(Distance Measuring Equipment,DME)常与VOR导航台装置在一起,形成测距测向定位导航系统。它是一种工作于超高频段,通过接收和发送无线电脉冲对装有相应设备的飞机至该地面设备提供准确斜距的导航设备。1959年起,DME成为国际民航组织批准的标准测距系统。DME是一种有源脉冲测距、近程测距导航系统。与空管二次雷达系统不同,DME由机载询问器发出询问信号时由地面应答器(即测距信标台)返回应答信号。

机载测距器的发射电路产生射频脉冲对信号,通过无方向性天线辐射出去,即为"询问"信号;测距信标台的接收机收到这一询问信号后,经50μs的延迟,由其发射机产生相应的"应答"信号发射;机载测距器在接收到地面射频脉冲对应答信号后,即可由距离计算定理,根据询问脉冲与应答脉冲之间的时间延迟,计算出飞机到测距信标台之间的视线距离,其原理见图6-4。

DME是对VOR导航非常有用的辅助。单独的VOR只给出了飞机相对于VOR的方位角信息。加上DME,飞行员就可以精确定位飞机相对于VOR的方位和距离。和全向信标相配合工作时,测距天线可和全向信标天线同轴安装,也可视情况偏置安装。

DME还可以协助仪表着陆系统进行进场着陆的引导,设置在下滑信标台或航向信标台。DME台站电子环境与配套工作台站要求相同。

4. 仪表着陆系统

仪表着陆系统(Instrument Landing System,ILS)是在机场终端区引导飞机精密进近着

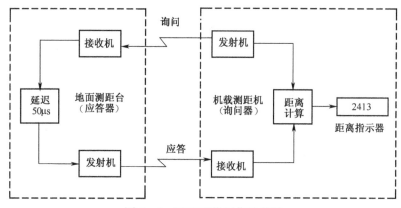

图6-4 DME系统工作示意图

陆的着陆引导设备,基于振幅比较测向原理。ILS提供的引导信号使飞机沿跑道中心线的垂直面和规定的下滑角,从450m高空引导到跑道入口水平面以上的决断高度(Decision Height,DH),然后由驾驶员看着跑道操纵飞机目视着陆。DH是指驾驶员对飞机着陆或复飞做出判断的最低高度。在决断高度上,驾驶员必须看见跑道才能着陆,否则放弃着陆,进行复飞。ILS能在气象条件恶劣和能见度差的条件下给驾驶员提供引导信息,保证飞机安全进近和着陆。1949年,ILS被ICAO定为飞机标准进近和着陆设备。

ICAO根据飞机在不同气象条件下的着陆能力,规定Ⅲ类着陆标准,使用跑道视距和决断高度来表示。

跑道视距是指在跑道表面的水平方向上能在天空背景上看见物体的最大距离。ILS能满足Ⅰ和Ⅱ类着陆标准,而Ⅲ类着陆则要求更复杂的辅助设备配合。

ILS包括3个分系统,每一个分系统又由地面发射设备和机载设备所组成。

(1)航向信标LOC(Localizer),提供飞机偏离航向面的横向引导信号,工作频段为108.1~111.95MHz,频段内共有40个通信波道,波道间隔为50kHz;LOC沿跑道中心线两侧辐射两束水平交叉波瓣,分别被90Hz和150Hz信号调幅,在通过跑道中心延长线的垂直面内形成航向引导面。

航向信标台通常设置在跑道中心线延长线上、端停止道之外,距跑道末端的距离应根据下列因素确定:①机场净空规定;②航向道扇区宽度的要求;③天线阵附近的反射或再辐射体的情况;④设施升级的可能性;⑤机场扩建计划;⑥建台费用。航向信标台距跑道末端的距离一般为250~400m。

机载航向接收机接收航向信标信号,经处理,输出飞机相对于航向面的偏离信号,并显示到水平姿态指示器(HSI)上。当飞机在跑道面上,即对准跑道中心线,则偏离指示为零;若飞机在航向面左侧,航道杆将偏向右,向驾驶员提供"向右飞"的指令;反之亦然。

(2)下滑信标(Glide Slope,GS),提供飞机偏离下滑面的垂直引导信号,工作频段为329.15~335.0MHz,频段内也有40个通信波道,波道间隔为150kHz。

沿飞机主降方向两侧辐射两束垂直交叉波瓣,分别被90Hz和150Hz信号调幅,形成与跑道水平面成2°~4°仰角的下滑引导面,与航向面的交线即为下滑道(线)。下滑信标台,根据场地地形及其环境条件,可设置在跑道的任一侧,距跑道中心线横向距离为75~200m,最佳距离为120m。距跑道中心线横向距离的具体数值,根据所用天线的高度结合公式计算。

机载下滑接收机接收下滑信标信号,经处理,输出相对于下滑面的偏离信号,并显示到 HIS 上。当飞机在下滑面上,下滑指针在中心零位;若飞机在下滑面上方,指针向下指,向驾驶员提供"向下飞"的指令;反之亦然。

（3）指点信标（Marker Beacon,MB），提供距离引导信号,工作频率固定在 75MHz。指点信标将 2~3 个指点信标台安装在跑道中心延长线规定距离上,分别称为内、中、外指点信标。内指点信标台距离跑道着陆端距离为 75~450m;偏离跑道中心线延长线不超过 30m。中指点信标台为 1050±150m;外指点信标台为 6500~11100m,外、中指点标偏离跑道中线延长线不超过 75m;

每个指点信标台发射垂直向上的扇形波束,信标台之间音频识别码（莫尔斯码）及调制频率互异。机载指点接收机只有在飞机飞越指点信标台上空的扇形区域范围时,接收机才能接收到信标信号。接收机收到信号后,分别使驾驶舱仪表板上不同颜色的识别灯亮,同时驾驶员从耳机中能听到不同的音频音响信号,从而可以判断飞机在哪个信标台上空,即到跑道端头的距离。

外指点信标:指示下滑道截获点;调制频率 400Hz,识别电码为 2 划/s（蓝色灯）。

中指点信标:用于测定 I 类着陆标准的决断高度点,即下滑道通过中指点信标台上空的高度约 60m;调制频率 1300Hz,识别电码为 1 点、1 划/s（琥珀色灯）。

内指点信标:用于测定 II 类着陆标准的决断高度点,即下滑道通过内指点信标台上空的高度约 30m;调制频率 3000Hz,识别电码为 6 点/s（白色灯）。

ILS 系统各地面台在机场的配置情况如图 6-5 所示。

有时测距仪 DME 也会和仪表着陆系统同时安装,使得飞机能够得到更精确的距离信息,或者在某些场合替代指点标的作用。应用 DME 进行的 ILS 进近称为 ILS-DME 进近。

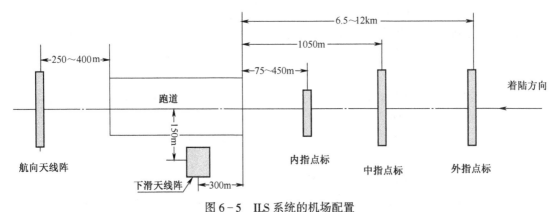

图 6-5 ILS 系统的机场配置

5. 微波着陆系统

微波着陆系统 MLS 是为了弥补 ILS 系统的一些缺点而设计的一种进近辅助设备。

仪表着陆系统的使用受到许多限制,第一,它只提供单一坡度为 3°的进近通道,该通道在低高度上延伸 10 海里,从而对机场在这一方向上的净空要求非常严格,而且飞机只能在这个距离之外以一定角度进入航路,使交通流量受到限制;第二,系统的性能受到地形和建筑物的影响,有时还会受到移动车辆的影响;第三,在 60m（200ft）以下,下滑道信号有时因受地面干扰不够稳定。

在20世纪70年代开发了微波着陆系统,国际民航组织也推荐这一系统作为20世纪90年代末逐步取代现有的仪表着陆系统的标准系统。MLS系统包括地面设备台和机载设备两大类。

地面设备台包括方位引导台设备和仰角引导台设备,统称为角度制导设备,产生各种不同的空中信号,为进近飞机提供角度制导和数据。整个系统的基本配备有方位制导设备、仰角制导设备和测距仪,三者都配有各自的监视器,设备与设备之间的信息传送通过电缆、光缆或微波线路等形式。

MLS使用5031~5091MHz的频段,这是高频(UHF)波段,不易受到干扰,而且频道数目为ILS的5倍。它的组成部分与仪表着陆系统类似,以方位发射机发射相当于ILS中的航向道波束,以确定飞机的水平位置,飞机可在跑道中线两侧40°范围内进入航道。它的高度发射机发射出垂直导航波束,相当于仪表着陆系统中的下滑道波束,驾驶员可选择的下滑坡度范围在3°~15°之间,如图6-6所示。同时,微波着陆系统使用精密测距仪为驾驶员提供准确的距离信号以取代仪表着陆系统的指点标系统。这样,微波着陆系统以和仪表着陆系统相似的方法实现飞机着陆导航任务。但微波着陆系统的流量、通过能力、精确度和安装的初始成本都比仪表着陆系统优越。

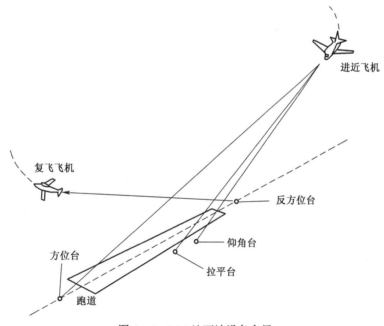

图6-6 MLS地面站设备布局

MLS地面台址选择需要满足配置地点和场地环境的要求,方位台通常配置在进场次着陆方向的跑道中线延长线上,距离跑道末端的距离根据以下因素确定:

(1) 机场跑道端净空规定;
(2) 设备的引导精度;
(3) 场地地形、地物的情况;
(4) 机场扩建计划。

方位台在跑道中线延长线上的优选配置地点为距跑道末端 300~500m。仰角台通常配置在跑道的一侧,距跑道中线的距离为 120~180m,其距跑道入口的后撤距离取决于下列因素：

(1) 进场基准数据点高度,基准数据点指位于跑道入口上方规定高度上,并在最低下滑道上的一点;

(2) 最低下滑角;

(3) 仰角天线相位中心高度。

在机场导航规划设计中经常会有 MLS 与 ILS 设备共址建设的情况,必须要考虑两种设备的相互影响或相互干扰问题。方位台通常设置在航向台的航向天线阵前方 30m 以外的跑道中线延长线上;仰角台通常配置在下滑台的下滑天线内侧前方、保证微波着陆设备的最低下滑道与仪表着陆设备的下滑道相重合(在机场基准数据点处相差不大于 1m)的地方,其偏离跑道中线的距离视下滑台偏置情况而定,如图 6-7 所示。

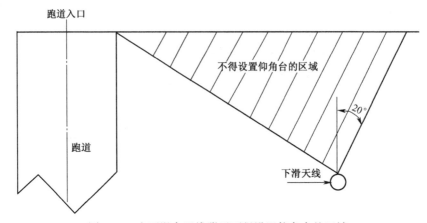

图 6-7 在下滑台天线附近不得设置仰角台的区域

MLS 机载设备包括以下部分:天线及其传输线、结合在一起的接收机/处理器、控制单元、信息和数据显示单元。

现代卫星导航技术的迅速发展超过了人们的预计,在 20 世纪 90 年代初,人们已经看出卫星着陆系统要大大优于微波着陆系统,因而国际民航组织不再积极推荐微波着陆系统,美国 FAA 也已终止进一步研制微波着陆系统,转向卫星着陆系统研发。但我国目前在建机场中,微波着陆系统仍是导航建设的重要选择。

6. 精密进近雷达系统

精密进近雷达系统(PAR) 是一种三坐标雷达,同时提供着陆飞机的方位、仰角和距离,地面指挥人员据此判断出飞机与预定着陆线的偏离量,通过地空无线电通信链路向飞行员发出修正指令,使飞机按正确的着陆线进入跑道上空,最后在目视条件下安全着陆。

雷达着陆直观简单,适应性强,对场地要求较低,能在较恶劣的气象条件下引导飞机着陆,并且雷达可装在雷达车上,由发射器、显示器和两个天线组成。采用脉冲调制测距理论,利用波束指向内的反射回波与发射基准之间的延时,确定目标的距离。采用航向和下滑两副天线分别探测目标的(水平)方位角和(垂直)俯仰角,两者通过天线转换开关分时工作。

管制员根据显示出的航道向驾驶员发出指令或建议,引导飞机安全着陆。精密进近雷达系统装置体积小,可移动而且不需要在飞机上装很多设备,因而成为军用导航的首选系统。但它的精确程度和可靠性受管制员的水平影响很大,不如 ILS 系统稳定和易于掌握,另一方面使飞行员处于被动引导状态,不利于改善飞行员的安全感;因而民用航空最终在 20 世纪 70 年代选定 ILS 系统作为标准系统。精密进近雷达系统目前只有在偏远地区或紧急情况(如出现地震、突然事件等)时才在民航中使用。

精密着陆雷达工作频率为 9370MHz 左右,在一般气象条件下,着陆雷达的探测距离大致为 30~40km,而在恶劣气象条件下,应具有十几千米的有效探测距离。通常情况下,它与机场其他着陆设备以及近程导航设备配合工作,共同完成保障飞机安全着陆的任务。

目前,配有着陆雷达的机场,大多数是采用着陆雷达和双信标导航台配合工作,以仪表飞行为主,雷达引导为辅。弥补双向信标导航台仪表指示准确度低和着陆雷达被动引导的缺点,发挥双信标导航台着陆设备机上指示和着陆雷达引导精度高的优点,起到双重保障的作用。

如果机场只配有近程导航设备(如 NDB 和近程测向、测距导航台)时,着陆雷达将独立地保障飞机着陆。飞行员利用机场近程导航设备引导飞机进场,通过导航台后进入着陆航线,飞入着陆雷达有效作用区,然后用着陆雷达引导飞机下滑,直到看到跑道后转入目视着陆。

精密进近雷达站的设置地点直接影响对进场着陆飞机观测;地形地物的遮挡,将影响雷达的覆盖。其设置地点,应保证使飞机着陆地点处于航向扫描中心线的±100m 范围内;跑道中心线延长线上,距飞机着陆地点 800m 的一点,处于航向扫描中心线的±50m 范围内。通常根据场地环境条件和方便管理的原则,确定设置在跑道的任意一侧。精密进近雷达站距跑道中心线的距离为 120~250m;距飞机着陆地点的后撤距离,对称装定时为大于或等于 760m,不对称装定时为大于或等于 480m。雷达站的配置区域如图 6-8 所示,具体位置可视机场跑道长度、场地环境条件以及保障单向或双向着陆而定。

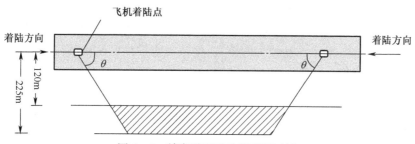

图 6-8 精密进近雷达站配置区域

图中,θ 为精密进近雷达站和飞机着陆地点的连线与跑道中心线构成的夹角。对称装定时 $\theta<9°$,不对称装定时 $\theta<14°$。

7. 机场监视雷达

机场监视雷达(ASR)又称终端监视雷达,主要用于监视终端管制区内的飞行目标,可 360°监视机场周围空域中的飞机正在进行的活动,ASR 工作频率在 L 或 S 波段。当作用距离不太大时,一般选用 S 波段(2700~2900MHz),作用距离一般在 108~144km,高度覆盖在 7.5km 左右。它在显示器的亮点显示飞机的相应平面位置,移动中的飞机的亮点遗留下一条明亮的痕迹,指出飞机正在移动的方向并显示其速度。空管人员根据这些信息,通过数据传输或通信网络引导飞机以适当的距离与高度接近并进入机场的着陆跑道,随后飞机将在 ILS、MLS 或 PAR 等各种着陆系统的引导下安全着陆。

终端管制空域通常设在主要航空枢纽或机场较为密集的空中繁忙地带,要能保证其对机场区域的各个飞行空域和主要空中定位点均能进行有效的探测。ASR 通常与空管二次雷达合装在一起,建在机场内或距机场较近的高地或建筑物顶上,有时也可以独立安装。

选择监视雷达站的设置地点时,应使雷达的顶空盲区避开进场着陆航线;对于其所保障的主要航线,特别是进场着陆航线,不应构成使动目标显示失效的切线航线(切线飞行的航线)。

8. 机场地面探测设备

在大型、高密度机场,为了管理滑行中的飞机情况,装备了一种名为"机场地面探测设备"的专门雷达,它能将跑道、滑行道和站坪上飞机位置以图像显示出来。机场地面探测装置(ASDE)就是其中的一种,在有雨、雾等的恶劣气候下,能够给飞行员一定的指示和帮助。

第五节　机场群导航系统

机场群导航指多个机场共用一个或多个同类地面导航设施的系统,通常由几个或数个地面导航台组成数据链站,服务数百个甚至全球的机载设备,为运行中的飞机提供导航服务。换句话说,这些导航台站不属于哪一个或少数几个机场,是为全体机场服务的。从之前用于洲际导航的奥米加(OMEGA)系统 ONS,到用于大洋导航的罗兰系统和用于卫星导航的 GPS 系统等都属于机场群导航范畴。

1. 罗兰系统

罗兰(Long Rang Navigation, LORAN)系统方案在 1940 年由美国提出,于 1942 年初正式投入使用,最初用于军方。它是根据时间差确定两导航台到目标的距离与位置线的脉冲系统。其功能为:确定运动目标的位置;保持飞机按预定轨迹飞行,确定飞机导航元素,包括地速和偏流角。

系统由设在地面的 1 个主台与 2~3 个副台合成的台链和飞机上的接收设备组成。同一台链内的发射台具有共同的时间基准并位于同一地理区域。至少要有 3 个发射台才能组成一个双曲线台链,台链中的一个发射台做主台,其余各台称副台。

测定主、副台发射的两个脉冲信号的时间差和两个脉冲信号中载频的相位差,即可获得飞机到主、副台的距离差。距离差保持不变的航迹是一条以发射台为焦点的双曲线。再测定飞机对主台和另一副台的距离差,可得另一条双曲线。根据两条双曲线的交点可以定出飞机的位置。

自二战以后罗兰系统向民用开放以来,获得了广泛应用。到 1970 年,美国本土以外的罗兰 A 发射台发展到 83 个,估计罗兰 A 用户接收机已超过 10 万台。美国将罗兰 A 予以改进,形成了罗兰 C 系统。

罗兰 C 系统工作频率为 100kHz 的低频波段,导航信号采用地波传播方式,其陆上作用距离达到2000km;海上作用距离可达3600km,并且在海面下3m以内的深度均可实现直接导航定位。

罗兰D系统是美国军用战术机动中程导航定位系统,是在罗兰C原理基础上研制成功的最新一代导航系统。经实地试验,罗兰D系统在463km范围内定位准确度为180m,在926km范围内准确度一般为463m,重复性误差为18m。目前,这个系统主要是为海上石油开发所需要的高精度导航定位实施服务,地面台分别设在北欧的北海海域、西北欧、英国西南部、马来西亚和中国黄海海区。

2. 卫星导航系统

卫星导航是将导航台设置在人造地球卫星上的无线导航系统。由于卫星的离地高度高,因此所辐射的无线电波覆盖的区域很大,只要有一定数量的导航卫星,即可为全球提供不受天气、时间变化影响的导航服务。

美国的GPS(Global Positioning System)系统和俄罗斯的GLONASS系统是现行的两大全球卫星导航系统。正在建设中的全球卫星导航系统,包括欧盟的"伽利略"(Galileo)系统和我国的"北斗"卫星导航系统。

GPS由美国国防部历时20年(1973—1993年)建成,是一个包含24颗卫星的星际无线电导航系统。它是替代ONS的无线电导航系统。

GPS覆盖全球,具备连续、全天候工作能力,以及为高动态平台提供服务的能力,能为其使用适当接收设备的用户提供精确、连续的三维位置、速度和时间信息。

GPS服务于美国军方,并兼顾民用,提供两个级别的定位服务,即精密定位服务(即PPS,通过加密技术控制使用权限,面向军用)和标准定位服务(即SPS,开放的,面向民用)。

目前,GPS可提供标准定位服务,其定位精度可达到10m左右。

GPS定位基于无源伪距测距原理,使用4颗卫星的测量距离,即可确定用户位置。

对于GPS,卫星的位置是已知的,可通过从卫星传输来的导航数据中获得。

GPS系统由以下3个主要部分组成:

(1) 空间段(卫星星座):24颗GPS卫星分处6个轨道,即每个轨道4颗卫星。每个轨道面与赤道形成55°角。卫星轨道半径约为26560km,在一个恒星日内,卫星围绕地球旋转两圈,旋转周期为11h57min57.26s。

(2) 控制段:包括5个控制站,其中1个是主控站,主控站位于美国科罗拉多州Falcon空军基地。其他控制站分布于全球上多个经度,全年维持工作状态。控制站的主要目的是监测GPS卫星的工作性能。从卫星采集到的数据,由控制站传给主控站进行处理。主控站负责星座控制和管理的各个方面,其基本操作目标包括:①监控GPS性能,以维持全部的性能标准;②生成导航数据,并上载到卫星;③及时检测到并响应卫星异常或失效。

(3) 用户段:由所有和GPS接收机有关的部件组成,范围从轻便的手持接收机到永久安装在飞机上的接收机。接收机通过在一个匹配过程中移位它自己的同一代码匹配卫星的编码信号,精确地测量到达的时间。知道了信号传播的速度和准确的传播时间,信号传播的距离可以从它的到达时间来推断。

飞机上GPS接收机要利用至少4颗良好定位的卫星信号来得出一个三维方位(纬

度、经度和高度)。二维方位(只有经度和纬度)只要3个卫星就可以确定。

新导航系统的核心就是全球卫星导航系统(GNSS),它将GPS与其他导航手段结合,改善导航精度和允许更为接近的航班间隔。ICAO由此引入了所需导航性能(RNP)、区域导航(RNAV)、和基于性能导航(PBN)三个概念。它们是将导航性能精度、导航方法和导航性能要求做了全面的定义,为未来导航发展的新目标制定了性能标准。

第六节　机场导航台站规划设计

航路导航台根据航路航线规划和空中定位点的要求设置。雷达站的设置,根据空中交通管制的需要,适应机场、航路的发展规划。导航台设备,是根据飞行程序而设置的。目前,一般新建民航机场配置的导航台站包括:VOR台、ILS台(或MLS台)、ASR站,支线机场会选择性地建设NDB台、PAR站。

选择导航台址时需注意以下几点:

(1)导航台、雷达站的场地及其环境条件,应有利于其工作性能的充分发挥。所有导航台、雷达站应在满足其设置要求的前提下,符合对场地及其环境条件的要求。军民合用目前还是民航发展的一个普遍现状,在这些机场选址时还要考虑军用导航台站和军用设施的环境影响,避免信号干扰。

(2)导航台、雷达站所在地点,在满足设备场地及其环境条件下,应尽可能选择在交通方便、靠近水源、电源的地点,有人值守的台站应具备台站值班人员所需的工作和生活条件,但是在目前中国经济高速发展的情况下,又要注意不要离城镇、村镇过近,注意避开城镇的发展区域。在选择VOR和NDB的台站时还要考虑天线反射网(平台)、地网的场地需求。

(3)选择导航台、雷达站位置时,应对各项要求进行通盘考虑、多方比较,处理好需要与可能、效益与费用、当前与长远的关系,通过综合分析和对比,做出最佳选择。

(4)导航台站的选址一般经过图上预选、实地勘察、现场测量、场地分析、飞行鉴定等步骤,最后形成选址报告,报主管部门批准核建。

习题与思考题

1. 空中交通管制的机构有哪些?其工作内容是什么?
2. 管制方法有哪几种?它们之间有什么区别?
3. 何为无方向信标台和全向信标台,有何不同?
4. 仪表着陆系统与微波着陆系统有何不同之处?
5. 何为罗兰系统和卫星导航系统?

第七章 机场目视助航设施

第一节 概　　述

要了解目视助航设施,首先要了解飞机着陆系统的情况。着陆系统包括进近和着陆两个阶段。当飞机在巡航高度上利用 VOR 台或 ADF 导航台到达目的地上空时,从距机场 25~30km 处即开始截获航向台和下滑台信号。一直下降到跑道延长线上空 30m 的决断高度,这一阶段称为进近。在这个决断高度上,飞行员必须对着陆或复飞作出决断。他决断的依据主要取决于是否清晰看到跑道。飞机在垂直面内曲线飞行到触地并沿着跑道表面滑行到完全停住,这一阶段称为着陆。

不同类型机场,需要的目视助航设施有所不同。

对于小机场,设计供轻于 5700kg 的小单发及小双发飞机使用的机场常常不设仪表进近设备或空中交通管制设施。这种小机场的地面目视助航设施必须满足驾驶员的全部运行要求。

对于大型机场,一般设有无线电导航设备和空中交通管制设施。当机场用于目视气象条件而不用于上述助航设备时,对地面目视助航设备的要求和小机场的相同。此外,大型机场还设有机位停放飞机的引导和在设有旅客桥的航站楼的目视停靠引导系统。另外还需要有效的机坪照明以帮助停放飞机。

目视助航设施指在机场及其附近地区为给驾驶员操纵飞机起飞、着陆和滑行提供目视引导信号而设置的设施。

目视助航设施主要包括助航灯光系统、信号设施、标志标线和标志物。助航灯光系统是为飞机在夜间或低能见度情况下起飞、着陆、滑行提供目视引导而设于机场内规定地段的灯光标志及配电设备总称,分为航空地面灯光设备和变配电设备两大部分。信号设施、标志标线和标志物主要对滑行中的飞机或准备进入飞行区的人员提供醒目的行动指示。

根据机场的等级、用途、业务量、气象和无线电导航设施等情况,目视助航设施布置形式和简易程度各不相同。

第二节 航空地面灯光设备

航空地面灯是用于在夜间或雾天向飞行人员传递灯光信息,供其起飞,判断空中位置、进入机场和着陆,以保证飞行安全。地面灯光设备以颜色标识、灯光图案和闪烁情况组成灯光语言,向飞行人员发出一定的信息。常用的灯光语言已为 ICAO 规定为全球通用语言。

航空地面灯光设备通常由以下几部分组成:机场灯标和机场识别灯标、进近灯光系统、目视进近坡度指示系统、跑道灯光系统、滑行道灯光及其他灯光系统。这些灯光设备按安装方式有直立式安装也有嵌入式安装，按使用状态有常用灯和应急灯。

1. 机场灯标、机场识别灯标

在夜间使用的机场，如果飞机主要依靠目视航行或经常出现低能见度或由于周围灯光或地形使得难以在空中发现机场，均应在机场内或机场附近设机场灯标。飞行员飞达目的地需要准确判明机场所在位置。机场灯标就是飞行员从远处首先要找到的目标，同时又是一种亮度很强的闪烁发光设备。一般主要是夜间使用的机场，飞机主要以目视方式飞行，灯标的位置应选择得使其在各重要方向上不被物体遮蔽，并对进近着陆中的飞行员不产生眩光，如机场内无合适位置，可将机场灯标设在机场附近，国内有很多机场将其设置在近距导航台内。

几个在夜间使用的机场相距很近而且缺乏其他方法帮助飞行员在空中辨识的情况下，应用机场识别灯标代替机场灯标。目前，陆地机场的识别灯标规定发绿色闪光，水上机场的识别灯标规定发黄色闪光。闪光用国际莫尔斯电码发出机场的识别字母。

2. 进近灯光系统

进近灯光系统指辅助飞机进近和着陆过程的灯具的总称。

进近灯光系统分为简易进近灯光系统、Ⅰ类、Ⅱ类和Ⅲ类精密进近灯光系统。其中，简易进近灯光系统用于非仪表跑道和非精密进近跑道，如果该跑道能见度良好或有其他目视助航设备提供足够的引导时可以不设。其他三种精密进近灯光系统用于相对应的精密进近跑道，如果白天能见度不好，进近灯光系统也能提供目视引导。

1) 简易进近灯光系统

简易进近灯光系统分A型和B型两种。

拟在夜间使用的非仪表跑道设A型简易进近灯光系统，拟在夜间使用的非精密进近跑道设B型简易进近灯光系统。

简易进近灯光系统由中线灯和横排灯组成，中线灯由一行位于跑道中线延长线上，而且延伸到离跑道入口不少于420m处的灯带组成，如图7-1所示。

横排灯距离跑道入口300m，且构成一个18m或30m的横排。构成横排灯的灯具设置在一条尽实际可行地接近水平的直线上，垂直于中线灯线并被其平分。在中线两侧各留一个空隙，可能改善当进近时有横向误差的方向性引导，以便援救和消防车辆的通行。Ⅰ类、Ⅱ类和Ⅲ类精密进近灯光系统也满足这个条件。

简易进近灯光系统的灯具是恒定发光灯，灯光颜色易于与其他地面灯及可能存在的外界灯光区分开来。

2) Ⅰ类精密进近灯光系统

Ⅰ类精密进近灯光系统是由中线灯和横排灯组成，这两种灯既可以是单个灯，也可以是多个灯，如图7-2所示。

中线灯由一行位于跑道中线延长线上，而且尽可能延伸到离跑道入口900m处的灯具组成。构成横排灯的灯具之间的间距要求同简易进近灯光系统。

Ⅰ类精密进近灯光系统的灯具为恒定发光灯。中线短排灯上一般要各附加一个顺序闪光灯，顺序闪光灯是为了保障复杂气象条件及进近带特殊情况下的着陆设置的。在考虑了灯光系统的特性和当地气象条件后认为无必要时可少装或不装。顺序电路设计要保证放电灯能与进近灯光的其他灯具分别运行，以保证在供电设备出现故障时，顺序闪光灯

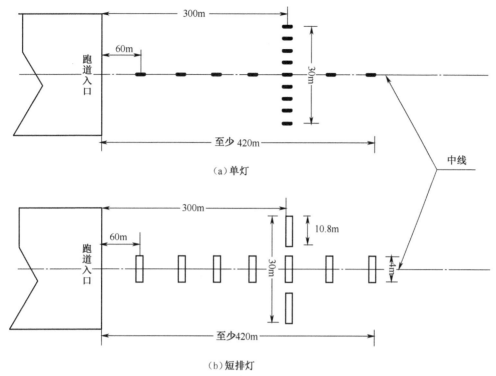

图 7-1 简易进近灯光系统

仍能正常运行。

3) Ⅱ类、Ⅲ类精密进近灯光系统

Ⅱ类和Ⅲ类精密进近灯光系统是由中线灯、横排灯和侧边灯组成,这三种灯是排灯。

中线灯由位于跑道中线延长线上的灯具组成,而且尽可能延伸到离跑道入口 900m 处。本系统与Ⅰ类精密进近灯相比,还有两行延伸到跑道入口 270m 处的一般为红色的侧边灯,两排横排灯,如图 7-3 所示。

Ⅱ类和Ⅲ类精密进近灯光系统灯具为恒定发光灯。

在距系统中线 60m 范围内除仪表着陆系统或微波着陆系统的方位天线等不可移的物体外,其他物体不应突出于进近灯平面上而遮挡飞行员视线,当然灯杆的设计高度也需要考虑不能影响着陆系统天线的工作;仪表着陆系统或微波着陆系统的方位天线突出于Ⅰ、Ⅱ、Ⅲ进近灯光系统平面之上的,要把它们作为障碍物加以标志和照明。

3. 目视进近坡度指示系统(VASIS)

VASIS 是夜间或能见度差时,为飞行员提示正确着陆下滑角度的机场照明系统,由一组按一定规定布置的灯光组成,每盏灯由光源、壳体、反光镜、滤光镜等组成。改变壳体的倾斜度可使光束调整到正确的下滑角度。它是从最后进近到跑道入口的重要目视设备,飞行员通过指示系统灯光颜色便能判断飞机处于正确的下滑坡度,可防止飞机过早在跑道上接地或过晚接地而冲出跑道造成严重事故。灯座支架是易折的。目前,有几种不同的目视坡度助航指示系统,但工作原理是相同的。它们是:两排目视进近指示系统;简化两排目视进近指示系统;三排目视进近指示系统;简化三排目视进近指示系统;T式目视进近坡度指示系统(T-VASIS)和简化T式目视进近坡度指示系统(AT-VASIS);精密进

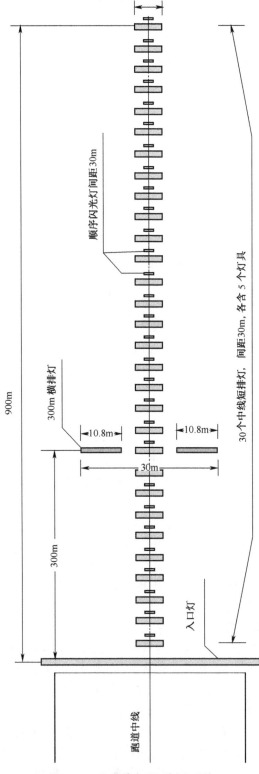

图 7-2 Ⅰ类精密进近灯光系统

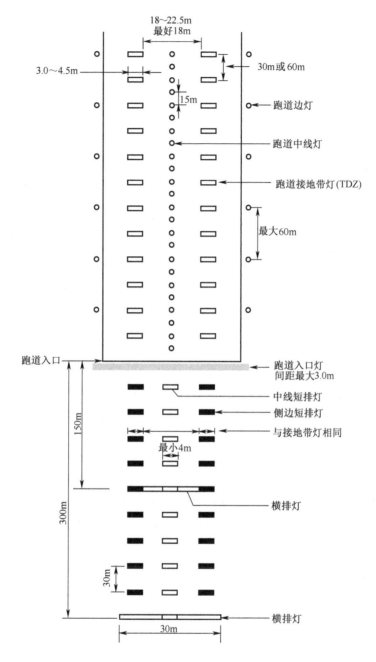

图 7-3 Ⅱ类和Ⅲ类精密进近跑道内端 300m 的进近灯光和跑道灯光

近航道指示器(PAPI)和简化精密进近航道指示器(APAPI)。PAPI是目前最先进的指示系统。

PAPI由4个等距设置的急剧变色的灯具组成,通常安装在跑道入口左侧。当飞机正在或接近正常下滑道时,看到离跑道最近的2个灯具为红色,离跑道较远的2个灯具为白色。当高于正常下滑道时,看到离跑道最近的灯具为红色,离跑道最远的3个灯具为白色;在高于进近坡更多时,看到全部灯具均为白色;当低于正常下滑道时,看到离跑道最近的3个灯具为红色,离跑道最远的灯具为白色;在低于进近坡更多时,看到全部灯具均为

111

红色,见图7-4。

VASIS 由 20 个灯具组成,分上风灯和下风灯两组,设置在跑道两侧。每个灯具上部发射白色光束,下部发射红色光束。在正常下滑道上时,看到上风灯为红色,下风灯为白色;高于正常下滑道时,看到上风灯和下风灯均为白色;低于正常下滑道时,看到上风灯和下风灯均为红色。

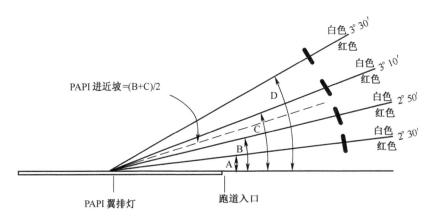

图 7-4　PAPI 灯图解示例(以 3°为例)

4. 跑道灯光系统

跑道灯光系统包括跑道引入灯光系统、跑道入口识别灯、跑道入口灯、入口翼排灯、跑道末端灯、跑道接地地带灯、跑道中线灯、跑道边灯、跑道掉头坪灯。

1) 跑道引入灯光系统

为了避开危险地形、障碍物或减少噪声,需要为一特定的进近航道(一般是弯曲的)提供目视引导,机场则需要设置跑道引入灯光系统。每组灯的位置和朝向都安排得便于从前一组灯看到,并便于飞机在最低进近天气条件下遵循前进。跑道引入灯光系统可以在任何经批准的进近灯光系统开始处结束,或中止在距离着陆跑道入口某一距离处,在该处应能在规定的最低能见度下许可目视参照跑道环境进近着陆。该系统的外端用几组灯标出从在最后进近定位点容易看到的地点开始的进近航道。这几组灯可以放得近些(约 1600m 处)以提供连续的引入引导。引入灯光系统可以是曲线、直线或曲线与直线的组合。

2) 跑道入口识别灯

需要使跑道入口更加明显或设置其他进近灯光实际上不可行时,设置跑道入口识别灯。

跑道入口识别灯对称地设在跑道中线两侧,跑道边灯线以外约 10m 处,并与跑道入口在同一条直线上。跑道入口识别灯为 60~120 次/min 的白色闪光灯,且闪光在向跑道进近的方向才能看到。

3) 跑道入口灯和跑道入口翼排灯

一般情况下,设置跑道边灯的跑道也同时设置跑道入口灯;跑道入口内移并设有跑道入口翼排灯的非仪表和非精密进近跑道可以不设。当需要使精密进近跑道的入口更加明显时,设置入口翼排灯。跑道入口已经内移的非仪表跑道或非精密进近跑道,需设跑道入口灯而未设时,设置入口翼排灯补充入口效果。

当跑道入口位于跑道端时,跑道入口灯必须设在垂直于跑道轴线的一条直线上并且尽可能地靠近跑道端。当跑道入口自跑道端内移时,跑道入口灯必须设在跑道入口处的一条垂直于跑道轴线的直线上。光束方向应该可以向内左倾或者向内右倾。

入口翼排灯在跑道入口处分为两组,即两个翼排灯对称于跑道中线设置,垂直于跑道边灯线并伸出该线,像跑道入口的双翼,故此得名。

跑道入口灯和跑道入口翼排灯向跑道进近方面发恒定光。

4) 跑道接地地带灯

接地地带:过了跑道入口,供着陆飞机最早接触跑道的那部分跑道。

跑道接地地带灯从跑道入口开始延伸。该系统由许多对称于跑道中线的短排灯组成。接地地带灯为单向的恒定发光灯。

5) 跑道中线灯

中线灯用灯光信号向飞机提供当其在进行着陆时、起飞时或在跑道上滑跑时所需要的跑道中线位置的信息。

跑道中线灯沿中线设置,但设计时为不影响道面结构,需偏离分仓缝设置。

6) 跑道边灯

拟供夜间使用的跑道或拟供日夜使用的精密进近跑道设置跑道边灯。跑道边灯沿跑道全长布置在对称于跑道中线、距边线≤3m的两条平行线上。灯距一般为60m。在跑道的宽度超过60m的情况下,在确定两行跑道边灯之间的距离时,最好综合飞行性质、跑道边灯灯具的光分布特征和服务于跑道的其他目视助航设施等情况。

跑道边灯成行地均匀布置,在跑道交叉处或与滑行联络道交叉处,只要对驾驶员仍可提供足够的引导,边灯可用不规则间距或者取消若干灯具。也可用嵌入式灯具代替立式。跑道边灯在为从任一方向起飞或着陆的驾驶员提供引导的所有必要的方位角上发光。当跑道边灯准备用来提供盘旋引导时,灯具在所有方位角上都发光。跑道边灯的所有方位角上自水平以上至仰角15°的范围内必须发光。其光强必须足以适应跑道拟供起飞或着陆时的能见度和周围灯光条件的需要。

7) 跑道末端灯

跑道末端灯可以和入口灯通用,只是变换方向和灯光颜色。目前很多机场使用入口末端一体灯具,为两个入口灯光源加一个末端灯光源。

跑道末端灯设置在一条垂直于跑道轴线并尽可能靠近跑道端的直线上,朝跑道方向发红光以示警示。

在现有的进近和跑道灯光系统不能圆满地帮助盘旋飞行的飞机驾驶员识别跑道或进近地区,需要设置盘旋引导灯。参照ICAO或我国民用机场相关规范配置。

5. 滑行道灯光系统

灯光系统包括滑行道中线灯、滑行道边灯、停止排灯、中间等待位置灯(观察通过灯)、跑道警戒灯。

1) 滑行道中线灯

滑行道中线灯与跑道中线灯功能相似,沿出口滑行道、滑行道和停机坪引导中线设置,从跑道中线开始至停机坪上飞机开始其停放操作的地点为止提供连续的引导。根据

ICAO 或 MH 标准规定设置与否。

滑行道中线灯通常应该设置在滑行道中线位置上,为不影响道面结构,一般偏离滑行道中线少许距离。滑行道上滑行道中线灯分为直线段灯和转弯中线灯。

一般情况下,转弯中线灯与滑行道直线部分的滑行道中线灯衔接,并从衔接处起保持中线灯至弯道外侧边缘的距离不变。灯的间距仍能清晰地显示出弯道来。

在快速出口滑行道上的滑行道中线灯和其他出口滑行道上的滑行道中线灯与跑道中线灯衔接时需根据相关规范要求设置。

滑行道中线灯,直线段灯的纵向间距不大于 30m。快速滑行道灯的纵向间距 15m,转弯中线灯灯间距离不大于 7.5m,与弯道半径有关。

滑行道中线灯必须是发绿色光的恒定发光灯,其光束大小没有跑道中线灯要求高;相反,需要限制在跑道上或其附近的滑行道中线灯具的光束分布,以免在跑道入口混淆不清,因为它只需要从在滑行道上或附近的飞机上才能看到灯光。

2) 滑行道边灯

滑行道边灯类似一般的路灯,在供夜间使用的等待坪、停机坪和夜间使用的未设置中线灯的滑行道边设置,与跑道相连的滑行道、快速出口滑行道、联络道边也会设置,指示飞行员从哪里进出滑行道。滑行道边灯,纵向间距应不大于 60m。弯道部分的灯距应小于 60m,使能够清晰显示出弯道。滑行道边灯必须是发蓝色光的恒定发光灯。滑行道边灯一般为着陆后的飞机指示滑行线路,所以没有跑道灯具那么重要,光强也相对较弱,目前很多民用机场甚至用蓝色反光棒代替灯具。

3) 停止排灯

停止排灯设在滑行道上要求飞机停住等待放行之处,有若干个朝向趋近停止排灯的飞机,该灯由空中交通管制(ATC)控制。

4) 中间等待位置灯(观察通过灯)

在滑行道相交处,除非已设有停止排灯,如需要标明特定的飞机等待界限但不要求像停止排灯那样提供停止或放行的信号的滑行道上,设有中间等待位置灯。由朝着趋近相交点方向发单向恒定发光灯组成,对称于滑行道中线设置。

5) 跑道警戒灯

根据运行上的需要,有些跑道在跑道与每个滑行道相交处设置跑道警戒灯。用途是警告在滑行道上操纵飞机的驾驶员和驾驶车辆的司机,他们将要进入一条运行中的跑道。跑道警戒灯有 A、B 两种标准构型,根据不同情况参照相关规范设置。警戒灯光束是单向的并对准方向使滑向等待位置的飞机驾驶员能看得见,所以,一般机场的跑道警戒灯的灯头设计为活动可调的。

一些机场会设置滑行等待位置灯、道路等待位置灯等,其作用大体相似,只是警示的对象不同,可参照相关规范设置。根据飞行区指标 I,对未设置滑行道边灯、中线灯等的机场,一般还需设置标志物,作为助航灯光的一种补充。

6. 机场其他助航灯光系统

民用机场还有其他一些辅助灯光系统,如飞机机位操作引导灯、T 字灯/标志、障碍物灯、机坪泛光灯。

1) 飞机机位操作引导灯

为便于在低能见度条件下将飞机准确地停放在飞机机位上,在飞机机位标志上设机位操作引导灯,但如设有能提供足够引导的其他设施则可以不设。目前 ICAO 标准,除标示停住位置的灯为恒定发红色光的单向灯外,其他飞机机位操作引导灯为恒定发黄色光的灯。

2) T 字灯/标志

T 字灯/标志:在未设有目视进近坡度指示系统的跑道入口以内,设 T 字灯供夜间运行时使用,目前新建的机场,基本不设置。T 字灯与 T 字标志位大致相同。

3) 障碍物灯

障碍灯应安装在突出和明显的地方,保证飞行员能从所有进近方向上看见灯光。在固定物体上的障碍灯通常为红色恒定发光灯,或白色闪光灯。

4) 机坪泛光灯

机坪泛光照明的主要作用是帮助驾驶员滑行飞机进出最终停放位置,提供适宜于旅客登机、下机和完成装卸货物、加油和进行其他机坪作业人员所需要的照明;保持机场的安全。

驾驶员主要依靠机坪泛光照明在机坪上滑行。飞机机位道面上的均匀照度和消除眩光是主要的要求。在靠近飞机机位的滑行道上的照度最好低一些,以便逐步过渡到机位的较高照度。

机坪的服务工作要求飞机机位区的照度均匀并具有足够的水平来进行绝大多数的工作。如果有不可避免的阴影,有些工种可能还需要辅助照明。

从机场安全考虑的这部分泛光照明照度应足以察觉机坪上的未经许可的人员,并能认出在飞机机位上或其附近的人员。

设计机坪泛光照明系统时考虑下述方面:

(1) 机坪泛光照明的灯杆高度应与超越障碍物的要求相符;灯杆高度不应超过过渡面,见下式:

$$H \leqslant \frac{D - W/2}{7} - h \qquad (7-1)$$

式中　H——灯杆高度(m);

　　　D——灯杆至跑道中线的距离(m);

　　　W——升降带的高度(m);

　　　h——灯杆所在地面标高与升降带最近边缘标高之差(可为正值或负值)(m)。

(2) 要特别注意泛光灯塔的位置和高度,应避免阻碍管制塔台人员的视线。

(3) 泛光灯的瞄准和安排应使得飞机机位能从不同的方向得到光线,使得阴影最少。整个地区的均匀照度能比把个别的泛光灯指向飞机得到更好的效果。

目前机场使用的泛光照明具多为高杆灯,分为灯盘升降式和灯杆升降式。常见的标称高度有 15m、20m、25m、30m、35m 和 40m 等。

第三节　助航灯光的特性

每种类型的助航灯光都有颜色、光强等级、光的照射角度、最小光源有效范围等要求。灯光的光强是根据不同的气候条件、能见度而变化的。光强的变化用调光设备来控制。

构型(configuration)、颜色(color)、光强(condelas)和有效范围(coverage)是助航灯光

光源的显著特性。构型和颜色都能提供动态三维定位的重要信息,构型提供引导信息,而颜色告诉驾驶员他在此系统中的位置。光强和有效范围是对构型和颜色的作用的正常发挥非常重要的光学特性。飞行员应对系统的构型和颜色非常熟悉,并且应能感到增加或减少光的输出时的光强变化。

1. 构型

构型是指系统的各部分的位置和灯及标志的间距。灯具是和跑道、滑行道中线纵横都成行布置的,而油漆的跑道标志只在纵向和跑道中线成行。灯具的间距主要根据是纵向还是横向配置而不同。飞行员对目视助航系统的透视,使得间距很大的纵向成行的灯具具有直线效应。横向成排的灯具则需近的间距方能产生直线效应。另一个影响灯具间距的因素是使用灯光系统时的能见度。当在较低的能见度运行时,间距需要近一些,纵向成行的灯要在降低的视程下提供足够的目视参考,所以就更需要这样。

跑道边灯、跑道入口灯、跑道末端灯,这些灯的名称本身已经说明了它们的位置。如果是内移入口,确定跑道入口灯的位置就复杂些。改进了的嵌入式灯具可以解决这个问题。跑道边灯的间距自从跑道有灯光以来没有什么变化,因为低能见度时的主要目视引导已经主要由新发展的跑道中线灯和接地地带灯光系统来完成了。

在进近灯光系统中使用了顺序闪光灯,使构型更加醒目。

2. 颜色

机场里各种灯光系统由规定的有色灯光组成,以便辨别。同时,有色灯光也有利于传递指示信息。

红色比别的颜色更容易看到,红色表示危险,禁止通过。跑道末端灯、障碍灯、跑道中线灯(距末端900m交替发红、白光,距末端300m内发红光)、跑道边灯(跑道入口内移的一段)、停止排灯,以及PAPI灯等(光中心下半部)都是红色光。

绿色表示安全,允许通过。跑道入口灯、跑道入口翼排灯、滑行道中线灯(出口滑行道交替发黄光、绿光)、滑行道观察通过排灯、滑行道等待位置灯等都为绿光。

蓝色表示平静,提示"身处港湾"。因此规定将滑行道边灯、停机坪边界灯设计为蓝色。

白色表示明快,突出显眼。如进近灯、跑道边灯、接地地带灯、跑道中线灯(着陆区、着陆滑行段)、PAPI(光中心上半部)、T字灯等都为白色光。顺序闪光灯则是通过白色灯递次闪光使引导作用更加明显。

黄色光则是表示温馨,一般用于过渡提示。如出口滑行道中线灯与跑道中线灯交接过渡处的黄绿相间灯的设置。

飞行员通过观察灯光构型及颜色的变化,可以判断飞机在系统中所处的位置,并采取措施控制飞行的姿态。

3. 光强

用于机场灯光的光强范围是 0.05~40000cd,各种灯具在不同方向的差异比较大,在非常晴朗的天气中,光强比较低的光在很远的距离就能看到。因此,在Ⅱ和Ⅲ类的情况下,通常不能用增加原来设计用于好天气的跑道边灯的光强来获得足够的引导。这就需要改变构型和缩小间距。因此就在跑道灯光系统内增加了接地地带灯和间距很小的跑道中线灯,以减少需要看到这些灯光的距离。

另外,还必须考虑大气的透射系数对光的显现所造成的显著差异。当天气完全晴朗时,应该使灯光变暗。因此,在不同的能见度情况下,必须进行光强调制。

根据现场情况调节机场灯光系统的光强时,应注意:

(1) 背景亮度高(如白天),选用光强值就高;

(2) 能见度高(碧空),选用光强值就低;

(3) 飞行员的反应感到眩目说明光强值过高;

(4) 系统光强平衡:不同用途的助航灯光组合在一起,光强应协调、平衡。

在低能见度条件下,灯光比标志更为有效。在夜间和低能见度时灯具必须有足够的光强才能有效。

在设有高光强灯光系统的地方,需要设置调光设备,分出不同的光强等级,以适当的方法来保证下列各项灯光系统能够以相互协调的光强运行:进近灯光系统;跑道边灯;跑道入口灯;跑道末端灯;跑道中线灯;跑道接地地带灯;滑行道中线灯。

在不同的能见度时,应该设置什么灯具以及灯的光强都应追踪最新的规范。

要注意,跑道两侧灯光光强应该一致。如果跑道一边的灯亮而另一边暗,驾驶员就会离开亮的一边而接近暗的一边,力图使光强平衡,这就使飞行员产生了错觉。

进近灯光系统的光强可能比跑道灯光的大,要注意避免光强的突然变化,跑道灯光的光强必须与最近一段的进近灯光的光强配合适当。因为光强突然变化会使驾驶员产生在进近过程中能见度正在变化的错觉。

另外,要注意在条件许可时尽可能采用较低的光强,这样可以大大延长光源的寿命。

4. 光的有效范围

早期的航空地面灯用裸灯泡或有透明玻璃罩的裸灯泡,发光强度在所有方向上基本是相同的。随着航空事业的发展,对光强的要求提高了,灯的结构也随着有所变化。现在灯的结构中使用了带反射镜、透镜或棱镜的灯。把向不需要光的方向发出的光更改到需要的方向,这样能增加需要光的方向上的光强而不增加功率消耗。另外,为了减少附近的灯发出的恼人的眩光,要将仅在很近距离观察的方向上的一部分灯光改变到在较好能见度时、在较远距离观察的方向上去。光学系统产生的光束越窄,光束的光强就越高。

随着飞机和灯之间距离的减小,朝飞机方向的光强也减小,从而使光的亮度为常数(直接朝向灯的进近路径除外)。这样就可以设计一个灯标,使它在任何选定的大气透射系数条件下所产生的信号,在一架以固定高度飞向灯标的飞机看到的亮度是恒定的。这样的设计能以最少的电能获得理想的视程。但飞机不是在一种能见度情况下飞一个航道,因此必须将航空地面灯的光束分布设计得能对一定范围内的航道和大气透射系数都有效。

第四节　助航灯光变配电及监控系统

一、助航灯光变配电

通常称助航灯光是飞机的"眼睛",可见助航灯光系统的供电可靠与否直接影响飞行安全。设计时,机场助航灯光供电的等级为一级负荷中的特别重要负荷,即由两个独立、稳定可靠的电源供电,还应按最大需用功率设置柴油发电机组作为备用电源。如外来的电源的电压过高或过低,不稳定时,还应设调压器等稳定设备,同时对两路独立电源、柴油发电机组,即主用电源和备用电源切换时间提出要求,允许中断供电时间按规范要求的最低标准。根据灯光回路计算总负荷,选择一定功率的柴油发电机组。

灯光配电控制一般要在灯光变电站进行,也可在塔台飞行管制室等遥控,在机场设中心灯光变电站,站内设高低压配电室、恒流调光控制室、变压器室以及值班人员住宿、生活空间。灯光站一般在滑行道外侧设置,建筑外廓离滑行道中线最小距离按飞行区指标Ⅱ的等级确定。一般2600m Ⅰ类精密进近跑道,按传统光源设计,其灯光回路及计算容量可参考表7-1。

表7-1 灯光回路及计算容量表

序号	用途	灯的数量/个			负荷压降系数			负荷压降值			电缆长 L/km	电缆压降系数	电缆压降值 U_2/V	$U=U_1+U_2$ (V)	S	调光器容量
		50W	100W	200W	50W	100W	200W	50W	100W	200W	U_1/V					
N1	跑道边灯	4	0	53	11.96	22.52	42.53	47.84	0.00	2254.09	2301.93	7.50	20.24	151.80	2453.73	17.81	20.00
N2	跑道边灯	27	0	53	11.96	22.52	42.53	322.92	0.00	2254.09	2577.01	7.50	20.24	151.80	2728.81	19.81	20.00
N3	跑道中线灯1		49		11.96	22.52	42.53	0.00	1103.48	0.00	1103.48	7.30	20.24	147.75	1251.23	9.08	10.00
N4	跑道中线灯2		38		11.96	22.52	42.53	0.00	855.76	0.00	855.76	7.30	20.24	147.75	1003.51	7.29	10.00
N5	滑边灯1	83			11.96	22.52	42.53	922.68	0.00	0.00	992.68	6.00	20.24	121.44	1114.12	8.09	10.00
N6	滑边灯2	75			11.96	22.52	42.53	897.00	0.00	0.00	897.00	6.00	20.24	121.44	1018.44	7.39	10.00
N7	南PAPI		12		11.96	22.52	42.53	0.00	0.00	510.36	510.36	3.80	20.24	76.91	587.27	4.26	5.00
N8	南进近灯1		94		11.96	22.52	42.53	0.00	3997.82	3997.82		7.50	20.24	151.80	4149.62	30.13	30.00
N9	南进近灯2		98		11.96	22.52	42.53	0.00	4167.94	4167.94		7.50	20.24	151.80	4319.74	31.36	30.00
N10	北进近灯1		59		11.96	22.52	42.53	0.00	2509.27	2509.27		4.80	20.24	97.15	2606.42	18.92	25.00
N11	北进近灯2		63		11.96	22.52	42.53	0.00	2679.39	2679.39		4.80	20.24	97.15	2776.54	20.16	25.00
N12	北PAPI	4		12	11.96	22.52	42.53	47.84	0.00	510.36	558.20	4.80	20.24	97.15	655.35	4.76	5.00
N13	南顺闪																5.00
	合计																179 KVA

随着生产工艺的进步,越来越多的发光二极管(LED)光源在助航灯光系统中采用,大大节省了用电量和金属电缆,是未来灯光发展的趋势。

助航灯光回路有交流串联和交流并联两种方式。目前运用较多的是交流串联方式,串联有利于保持各灯具电流相同。

为了提高灯光系统供电可靠性,一般相同类型的灯具隔灯接在两条不同回路中,如跑道灯光系统、滑行道中线灯、简易进近灯光系统。有时也隔排接在两条不同的回路中,如Ⅰ类、Ⅱ/Ⅲ类精密进近灯光系统中的短排灯。PAPI灯、滑行道边灯则习惯按区域接在不同的回路中。

二、调光系统

民用航空机场的绝大部分目视助航灯光的光强分为5个等级,军用机场的灯光光强可能等级较少。灯光光强通过调光器来调节,调光器的作用就是把工频交流电源转变成为一种可以控制的电压源,使灯光回路输出电压 U_L 大小受调光器的控制,从而达到控制灯光回路中电流的目的,见图7-5。当回路负载发生变化或交流电网电压发生变化等干扰存在时,通过调光器的作用,能使 U_L 大小保持不变,即保证灯泡亮度不变。另外,调光器也可以控制 U_L 大小分为几挡输出,从而控制光源的亮度等级,即灯的光强等级。

根据气象条件、能见度等要求,由塔台发出指令,调光器将灯光光强调整到所需要的光强等级,以做到既能满足飞行要求又能经济地使用灯光系统。

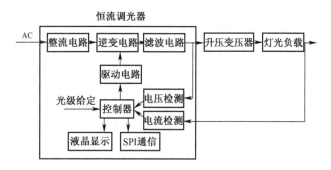

图7-5 目前常用的机场助航灯光调光器控制系统图

三、监控系统

机场目视助航灯光计算机监控系统是利用计算机技术、网络技术、检测技术对机场跑道、滑行道等目视助航灯光、低压供电系统、柴油发电机组等的工作状态进行实时操作、控制及检测,对灯光、供电回路、气象等数据进行处理、记录,同时还可以实现员工管理及为日后复查、维修提供数据依据,是一个高可靠性分布式系统。助航灯光监控系统示意图如图7-6所示。

机场一般设有一个塔台和一个灯光变电站。在塔台、灯光变电站内分别设置计算机监控设备,各站之间采用光缆作为通信传输介质。系统提供塔台管制人员及灯光维修管理人员及时准确地了解全场灯光的运行情况,以及运行情况的历史记录。系统由塔台主控,灯光变电站在塔台授权下进行操作。

监控系统对跑道中线灯、跑道边灯、跑道入口灯、跑道入口翼排灯、跑道末端灯、进近灯进行回路监控;并对灯光变电站的低压进线和母联开关的状态、备用柴油发电机组的运行状态进行监控。

国内的监控系统都作为一个完整的控制系统,不受其他任何系统的控制而独立运行,但可以向其他信息管理中心网络或计算机终端提供整个机场灯光运行的有关信息,但后者不能控制前者。

监控对象主要为灯光回路和低压供电回路。目前国外已向单灯监控发展研究,我国也慢慢引进生产单灯监控产品,但因起步晚,核心技术未解决好,民航机场还未能大规模使用。

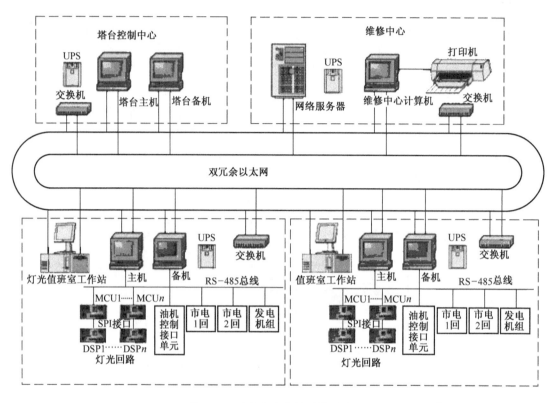

图7-6 助航灯光监控系统示意图

第五节 信号设施和标志标线

一、民用机场的信号设施

信号设施主要包括风向标、信号灯、滑行道引导标记牌。

1. 风向标

一般的机场会强制性地要求至少设一套风向标,它是显示风向的标示,装设的风向标应能明确地指明地面风的方向,并能大致地显示风速。选用的风向标颜色(一种或一种以上)至少在300m的高度看起来相对于背景要醒目且便于理解。ICAO规定风向标为截头圆锥形,由织物制成,长度应不小于3.6m,大端直径应不小于0.9m。机场设多套风向标时,至少应有一个风向标的位置用圆环标出。圆环应以风向标的支架为中心,并应选用足够醒目的颜色。风向标所在位置要能被在飞行中的或在活动区上的飞机看得见,并不受附近物体引起的气流干扰,一般设置在跑道两端的瞄准点附近,距离跑道近边45～105m,跑道入口的左侧。

准备在夜间使用的机场风向标设有泛光照明设施,并按超高标志物设置航空障碍灯。风向标的设计一般会纳入助航灯光范畴。

2. 信号灯

信号灯是为向飞行区地面上的飞机、车辆或人员发出目视信号而在管制塔台设置的信号装备。一般实行空中交通管制的机场会强制要求设置。

3. 滑行引导标记牌

滑行引导标记牌为机场强制性设置内容，根据机场对飞机在地面活动引导和控制的功能要求适当配置。它的主要功能包括：

（1）传达飞机或车辆必须停住等待塔台放行的信息；
（2）传达禁止进入某一地区的信息；
（3）帮助驾驶员识别其所在位置；
（4）帮助驾驶员识别滑行道交叉或分支点前方滑行道的代号；
（5）向驾驶员指明前往目的地的方向；
（6）帮助驾驶员判断其飞机是否已脱离跑道。

滑行引导标记牌总的包括两大类。

一类为强制性指令标记牌，用来传达强制性指令、关于在活动区内某一特定位置或目的地的信息，以及其他规定的信息，如图 7-7 所示。包括：跑道号码标记牌；Ⅰ类、Ⅱ类或Ⅲ类等待位置标记牌；跑道等待位置标记牌；跑道进近地区等待位置标记牌；道路等待位置标记牌；禁止进入标记牌。

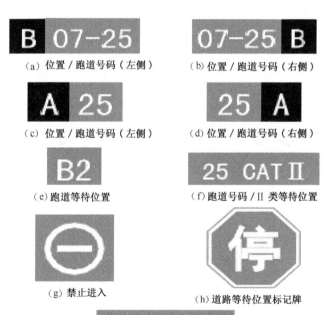

图 7-7 强制性指令标记牌

另一类为信息标记牌，见图 7-8，包括：位置标记牌；方向标记牌；目的地标记牌；跑道出口标记牌；脱离跑道标记牌；飞机机位号码标记牌；VOR 机场校准点标记牌；跑道剩余距离标记牌；滑行道位置识别点标记牌；交叉点起飞标记牌；滑行道终止标记牌。

若滑行道标记牌没有条件设置,民用规范会要求在铺砌面上设置指令性标志。

标记牌面内容根据ICAO文件及民航飞行区技术标准执行,对跑道和滑行道的命名有一定的规定,因为滑行道引导标记牌经常会设置于道边附近或可能暴露于喷气气流的地方,灯具支柱既要考虑一定的风力荷载又要考虑其易折性;标记牌供夜间使用时需提供照明。图7-9、图7-10为滑行道代号命名示例。

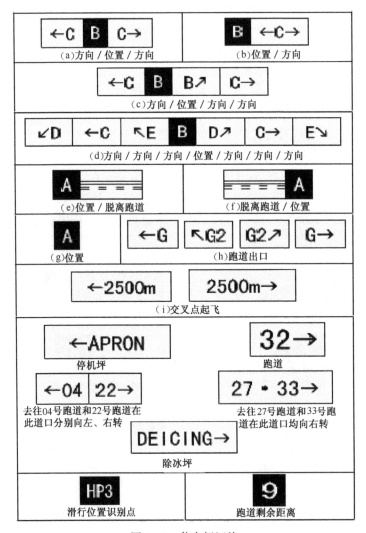

图7-8 信息标记牌

二、标志标线

民用机场为保证飞机起降、滑行的安全和便利,在飞行区设置地面标志标线。地面标志标线与公路交通标志线功能相似,飞行区技术标准对标志标线做了如下规定:

(1) 地面标志颜色应明显,易于识别,没有反光。

(2) 跑道标志必须是白色,滑行道标志和飞机停放位置标志必须用黄色。最好采用适当品种的油漆,以尽可能减少由标志引起的不均匀摩擦特性的危险。

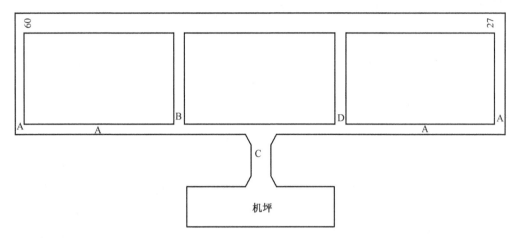

图 7-9 简单跑道、滑行道编号命名示例

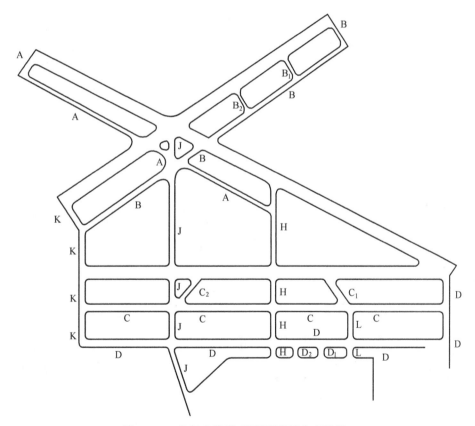

图 7-10 较复杂跑道、滑行道编号命名示例

(3) 跑道与滑行道相交处必须设置显示跑道的标志,而滑行道标志必须中断,跑道边线标志也可以中断。在跑道与跑道掉头坪的连接处,跑道边线标志应连续不断。

(4) 跑道与跑道相交处,必须显示较重要的那条跑道的标志,而其他跑道的标志则必须中断。较重要的那条跑道的边线标志在相交处可以连续,也可以中断。跑道重要性的递减顺序是:精密进近跑道,非精密进近跑道,非仪表跑道。

(5) 只要实际可行,无铺砌道面的滑行道应设置为有铺砌道面的滑行道所规定的各种标志。

标志标线根据规划在飞行区的不同部位主要分为以下几大类:跑道标志标线、滑行道标志标线、停机坪和机位标志标线以及 VOR 全向信标台标志标线等。规划设计时需根据 ICAO 及飞行区技术标准等的规定执行。

1. 跑道标志标线

1) 跑道号码标志

跑道号码标志是对多个机场或一个机场中不同跑道的区分表示,在跑道入口外设置。跑道识别标志由两位数字组成,在平行跑道上再增加一个字母。在单条跑道、两条平行跑道和三条平行跑道上,这个两位数是从进近方向看去最接近于跑道磁方位角度数的 1/10 的整数。在四条或更多条平行跑道上,一组相邻跑道按最接近于磁方位角度数的 1/10 编号,而另一组相邻跑道则按次一个最接近的磁方位角度数的 1/10 编号。当按上述规则得出的是一位数字时,则在它的前面加一个"0"。

当有平行跑道时,每个跑道号码由进近方向看去从左至右按下列顺序各增加一个字母:当为两条平行跑道时,为 L 和 R;当为三条平行跑道时,为 L、C、R;当为四条平行跑道时,为 L、R、L、R;当为五条平行跑道时,为 L、C、R、L、R 或 L、R、L、C、R;当为六条平行跑道时,为 L、C、R、L、C、R,见图 7-11。

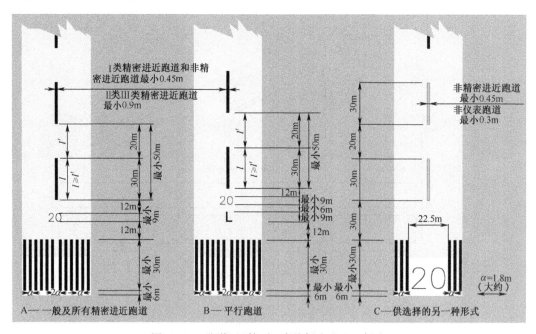

图 7-11 跑道识别标志、中线标志和入口标志

2) 跑道中线标志

跑道中线标志设置在跑道两端的跑道号码标志之间的跑道中线上,由均匀隔开的线段和间隙组成。规范对各类精密进近跑道及基准代码不同的非精密进近跑道上的中线标志标线的间隔、线段长度及宽度做出了详细的规定,设计时应参阅相关标准。

3）跑道入口标志

跑道入口标志由一组尺寸相同、位置对称于跑道中线的纵向线段组成,见图7-11。设置在跑道入口处,线段起点距跑道入口6m,终点距跑道号码标志净距12m。线段长30m,宽约1.8m。线段的总数按跑道宽度确定。当跑道宽度(不含道肩)为18m、23m、30m、45m、60m时,线段条数分别为4、6、8、12、16。

设计时需注意跑道入口永久内移或临时的情况,内移跑道入口的标志标线会有不同的标示。在跑道入口仅在短时间内临时内移的情况下,目前有的机场不再涂刷油漆,而用与其形式和颜色相同的标志物来代替,也能取得满意的效果。当内移跑道入口以前的跑道已不适于飞机的地面活动时,则需要设置封闭标志。

4）瞄准点标志

当飞机向着陆跑道进近时,在开始最后下降时,飞行员看到与跑道有关的目视参考物向着飞机的挡风玻璃下方移动。当在下降时准备瞄准的跑道上的点(瞄准点)处于地平线以下所需要的进近角时,飞行员开始瞄准所选定的瞄准点下降。瞄准点设置在跑道的每个进近端,由两个线段组成,对称地设在跑道中线的两侧。位置根据飞机大小和可用于着陆的跑道长度而异。小飞机一般瞄准点位置为跑道号码标志,或稍进去一些;大飞机一般瞄准点设在距跑道入口300m的定距标志附近。当跑道设置目视进近坡度指示系统时,标志的开始端与目视进近坡度的起点重合,见图7-12。

5）接地地带标志

飞行区技术标准规定,精密进近跑道、飞行区指标Ⅰ为3或4的非精密进近跑道和非仪表跑道强制性地设置接地地带标志标线,它们以若干组对称地设在跑道中线两侧的长方形标志块组成,其对数与可用着陆距离有关,当一条跑道两端的进近方向都要设置该标志时,则与跑道入口之间的距离有关。

6）跑道边线标志

当跑道边缘与道肩或周围地域缺乏明显对比时,跑道的两端入口间的范围内将设置跑道边线标志。飞行区技术标准规定,精密进近跑道强制设置跑道边线标志。跑道边线标志由两个线条组成,沿跑道的两侧边缘各设一条,每条的外边大致在跑道边缘上,线条宽度要求根据相关规范执行,见图7-12。

7）跑道掉头坪标志

在设有跑道掉头坪之处,设置跑道掉头坪标志,用以连续地引导飞机完成180°转弯并对准跑道中线。掉头坪标志从跑道中线弯出进入掉头坪。其转弯半径应与预计使用该跑道掉头坪的飞机的操纵特性和正常滑行速度相适应。沿掉头坪边缘设置掉头坪边线标志,掉头坪边线标志的设置方法同滑行道边线标志类似。

2. 滑行道标志线

1）滑行道中线标志

在滑行道、除冰/防冰设施以及机坪滑行通道设置的中线标志均称为滑行道中线标志,标线目的是提供从跑道中线到各机位之间的连续引导。在滑行道直线段,滑行道中线标志沿滑行道的中线设置;在滑行道弯道部分,标志从滑行道直线段延续并保持与弯道的外侧边的距离不变。作为跑道出口滑行道在与跑道相交处,滑行道中线标志以曲线形式转向跑道中线标志,并平行于跑道中线延伸至超过切点60m(技术标准规定)处,但跑道

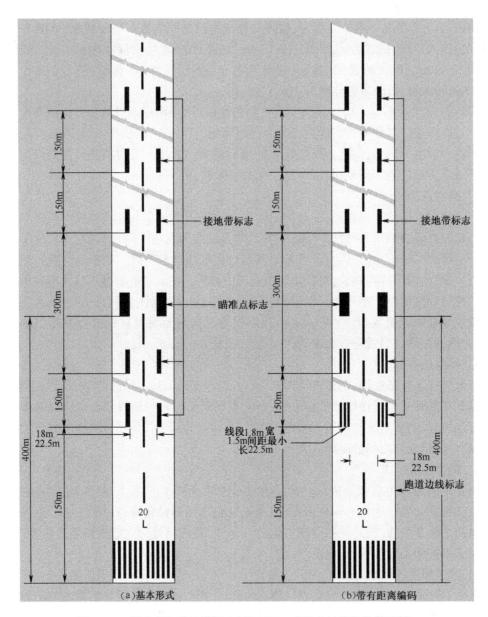

图 7-12 瞄准点和接地带标志(按 2400m 或以上长度的跑道示例)

两端滑行道的滑行道中线标志终止于与跑道边线延长线的交点;穿越跑道的滑行道,其滑行道中线标志在跑道边线标志处中断,见图 7-13。

当表示接近跑道等待位置时,一些规范标准会要求设置增强型滑行道中线标志,用来构成防止跑道入侵措施的一部分。

2) 与滑行道有关的其他标志标线

在跑道等待位置设置跑道等待位置标志线,在中间等待位置和比邻滑行道的远距除冰/防冰坪的出口边界上设置中间等待位置标志线。提示将要进入跑道的飞机在不同的位置排队等候。

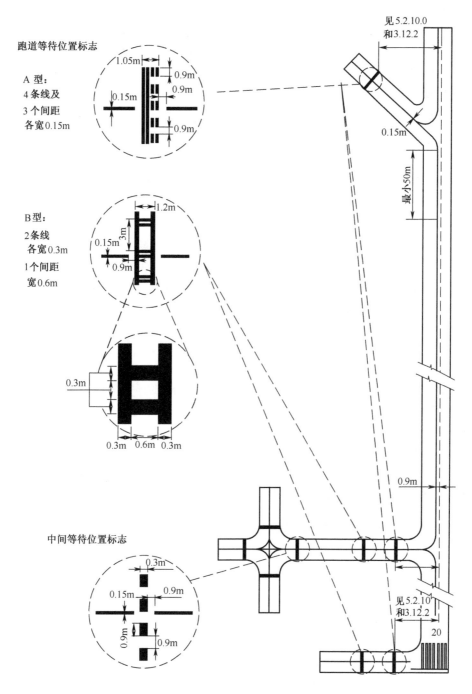

图 7-13 滑行道标志标线

3. 停机坪及机位标志标线

1) 飞机机位标志

机位标志与通常我们见到的停车位类似,只是稍微复杂一点,它是根据机位构型和其他辅助停机设施的需要而设置的,包括机位识别标志(字母和/或数字)引入线、转弯开始线、转弯线、对准线、停止线和引出线等机位标志标线。

2）机坪安全线

根据飞机停放的布局和地面设施及车辆的需要设置机坪安全线，包括翼尖净距线、廊桥活动区标志线、勤务道路边界线、行人步道线、设备和车辆停放区边界线以及各类栓井标志等。技术标准规定，翼尖净距线、廊桥活动区标志线和各类栓井标志为红色，其他机坪安全线（包括标注的文字符号）均为白色。机坪安全线的位置需要保证飞机在进出机位过程中对停放的地面设施、车辆和行人有一定的安全净距。

3）服务车道标志标线

机场中进入或穿越跑道、滑行道的服务车辆需按照服务车道标志标线行驶，这些标线一般以国家道路交通规则的规定为依据设置。主要包括道路等待位置标志、穿越滑行道的服务车道边线标志和限速标志等。

4. VOR 机场校准点标志

在设有 VOR 机场校准点时，需要设置 VOR 机场校准点标志和标记牌将其标明。

VOR 机场校准点标志以飞机停住接收正确的 VOR 信号的地点为圆心。标准规定该标志为一个直径圆，如果要求飞机对准某一特定方向进行校准，则通过圆心增加一条指向该方向的直线，并伸出圆周以一个箭头终结。

第六节　机场灯光的使用

机场灯光系统是机场目视助航设备的一部分，对保障飞行安全起着极为重要的作用，尤其是在夜间飞行和低云低能见度条件下的飞行时，机场灯光更是航空器驾驶员建立目视地面参考所必需的目视助航设施。

目前世界上很多机场都将机场灯光的使用交由机场管制塔台管理，塔台上一般都配备有机场灯光的控制和调节面板，以便于塔台管制员根据飞行环境的变化和航空器驾驶员的请求，开放、关闭或调节有关机场灯光。因此，有必要了解机场灯光的使用方法。

一、ICAO 的国际标准及建议措施

1. 通则

（1）航空地面灯光必须按下列规定开放：

① 除非今后另有规定或对空中交通的管制另有要求外，在天黑时间或太阳球面中心已降至地平线下 6°时，应该连续开放；在上述两种情况下，选择灯光使用时间较长者。

② 在任何其他时间内，根据天气情况，为了空中交通安全，认为需要使用灯光时。

（2）若机场上空无飞行活动（包括正常的和紧急的）出现的可能，且在航空器预计到达前的 1h 可以重新开放，除此后另有规定外，机场上及其附近凡是不用于航路导航的灯光均可关闭。

（3）在装备强度可变的灯光的机场，应备有一份根据能见度和外界光亮情况而制定的强度调置表，用以指导空中交通管制人员调节灯光以适应当时占主导地位的气象条件，当航空器驾驶员提出要求，只要有可能，应进一步对灯光强度进行调置。

2. 进近灯

（1）除通则 1 中（1）所述的情况外，在下列情况下，亦需打开进近灯：

① 昼间,当做进近的航空器要求时;
② 当有关的跑道灯打开时。
(2) 白昼或黑夜,不论能见度情况如何,当使用有关跑道时,必须打开该跑道着陆端的目视进近坡度指示灯。

3. 跑道灯

(1) 如跑道不供起、降或滑行之用时,不得开放跑道灯。
(2) 如跑道灯不是连续开放,在航空器起飞后,必须按下列规定提供跑道灯光:
① 在提供空中交通管制服务并且灯光是集中控制的机场,只要认为航空器起飞后可能在起飞过程或起飞后立即发生紧急情况而需要返航,这时一条跑道的灯光必须保持开放。
② 如果机场未设有空中交通管制服务或灯光不是集中控制,由于离场航空器起飞后可能返航紧急着陆,因此在任何情况下,一条跑道的灯光必须在航空器起飞后不少于15min内保持开放。

4. 停止道灯

每当有关跑道的跑道灯光开放时,必须开放该跑道的停止道灯。

5. 滑行道灯

滑行道灯的开放次序需使其对滑行中航空器能不断指出滑行路线;滑行道灯或其部分在滑行航空器无需使用时可以关闭。

6. 停止横排灯

停止横排灯在表示所有交通必须停止时必须开放;在表示所有交通可以通行时必须关闭。

7. 障碍灯

(1) 如果与某一条跑道或航空器进近、起飞通道有关的障碍灯不突出于有关规定(参见 ICAO 附件14 第6章)的内水平面之上,则可与该条跑道的跑道灯或通道灯同时开关,且在航空器不再使用之前不得关闭。
(2) 当机场开放时,不能使用的灯不能按上述1中(2)的规定关闭。

8. 目视助航设备的监控

(1) 当具备自动监控设施时,机场管制员需利用自动监视设施查明灯光是否按照所选用的要求处于正常工作状态。
(2) 如无自动监控系统或如无此类替代设备,机场管制员必须在机场管制塔台上目视观察灯光系统以及通过其他来源如航空器驾驶员报告或目视检查所获得的情报,来及时了解目视助航设备的运行状态。
(3) 在收到表明灯光失效的情报后,机场管制员必须采取有效行动以保证受其影响的航空器或车辆的安全,并采取措施及时修理失效的灯光。

二、我国关于机场灯光使用的规定

1. 一般规定

(1) 机场机动区内有航空器运行时,按下列规定管理灯光:
① 夜间应当开放机场保障飞行所需要的灯光;

② 昼间应当开放进近坡度指示系统的灯光；

③ 昼间且机场的能见度小于 2 km 时,应当开放跑道和滑行道及起飞和着陆方向上保障飞行所需要的灯光。

（2）配置了助航灯光监视系统的机场,其灯光管理单位值班员应当在航空器预计起飞或着陆前 1h,使灯光系统处于随时可使用状态。未配置助航灯光监控系统的机场,其灯光管理单位应当按下列规定管理灯光：

① 航空器预计起飞或着陆前 1h,做好开放灯光的准备；

② 航空器预计起飞或着陆前 20min 开放灯光,或者按照塔台管制室管制员要求的时间开放灯光；

③ 在发生紧急情况时,立即开放灯光；

④ 航空器起飞后 15min、着陆后 10min 关闭灯光,或按照管制部门的通知关闭灯光；

⑤ 发现灯光异常不能按规定要求开放灯光时,立即报告塔台管制室管制员和机场值班领导。

（3）塔台管制室管制员应当及时检查机场灯光的开放情况,发现异常或接到灯光异常的报告时,应当通知机场灯光管理单位值班员或航空器驾驶员,并报告有关部门值班领导。

（4）管制员应当按照规定光度或航空器驾驶员的要求,通知机场灯光管理单位配置机场进近和跑道灯光的强度。机场进近和跑道灯光系统的强度配置应当符合机场进近和跑道灯光系统强度的规定。

（5）机场在夜间或仪表飞行条件下有航空器运行时,应当开放障碍物标志灯,并遵守下列规定：

① 管理障碍物标志灯的单位,应当指定专人负责维护障碍物标志灯,保证正常开放。如发生故障,应当立即报告塔台管制室管制员,并采取措施。

② 机场灯光管理单位,应当定期检查机场区域内障碍物灯光的工作情况,对于重要障碍物的灯标可指定专人监视。

③ 塔台管制室和机场灯光管理单位应当了解并掌握超高障碍物所属单位或管理人员的电话,当发现障碍灯发生故障时,应当及时通知其修理恢复。

④ 塔台管制室管制员或航空器驾驶员发现障碍物标志灯异常时,应当及时通知障碍物标志灯管理单位及机场灯光管理单位。

（6）夜间或昼间能见度小于 2km 时,在机场活动区内活动的一切航空器必须显示以下灯光：

① 引起对该航空器注意的防撞灯；

② 用以显示该航空器相对航径的航行灯；

③ 显示航空器结构外端的灯光；

④ 显示航空器发动机已经开车的灯光。

2. 机场进近和跑道灯光系统强度

（1）航空器进近着陆方向上的机场进近灯及接地带灯的强度应当按照表 7-2 进行调置。

（2）航空器进近着陆方向上的进近坡度指示灯的强度应当按照表(7-3)进行调置。

表7-2 进近灯光度置定表

光度级别	能见度/m	
	昼间	夜间
5	<1600	仅有此要求时
4	1600~5000	<800
3	仅有此要求时	800~1600
2	仅有此要求时	1600~5000
1	仅有此要求时	>5000

表7-3 进近坡度指示灯光度置定表

光度级别	能见度	
5	昼间	(自日出至日没之间)
4	夜间	晨昏蒙影间
3		晨昏蒙影以外的期间

(3)跑道灯、跑道端灯或停止排灯的强度应当按照表7-4进行调置。

表7-4 跑道灯光度置定表

光度级别		能见度/m	
		昼间	夜间
高光度	5	<1600	仅有此要求时
	4	1600~5000	<1600
	3	有要求时	1600~5000
	2	有要求时	>5000
	1	有要求时	有要求时
中光度	4	<5000	仅有此要求时
	3	有要求时	<1600
	2	有要求时	1600~5000
	1	有要求时	>5000

(4)跑道中心线灯的强度应当按照表7-5进行调置。

表7-5 跑道中心线灯光度置定表

光度级别	能见度/m	
	昼间	夜间
5	<1600	仅有次要求时
4	1600~5000	<800
3	有要求时	800~1600
2	有要求时	1600~5000
1	有要求时	>5000

注:1. 昼间云高300m以下,要置定于最高级光度。
2. 处在晨昏蒙影期间(夜间从日出前约30min至日出和从日没至日没后约30min的时间),除上表的规定外,可以置定于昼夜的、夜间的或者两者之间的认为适当的光度。

习题与思考题

1. 如何确定跑道号码？
2. 机场灯光系统包括哪几部分？
3. 跑道标志的颜色是什么？
4. 滑行道标志的颜色是什么？
5. 标记牌常见的有哪几种？
6. 进近灯光系统主要有哪几种？

第八章 机场道面工程

第一节 概 述

一、使用要求

机场道面承受飞机的机轮荷载、高温高速喷气流以及冷热、干湿、冻融等自然因素的作用。为了保证飞机在任何条件下都能执行飞行任务,机场道面必须具有如下良好的使用性能:

(1)要有足够的强度和刚度。在机轮荷载和环境因素作用下,道面结构内会产生拉应力、压应力和剪应力。大型飞机的质量很大,如 A380 的最大起飞质量可以达到 560t。如果道面结构的整体或者某一组成部分的强度不足,不能抵抗这些应力的作用,则道面便会出现损坏现象,使得道面的使用品质迅速恶化。因此,道面结构整体及其各个组成部分必须具备同机轮荷载和温度荷载相适应的强度。

另外,如果机场道面的整体或者某部分组成的刚度不足,即使强度足够,也会在轮载的作用下产生过量的变形,使道面出现波浪、轮辙、沉陷等不平整现象,影响飞机滑行的平稳性。因此,道面材料必须具有合适的刚度,保证整个结构及各个部分的变形量控制在容许的范围内。

(2)具有良好的平整度。平整度是表征道面表面特性的一个重要指标,是指道面的表面对于理想平面的偏差,它对飞机在滑行中的动力性能、行驶质量和道面承受的动力荷载三者的数值特征起着决定性的作用。飞机在不平整的道面上行驶会产生附加的振动作用。这不仅会造成飞机的颠簸,影响驾驶的平稳和乘客的舒适,而且飞机的附加振动作用又反过来对道面施加冲击力,从而加速道面的破坏。因此,机场道面表面的平整度应符合技术要求。

(3)具有良好的抗滑性。机场道面的表面要求平整且具有一定的表面粗糙度,以保证飞机在潮湿状态下起飞或着陆滑行制动时的安全。运输飞机在跑道上着地时的速度可达 200~300km/h,在快速出口滑行道上滑行的速度为 50~100km/h。雨天高速滑行时,由于表面水来不及排走,易在轮胎和表面形成水膜而造成飘滑现象。为了保证道面的抗滑性,各国都对机场道面的摩擦系数及表面纹理深度作了具体的规定。我国《机场水泥混凝土道面设计规范》规定:道面的表面平均纹理深度,跑道及快速出口滑行道不得小于 0.8mm,其余滑行道及机坪不得小于 0.4mm。

(4)具有充足的耐久性。机场道面在其使用年限内,受轮载和气候等因素的长期、反复作用,道面结构会逐渐出现疲劳损坏和塑性变形积累。耐久性不足,道面使用很短的时间就需要修建或改建,既干扰正常起飞,又造成经济浪费。为此,在设计和修建的机场道面结构时,应使其在设计使用寿命年限内,具有较高的抗疲劳和抗塑性变形的能力。

(5)面层或表层无碎屑。以免被吸入喷气式发动机,造成发动机的损坏。

二、机场道面分类

按道面构成材料分类,机场道面可分为:

(1)水泥混凝土道面。以水泥混凝土作为道面面层,见图8-1。这种道面强度高,使用品质好,使用寿命长,应用广泛。但初期投资大。完工后需要较长的养护期,维护、翻修比较困难。

(2)沥青混凝土道面。以沥青混凝土作为道面面层,见图8-2。这类道面平整性好,飞机滑行平稳舒适;强度较高,能够满足各种飞机的使用要求,维护翻修也较方便。沥青道面铺筑后不需要长期养护,特别适合于不停航施工。与水泥混凝土道面相比,养护工作量大,使用寿命较短。

图8-1 水泥混凝土道面

图8-2 沥青混凝土道面

按道面使用品质分类,机场道面可以分为:

(1) 高级道面。这类道面的面层用高级材料组成。道面结构强度高,抗变形能力强,稳定性和耐久性好。这类道面包括水泥混凝土道面、配筋水泥混凝土道面、预应力钢筋混凝土道面和沥青混凝土道面等。其中以水泥混凝土道面和沥青混凝土道面应用最广。高级道面具有良好的使用品质,受气候条件影响小,是民用运输机场广泛采用的机场道面。我国的民用运输机场几乎都是高级道面。

(2) 中级道面。主要包括沥青贯入式、黑色碎石和沥青表面处治等类型的道面。这类道面无接缝,表面平整,使用品质较好。

(3) 低级道面。主要包括砂石道面、土道面和草皮道面。这类道面承载力低,通常作为轻型飞机的起降场地,如初级航校机场、滑翔机场和农用飞机机场。

按道面的力学特性分类,机场道面划分为:

(1) 刚性道面。刚性道面的面层是一种强度高、整体性好、刚度大的板体,能把机轮荷载分布到较大的土基面积上。刚性道面结构承载力大部分由道面板本身提供。水泥混凝土道面、钢筋混凝土道面和预应力钢筋混凝土道面等都属于刚性道面。

(2) 柔性道面。柔性道面抵抗弯曲变形的能力弱,各层材料的弯曲抗拉强度均较小,在轮载作用下表现出相当大的形变性。轮载作用下的柔性道面弯沉值的大小,反映了柔性道面的整体强度。机场柔性道面厚度设计通常以容许弯沉作为控制标准,同时对面层与基层下表面的弯拉应力进行验算。沥青类道面、砂石道面、土道面等属于柔性道面。

第二节　机场道面构造

机轮荷载与自然因素对道面结构的影响,随着深度的增加而逐渐减弱。因此道面材料的强度、刚度和稳定性的要求也随深度而逐渐减低。为适应这一特点,降低工程造价,道面结构都是多层次的。上层用高级材料,下层用次级材料,底层用低级材料。按使用要求、受力状况、土基支撑条件和自然因素的影响程度的不同,在土基顶面采用不同规格和要求的材料分别铺设垫层、基层和面层等结构层,见图8-3。

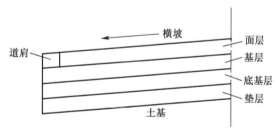

图8-3　机场道面结构层

一、面层

面层是直接承受飞机荷载作用和环境(降水和温度)影响的结构层,应具有较高的结构强度和荷载扩散能力,良好的温度稳定性(沥青混凝土道面),不透水、耐磨、抗滑和平整的表面。面层可由一层或数层组成。

组成面层的材料主要分为下述两种类型。

(1) 水泥混凝土。包括普通水泥混凝土、钢筋水泥混凝土、钢纤维水泥混凝土、抗爆水泥混凝土、水泥混凝土预制块等。这类道面具有很高的强度和刚度,能够承受重型荷载的作用,可用于跑道、滑行道、联络道和各种机坪的面层,属于高级道面。

(2) 沥青混合料。如普通沥青混凝土、沥青玛蹄脂碎石(SMA)等。沥青混凝土、SMA 可以作为高级道面的面层。表面平整,平稳舒适,能够满足各种飞机的使用要求。

二、基层

基层主要起承重(扩散荷载)作用,应具有足够的强度和刚度。基层受自然因素的影响不如面层强烈,但必须有足够的水稳性和抗冻性。对沥青面层下的基层,要防止湿软后变形过大而导致面层的损坏;对水泥混凝土面层下的基层,还应具有足够的抗冲刷性,以防止基层材料被水冲走而造成板底脱空。基层材料可由经沥青或水泥处治(稳定)的粒料或者未经处治的粒料组成。基层有时设两层,分别称为基层和底基层或上基层和下基层。下基层材料的要求可以低于上基层。

可以用作基层的材料主要有:

(1) 各种结合料(水泥或沥青等)的稳定土或碎(砾)石混合料。如沥青碎石、水泥稳定碎石等。

(2) 掺加工业废渣的无机结合料稳定土或碎石,如粉煤灰、石灰稳定碎石等(二灰碎石)。

(3) 各种碎(砾)石混合料或天然沙砾。如级配碎石等。

(4) 贫混凝土或碾压混凝土。

三、垫层

在地基土质较差和(或)水温状况不良时,宜在基层之下设置垫层,起排水、隔水、防冻等作用。垫层可采用结合料稳定粒料、土或者无结合料稳定的材料。垫层也可因道面结构总厚度要求、土基强度状况要求或防冻要求而设置数层。垫层不是必须设置的结构层次。

对垫层材料的要求,强度不一定高,但其水稳定性和抗冻性要好。常用的垫层材料有无机结合料稳定类材料、级配碎石、砂砾等。

四、压实土基

压实土基是道面结构的最下层,承受全部上层的自重和机轮荷载应力。土基的平整性和压实质量,在很大程度上决定着整个道面结构的稳定性。因此,无论是填方和挖方,土基均应按要求予以严格压实。否则,在机轮荷载和自然因素的长期反复作用下,土基会产生过量的变形,从而加速面层的破坏。

按照道面的结构层次组合方式(图8-3)以及基层和垫层所选用材料的刚度,沥青混凝土道面可进一步分为柔性道面、全厚度道面、半刚性道面和复合道面。柔性道面以普通沥青混凝土、沥青碎石、级配碎石等刚度较低的材料作为基层材料;全厚度道面的基层和垫层均采用沥青混凝土或沥青碎石,见图8-4;半刚性道面的基层采用水泥、石灰粉煤灰稳定粒料类材料、碾压水泥混凝土等;复合道面指在水泥混凝土板上铺筑沥青混凝土的道面,主要出现在道面加铺中,结构示意如图 8-5 所示。

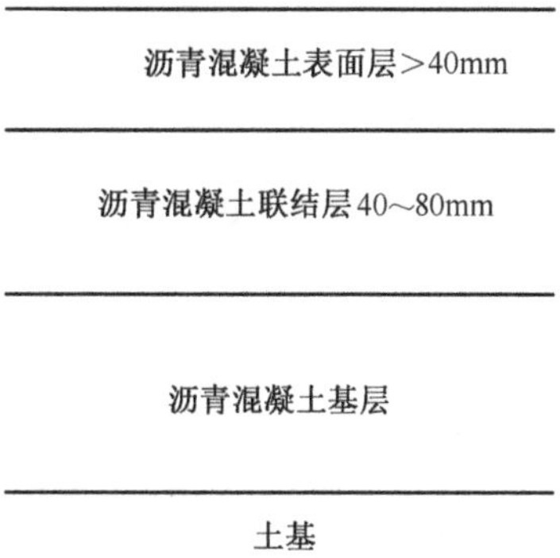

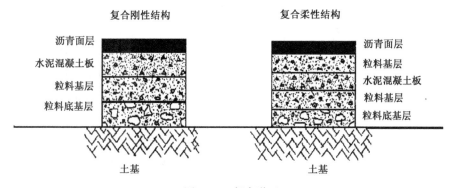

图 8-4 全厚度道面

图 8-5 复合道面

第三节 道面的荷载作用

一、作用在道面上的竖向荷载

停放时飞机的总质量在主起落架和辅助起落架之间分配,其大小按式(8-1)、式(8-2)计算。

$$P_z = G\frac{L_1}{L_1 + L_2} = K_z G \tag{8-1}$$

$$P_f = G\frac{L_2}{L_1 + L_2} = K_f G \tag{8-2}$$

式中 L_1、L_2——飞机辅助起落架和主起落架的中心到飞机重心的距离;
　　　K_z——飞机总质量在主起落架上的分配系数;
　　　K_f——飞机总质量在辅助起落架上的分配系数。

K_z、K_f 与飞机的起落架构型有关。常用飞机的起落架构型(轮子的数目,其相对位置和间距)可以分为单轴单轮、单轴双轮、双轴单轮、双轴双轮、双轴四轮、三轴双轮和复合型等类型。常用飞机的起落架构型如图 8-6 所示。

飞机的重量主要由主起落架承担。一架飞机的主起落架分配系数会随着飞机的存油

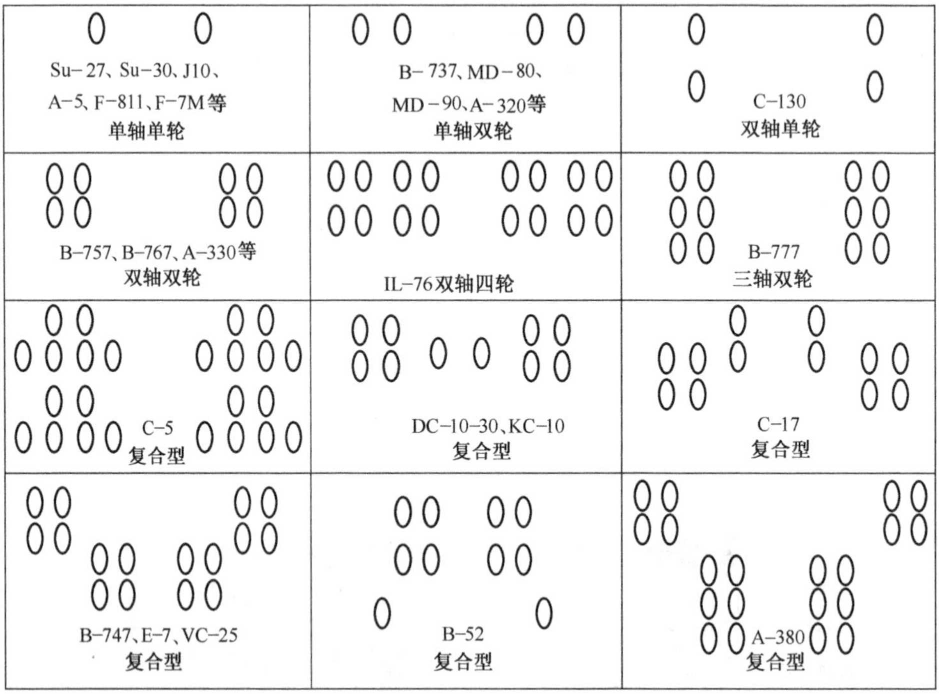

图 8-6 飞机常用起落架构型(非比例)

量以及货物和旅客的装载情况而发生一定的变化,一般为 90%~96%。许多国家的道面设计方法为了反映飞机的实际状况,会取每种飞机的典型分配系数用来计算该飞机起落架的轮重,如中国、加拿大等。美国 FAA 的设计方法建议在道面厚度设计时主起落架承担的重量全部取为总重的 95%。

停放在道面上的飞机的每个静轮载按式(8-3)计算。

$$P_j = \frac{P_z}{MN} \tag{8-3}$$

式中　M——飞机主起落架的数量；

N——一个主起落架上的轮数。

在进行道面设计时,通常假定轮印面积内接触压力是均匀的。轮印面积可按式(8-4)计算。

$$A = \frac{P_j}{p} \tag{8-4}$$

式中　A——轮印面积(m^2)；

p——轮胎压力(MPa)。

当将接触面积 A 看作等面积的圆形后,其半径 R 为

$$R = \sqrt{\frac{P_j}{\pi p}} \tag{8-5}$$

二、作用在道面上的水平荷载

当飞机在道面上滑行时,除垂直荷载外,作用在机场道面上的还有水平力。飞机运动

时机轮与道面之间的摩擦力引起水平荷载;机轮经过道面不平整处因撞击也会引起水平荷载;飞机着陆时巨轮制动过程产生水平荷载;飞机滑行过程中急转弯时由于存在侧向摩擦力而产生水平荷载,等等。

在道面上滑行的飞机机轮不制动时,作用在道面上的水平荷载由式(8-6)确定;机轮制动时,水平荷载由式(8-7)确定。

$$T_1 = fP_d \tag{8-6}$$
$$T_1 = \varphi P_d \tag{8-7}$$

式中 f——滚动摩阻系数;
　　　φ——滑动摩阻系数;
　　　P_d——机轮的动荷载(MN)。

系数 f、φ 的大小受多种因素影响,其值可参考表8-1、表8-2确定。

表8-1 滚动摩擦系数 f 值

表面类型	水泥及沥青混凝土道面	有机结合料处治的平整的碎石或砾石道面	沥青混凝土道面有轮辙、裂缝	黏土表面	泥泞季节的土跑道
f	0.01~0.02	0.02~0.03	0.04~0.05	0.05~0.15	0.15~0.3

表8-2 滑动摩擦系数 φ 值

表面类型	干燥粗糙的道面	干燥平滑的道面	潮湿的道面	泥泞的道面	冰覆盖道面
φ	1.0~0.7	0.5	0.5~0.3	0.2	0.1

作用在道面表面的水平荷载的作用时间是很短的。水平荷载引起的水平应力随着深度的增大而迅速减弱。在机场刚性道面设计中,一般不考虑水平荷载。但对于机场柔性道面,过大的水平应力能够引起道面面层产生破浪、拥包和剪切破坏。因此,当柔性道面上层可能因水平力过大而引起破坏时,应对水平荷载进行验算,必要时设置保护层(磨耗层),以改善柔性道面上的受力状态。

三、作用在道面上的动荷载

飞机在道面上的一切活动,包括滑行、起飞、着陆和地面试车,都会对道面产生动力影响。一方面,随着飞机滑行速度的增加,机翼产生的升力使机轮对道面的压力减小;另一方面,当机轮通过道面不平整处时产生冲击作用。冲击作用增大了飞机荷载对道面的作用效果。冲击作用的大小与道面的平整状况及飞机运动速度有关,图8-7为某滑行速度下飞机动荷载的实验资料。可见,道面越不平整,冲击作用越大。因此,对机场道面的平整度应该有严格的要求。

另外,飞机着陆时,机轮会对跑道端部的道面产生撞击作用。机轮的这种撞击作用,与飞机的飘落高度有关。通常规定,当飞机在离地面0.5~1m时开始飘落,属于正常着陆。如果飞机飘落高度超过上述规定,就是粗暴着陆。粗暴着陆不仅使道面受到巨大的冲击,而且容易引起机件的损坏,甚至造成安全事故。英国"蚊式"飞机的着陆冲击试验表明,粗暴着陆时,道面受到的冲击荷载是静荷载的3倍。

我国《民用机场水泥混凝土道面设计规范》(MH/T 5004—2010)中没有考虑飞机的动荷载效应,这是因为在确定设计飞机重力时,一般都选用了道面可能受到的最大静载重

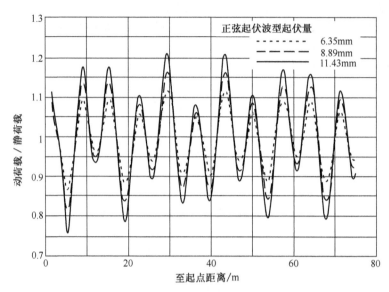

图 8-7 道面不平整对道面受力的影响

力,相当于考虑了一定的安全系数。根据国内外已有的实验结果,在正常情况下(道面平整度符合要求)飞机产生的动荷效应并不严重。

四、机场道面受载分析

由于机场道面各部分的几何形状和尺寸不同,以及飞机在道面各地段的运动状态不同,所以,机场道面各区域的受载状况是不同的。由于这个原因,《民用机场沥青混凝土道面设计规范》(MH 5010—1999)将道面按结构划分为4个区,《民用机场水泥混凝土道面设计规范》(MH/T 5004—2010)也将道面不同区域的板厚度减薄做了相应规定。一般来讲,机场道面的各区域可划分为滑行道、跑道、停机坪等。

1. 跑道

跑道是飞机起飞和降落的主要通道。在其纵向上,跑道端部和中部的受载条件是不同的。在跑道端部,飞机从慢速滑行到停止,对准跑道后需提高发动机的转速,以发挥它的全推力并进入起飞状态。此时,道面既要承受垂直荷载,也承受较大的水平荷载,会在道面结构中产生较大的剪切应力。这是跑道端部受力最不利的地方。另外,飞机在跑道端部滑行速度比滑行道小,冲击作用也小,并且跑道比滑行道宽,一般不会形成渠化交通,因此,跑道端部的受载条件较滑行道好一些。对于飞机着陆时的冲击作用,一般按正常着陆考虑。此时,由于飞机的速度很大,机翼产生的升力也很大,冲击力是不大的。

在跑道中部,无论是起飞或着陆,飞机都以较高的速度通过。此时机翼升力较大,抵消了飞机的部分质量,减小了机轮对道面的荷载。同时,高速滑行通过的飞机对道面某一断面的作用时间是短暂的,道面还来不及产生完全变形,飞机就通过了。所以跑道中部的受载作用比跑道端部要轻,反映在道面厚度上,就是跑道中部的道面厚度比端部薄,一般要减少10%左右。

2. 滑行道

滑行道是飞机在地面滑行的主要通道。起飞时飞机经过滑行道而到达跑道端部,着陆时飞机经过滑行道到达停机坪。由于滑行道宽度小,机轮几乎是沿着同一轨迹滑行的。这种渠化的交通使滑行道上机轮荷载的重复次数大大增加。另外,飞机在滑行道上的滑行速度一般为20~30km/h。以这种速度滑行时机翼产生的升力很小,而驶经道面不平整处又足以产生冲击作用。这些都构成了滑行道上不利的受载条件。

3. 停机坪

停机坪是供飞机停放、维护保养、加油、装卸货物的场所。由于飞机长时间停放和满载飞机的滑进、滑出,其受载条件与跑道端部相近,道面厚度中等。

综上所述,滑行道受载条件最差,道面厚度最大;跑道中部受载条件好,道面厚度小;跑道端部和停机坪的受载条件介于上述两者之间,道面厚度中等。如图8-8所示。

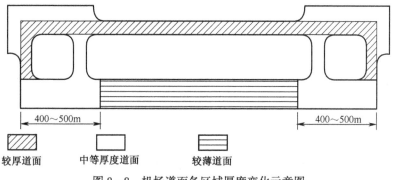

图8-8 机场道面各区域厚度变化示意图

目前,在设计中机坪、平行滑行道、跑道端部通常采用相同的道面厚度,而跑道中部、快速出口滑行道则采用较薄的厚度。另外,在跑道横向的两端也可以适当减薄。

图8-9所示为我国《民用机场沥青混凝土道面设计规范》(MH 5010—1999)中采用的分区布置。图中所示的Ⅰ区包括跑道端、联络滑行道、平行滑行道、站坪,厚度为T;Ⅱ区包括跑道中部、快速出口滑行道,厚度为$0.9T$;Ⅲ区包括过夜停机坪、维修机坪,厚度为$0.8T$;Ⅳ区包括防吹坪、道肩,厚度为$(0.3~0.4)T$。

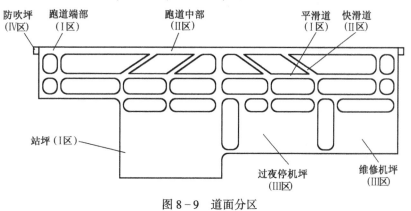

图8-9 道面分区

第四节 环境因素对道面的影响

机场道面结构体系直接暴露在大气中,经受着自然环境因素的影响。实践表明,很多道面受自然力的破坏比遭受所施加机轮荷载的破坏更为严重。温度和湿度是对道面结构有重要影响的自然环境因素。道面结构体系的温度和湿度状况随着周围环境的增加而变化。这些变化使道面体系的材料性质和状态发生相应的改变,例如,温度和湿度引起道面材料和土基土壤的强度和刚度的减少。图 8 - 10 给出了沥青混凝土动弹性模量随温度升高而降低的情况,图 8 - 11 所示为土基回弹模量随湿度增长而急剧下降的情况。

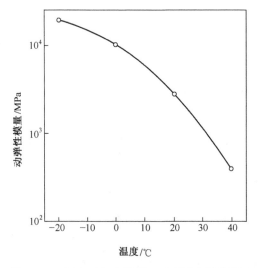

图 8 - 10 温度对沥青混凝土动弹性模量的影响

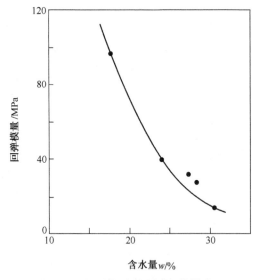

图 8 - 11 湿度对土基刚度的影响

另外,温度和湿度的变化也会改变道面材料和土基土的体积。温度和湿度是随环境而变化的,并且沿深度呈不均匀分布。当这种不均匀的体积变化受到各种因素的影响制约而不能实现时,道面结构内便会产生附加的内应力,即温度和湿度应力。

材料的力学性质随温度和湿度的变化,将使得道面结构设计材料计算参数的选取复杂化。各种材料随温度、湿度而产生的物理状态不断变化,则会使得道面结构即使没有受到车轮荷载的作用也会在自然因素的影响下逐渐破坏;或者在机轮荷载的叠加影响下使得道面损坏的速率加快。为此,在进行道面结构的分析和设计的时候,应考虑自然因素的影响。其中以自然因素影响下道面体系内的温度和湿度变化情况为主,而温度状况主要讨论道面面层结构内的变化。湿度状况则以土基为主。

影响土基水温状况的一些因素(降水、蒸发、温度)具有明显的季节性和地区性,在一年四季内按各地区的不同规律发生着变化。相应地,道面土基的强度也发生着季节性变化并存在着地区性差异。在季节性冰冻地区,由于气候大幅度地变化,使土基的强度出现明显的积极性,如图 8-12 所示。在季节性冰冻地区,春融季节土基的强度最低。在无冰冻的温暖地区,气候因素的变化幅度不大,但其降雨量多,土基一般在雨季强度最低。

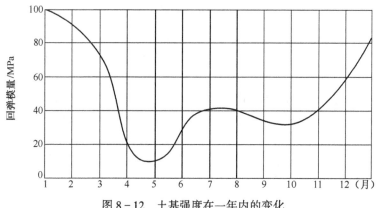

图 8-12 土基强度在一年内的变化

大气的温度在一年四季和一昼夜之间发生着周期性的变化,受大气直接影响的道面温度也相应地在一年之间和一日之间周期性地变化。图 8-13、图 8-14 分别显示了夏季晴天沥青面层和水泥面层内温度的变化结果。图中显示的规律表明,道面表面的温度周期性起伏,同大气温度的变化几乎同步。但是由于道面能够吸收部分太阳热量,道面表面的温度较气温高。面层结构内不同深度处的温度同样随气温的变化呈周期性变化,升降的幅度随深度的增加而减小,其峰值的出现也随着深度的增加而越来越滞后。

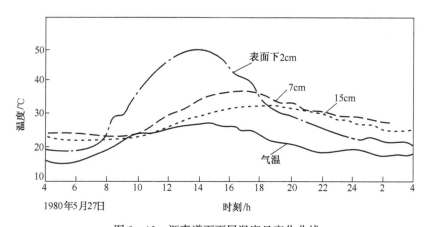

图 8-13 沥青道面面层温度日变化曲线

143

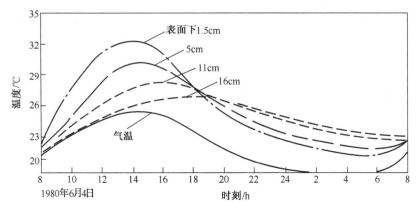

图 8-14 水泥混凝土道面面层日变化曲线

水泥混凝土板内温度状况的不断变化,使板发生位移和变形。平均板温一天或一年内的变化,会产生一定的板长变化;板截面上温度的不均匀分布,会使板产生翘曲变形。当板长变化和翘曲变形受阻时,板内便产生温度伸缩应力和翘曲应力。为消除或减小水泥混凝土板因尺寸过大而产生的收缩应力和翘曲应力,水泥混凝土道面必须进行分块设计,即用接缝将水泥混凝土道面面层分割为一块一块的道面板,从而防止不规则裂缝的产生,保持道面外观整齐。同时,水泥混凝土板与沥青面层相接处也要进行特殊设计,主要是为了防止混凝土板的接缝在温度下降与升高的情况下引起沥青面层开裂与推移。

除了温度与湿度对道面产生影响以外,还不得不考虑飞机尾喷气流、漏油对机场道面的不良作用。《民用机场沥青混凝土道面设计规范》(MH 5010—1999) 要求,在跑道两端及其联接的平行滑行道两端150~200m 长度范围宜考虑做成水泥混凝土道面结构。站坪或停机坪如采用沥青混凝土道面,其机位部分应设计为水泥混凝土道面。也主要基于上述考虑。

喷气式飞机发动机喷出的高温高速气流,在喷口附近的气流温度可达到850~900℃,最高速度可到180m/s。这样的喷气流,以一个类圆锥体散布到很远的距离,扩散至道面上。在道面表面的温度可达到150~200℃,速度为50~60m/s。为保证机场的安全运行,国际民航组织规定,当气流速度超过56km/h 时。人员和车辆的活动应避开。

喷气流与道面接触处的温度主要取决于发动机的类型、喷口高度、发动机轴线倾角、作用时间的长短和当时的道面温度。试验表明,水泥混凝土材料可以承受500℃的高温而不致发生破坏,因此,飞机的尾喷气流对水泥混凝土道面不会产生影响。沥青混凝土道面由于沥青材料的温度敏感性,在温度超过60℃时,就会发软,影响沥青混凝土的强度。因此,飞机的尾喷气流对沥青道面会产生影响。飞机尾喷气流对道面温度的提高有一个加热过程,需要有一定的时间。经实测表明,只要飞机尾喷气流对道面某一处作用的时间不超过2~3min,就不致引起沥青道面的损坏。在某些飞机停留时间长的地段采用水泥混凝土道面,则是一种比较好的控制飞机尾喷气流、漏油不利影响的方法。

第五节 机场道面的抗滑要求

机场道面表面要求主要是抗滑性和平整度方面的技术要求。道面具有足够的摩阻力和平整度才能保障飞机起降、滑行的安全、平稳。

一、机场道面抗滑要求概述

为了满足航空运输的需要,要求机场道面允许飞机在较恶劣的气象条件下进行起飞和着陆。这样,机轮与道面间必须具有足够的摩阻力,这是防止飞机制动时打滑和方向失控的重要保证。大型民用运输机对着陆时的操纵和制动的可靠性有较高的要求,而这种可靠性在很大程度上取决于机轮与道面之间有无足够的摩阻力。因此,机场道面的防滑问题是飞机起跑的安全问题。

表示机场道面抗滑性的主要指标有道面摩阻系数和道面粗糙度。影响轮胎与道面之间摩擦系数大小的因素很多,诸如飞机滑行速度、道面粗糙度、道面状态(干燥、潮湿或被污染)、轮胎磨损状况、胎面的花纹、轮胎压力、滑溜比等。

道面的粗糙度也称为纹理深度,系指道面的表面结构,包括宏观构造(粗纹理)与微观构造(细纹理)。粗纹理是指道面表面外露集料之间的平均深度,可用填沙法等方法测定;细纹理是指集料自身表面的粗糙度,用磨光值表示。道面表面的纹理构造使道面表面雨天不会形成较厚的水膜,避免飞机滑跑时产生"水上漂滑"现象。在飞机滑跑速度不高时,道面表面的水来得及从滚动的机轮下排出,一部分水则被控制在集料表面的纹理之中。这时,轮胎同道面表面能保持有摩阻作用的接触。细纹理对潮湿表面的抗滑起决定作用。当滑跑速度较高时,粗纹理对道面抗滑起决定作用,其功能是提供排水通路,使道面表面的水能从高速滚动的机轮下迅速排出,从而避免形成水膜,使轮胎仍能同道面保持接触。而纹理提供的低速抗滑效在高速滑跑的条件下仍能发挥作用。显然,飞机滑跑速度越大,为迅速排出表面水所需要的纹理深度越大。因此,在道面设计和施工时,应当有效地控制道面表面的纹理深度,以获得足够的道面摩阻力。

二、机场道面防滑要求

1. 水泥混泥土道面的防滑要求

水泥混凝土道面的表面均有 3~5mm 的水泥砂浆层,它是由水泥石和砂粒构成的。其表面的纹理形成许多微凸体,当轮胎与其接触时,发生在接触面上的情形如图 8-15 所示。在接触面上产生的摩阻力,分别由黏附作用和变形作用产生的两个摩阻力组成。当道面光滑时(没有纹理),变形分力减小;当道面湿润(有水膜)或有其他介质时,则黏附分力减小。所以,增大道面的纹理深度或保持道面处于干燥洁净状态,都能有效地增大水泥混凝土道面的摩阻系数。

纹理深度与道面摩擦系数之间存在密切关系,所以对跑道道面纹理深度有严格的要求。国际民用航空公约建议新建跑道道面的平均纹理深度不应小于1mm。我国《民用机场飞行区技术标准》规定:跑道的平均纹理深度不应小于 0.8mm。该规定未区分新建道面和旧道面。《民用机场水泥混凝土道面设计规范》(MH/T 5004—2010)规定:道面的表面平均纹理深度,跑道及快速出口滑行道不得小于 0.8mm,其余滑行道及机坪不得小于 0.4mm。

提高水泥混凝土道面的抗滑性最理想的办法是刻槽与拉毛相结合。《飞行区技术标准》规定:多雨地区、飞行区指标为4D 以上的跑道,宜在修建跑道时刻槽。刻槽范围纵向

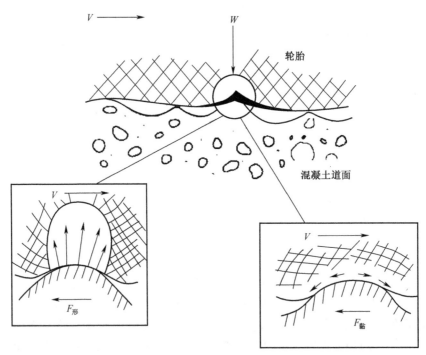

图 8-15 水泥道面防滑示意图

为跑道全长、横向为跑道宽度的 2/3。槽的宽和高均为 6mm，槽间距 32mm。刻槽的混凝土表面抗滑阻力高，纹理耐久性好，排水迅速，可以防止雨天飞机起降时候产生滑漂现象。但是采用刻槽施工方法施工，费用较高，所以国内应用很少。在繁忙的南方地区的大型机场，因降雨量大，跑道经常处于潮湿状态，适宜采用刻槽法对跑道的水泥混凝土道面进行施工或处理。另外，对摩擦系数达不到要求的旧道面，也可以采用刻槽法进行处理。

2. 沥青混凝土道面防滑要求

同水泥混凝土道面一样，沥青混凝土道面也采用摩擦系数和纹理深度表示其抗滑性能。在水泥混凝土道面中，作为胶结材料的水泥硬化后形成的水泥石具有较高的抗磨耗能力。而沥青作为粘结剂在施工成型后的道面中其抗磨耗能力较水泥石要低得多。因此，影响沥青道面抗滑性能的主要因素是石料的性质、颗粒级配、沥青质量和用量、施工质量等。

1) 石料性质

石料的磨耗值是评价石料抵抗摩擦、撞击和剪切等综合作用性能的指标，石料的压碎值是评价其在受压情况下破碎性能的指标。沥青道面中的集料是承担机轮荷载的主要骨架，为保持沥青道面表面抗滑性能的耐久性，必须对石料的磨耗值、压碎值和磨光值提出要求。同时，石料与沥青的黏附性能好坏将影响表面石料的稳定性。因此，应对石料与沥青的黏附性做出规定。

研究的实际观测表明，选用耐磨石料是提高沥青面层抗滑性能的根本措施。安山岩、玄武岩和辉绿石的抗滑性比石灰岩好。

2) 粒料级配

沥青道面表面的宏观构造是指表面石料间的孔隙，用纹理深度表示。粗糙的表面在飞机速度较高的情况下仍具有较大的摩擦系数。沥青道面的宏观构造水平取决于面层集料的级配。一个良好的级配,要求空隙率最小而总表面积也不大。前者的目的是要使集料本身最为密实,后者的目的是要使沥青量最为节省。集料的级配影响着颗粒裸露程度、尺寸大小和相互间距,而它们又影响着道面摩擦系数的大小。

3) 沥青质量和用量

沥青质量对保证机场道面的质量至关重要。沥青应符合《民用机场沥青混凝土道面设计规范》中"机场道面石油沥青技术要求"的规定。机场道面与公路路面相比,承受的荷载大、轮胎压力高,对道面稳定性、耐久性及抗滑性能都有较高的要求。

沥青用量对道面表面构造影响大。沥青用量过多,孔隙被填满,沥青容易溢出表面,淹没集料,形成光面,纹理深度减小,抗滑性能降低;沥青用量过少,集料外露过多,虽然纹理深度较大,但集料容易脱落,使道面过早损坏,影响抗滑耐久性。

沥青道面的纹理深度和摩擦系数要求与水泥混凝土道面相同。

3. 跑道摩阻系数

对跑道和加铺后的跑道应进行评价,以确定湿道面的摩阻特性。尽管认为道面的摩阻值随着使用而逐渐减小,但道面摩阻值表达了尚未受到机轮橡胶沉淀污染的、跑道中央相对较长部分的摩阻,因而对飞机运行有重要价值。道面摩阻的评价测试应在清洁道面上进行。如果测试前不能清洁道面,为完成初步的测试报告可在跑道中央的一部分干净道面上进行测试。

习题与思考题

1. 跑道需要满足的使用要求有哪些?
2. 道面可以分为哪几类?何为柔性道面?
3. 为何跑道、滑行道、机坪的受载条件不同?
4. 为什么温度、湿度可以影响到道面的使用寿命?
5. 机场道面的一般构造是什么?为什么强度高的材料用在表层?

第九章 机场道面结构设计

第一节 概　述

一、机场道面的发展

机场道面主要指跑道、滑行道和机坪,是供飞机起飞、着陆、滑行和停放之用的露天层状承重结构物,是机场最重要的基础设施和服务资源。世界上第一个机场是在美国的卡罗莱纳州的基蒂·霍克附近的海滩上,莱特兄弟发明的飞机就是从这片海滩上起飞的。

在飞机出现的初期,机场跑道仅是一块草地或者一块平地,并没有专门修筑的机场道面。到第一次世界大战前,许多国家都修建了机场,这些机场的跑道也就是把地面平整压实。我国第一个机场是 1910 年在北京南苑的练兵场开辟的。

随着飞机质量和轮胎压力的增大,原有的土质道面不能满足飞机使用的要求,开始出现有铺装的道面。20 世纪 30 年代初期,开始用石料铺砌道面,也有用结合料铺装的道面,后来用沥青混凝土和水泥混凝土铺筑的道面也相继出现。第二次世界大战期间,喷气式飞机开始使用,喷出的气流到达地面的速度达到 60m/s,温度高达 200°C,土质、草皮和一般砂石道面已不能适应,于是到 40 年代沥青道面和水泥混凝土高级道面迅速得到应用。美国在第二次世界大战中修建了 300 多个水泥混凝土道面的机场。

机场道面是随着航空事业和飞机的发展而发展的,第二次世界大战以后,飞机的总质量和轮胎压力提高很快,军用歼击机的总质量由 5~6t 提高到 7~8t,大型运输机的质量更大,美国 C-17 最大起飞质量达到 260t,苏联安-225 战略重型运输机最大起飞质量达到 600t,我国将生产 200t 的军用运输机。轮胎压力由 0.7~0.8MPa 增加到 1.5MPa。对机场道面也提出了更高的要求,不仅要求道面有足够的承载能力,还要求具有良好的平整性和抗滑能力,因此现代机场都修建坚固耐用的机场跑道,以水泥混凝土和沥青混凝土材料为主。

根据国际民航组织 1999 年公布的资料,在 147 个成员国共计 1038 个机场的 1718 条跑道中,沥青跑道占 62.6%,水泥跑道占 25.2%,其他类型的跑道占 12.2%。欧洲沥青路面协会 2003 年对欧美机场进行了统计,362 个机场中沥青混凝土道面占 62.4%,可见在机场道面结构中沥青道面较多。亚洲一些国家,如日本、泰国、巴基斯坦等国家的军用机场大部分也都是沥青跑道。在 20 世纪 80 年代以前我国几乎是清一色的水泥混凝土跑道,据统计水泥跑道占 87%,沥青跑道仅占 6%,其他跑道为 7%。90 年代以来,这种局面有了很大的改观,为适应民航交通事业的发展,相继在上海虹桥机场、桂林机场、南京大校场机场、厦门机场、北京首都机场、天津机场等,在原水泥跑道上加铺了沥青道面。

二、道面设计内容与方法

道面设计的任务在于提供一个经济而可靠的道面结构,它在预定的设计使用期内能承受飞机荷载和环境因素的作用,具有符合使用要求的性能。同时,这种道面结构所需的材料、施工设备和技术,符合当地所能提供的条件和经验。

道面设计使用期是指新建或改建道面的使用性能达到预定的最低可接受水平时所经历的时段。设计期可用年数表示,也可用该时段内设计飞机的累计运行次数表示。设计期规定的长,所需道面结构厚,初期投资大;规定的短,虽然初期投资可减少,但改建周期短。设计期一般为 15~30 年。

道面设计的内容主要包括:
(1) 道面类型和结构选择;
(2) 各结构层材料组成设计;
(3) 道面结构设计,确定满足交通要求和适应环境条件的各结构层所需厚度;
(4) 经济评价和最终方案选择。

本书主要介绍道面结构设计方法,其他各部分内容参见有关书籍。

道面结构设计方法,可以分为两大类:经验法和力学—经验法。前者通过试验路的试验观测,积累大量有关道面结构、飞机荷载大小和运行次数以及使用性能之间关系的数据,经过整理后建立这三方面的经验关系式,据此按设计飞机和运行次数设计道面结构,如美国联邦航空局(FAA)的传统 CBR(加州承载比)法、我国的民用机场沥青道面设计方法等。力学—经验法则是建立道面结构的力学模型,通过应力和应变的分析以及同材料容许应力和应变的对比,确定所需的道面结构,属于这一类的有美国沥青协会的沥青道面设计方法、美国 FAA 的弹性层状体系设计法、美国波特兰水泥协会(PCA)和我国的水泥混凝土道面设计方法等。

国际机场的道面结构要为各国航空公司的飞机起飞和着陆服务。为了便于这些公司判别道面结构强度能否承受他们的飞机荷载,国际民航组织(ICAO)制定了一套道面强度评价和报告方法,称作 ACN - PCN 法。ACN 为飞机等级号,是飞机荷载的一种数码。PCN 为道面等级号,是道面结构承受飞机荷载能力的一种数码。PCN 若大于 ACN,则该飞机能使用该机场的道面起降。

第二节　沥青混凝土道面设计

沥青道面属于柔性道面,其最大优点是滑行舒适,同时修建方便,尤其是对于许多老机场来说,由于能够利用夜间航班结束后对道面进行补强或改建,从而避免了停航所造成的经济损失,显示了沥青道面维修不影响飞行的优越性,目前被国际上很多大型民用机场所采用。国际上民用机场沥青混凝土道面的设计方法可以分为两种:经验法和力学—经验法。

一、经验法

最早的沥青道面设计方法是美国陆军工程兵在 20 世纪 40 年代提出的加州承载比(CBR),这是比较有代表性的柔性道面设计方法。CBR 最初是由加利福尼亚州公路局用于公路柔性路面的设计方法,后来美国陆军工程兵进行了改进,用于机场道面设计。该方法以 CBR 值作为路基土和路面材料(主要是粒料)的参数性能指标,以土基的抗剪强度作为设计指标,控制土基变形以及道面轮辙等损坏模式。通过足尺试验或现有道面的调查,建立起"CBR—轮载作用次数—路面结构层厚度(以粒料层的总厚度表示)"三者的经验关系。利用不同飞机起落架构型的关系曲线,按当量飞机年作用次数和土基的CBR值确定道面的总厚度及其结构层的厚度,如图9-1所示。

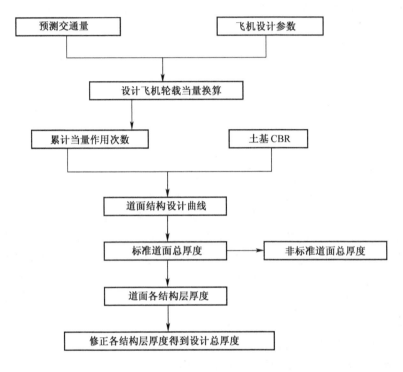

图9-1 CBR经验方法设计流程

20世纪70年代美国联邦航空局根据土壤分类、基层厚度和飞机总质量以及通行次数,提出的机场柔性道面设计方法,也是以CBR作为基础的。加拿大运输部法(CDOT)是以加拿大机场的使用经验建立起来的,主要适用于季节性冻深比较严重的地区。我国民用机场的道面设计方法也属于CBR方法,本节主要介绍我国民航机场的设计方法。

二、力学—经验法

由各种不同材料以及土基组成的机场道面结构,在机轮荷载的作用下应力—应变关系是呈非线性特性,变形随着作用时间而变化,同时应力卸除后还有一部分变形不能恢复。但考虑到机轮作用的时间非常短,在道面结构中产生的塑性变形非常微小,可以忽略不计,所以将其视为线弹性体,用弹性层状体系理论来分析研究。

力学—经验法一般以弹性层状体系理论作为理论模型,以弹性模量和泊松比作为材料的设计参数,以沥青层底面的水平拉应变和土基顶面的竖向压应变作为设计控制指标,分别控制土基的永久变形和沥青混凝土的疲劳开裂两种主要的损坏模式。地沥青学会依据弹性层状体系理论解,提出了机场全厚度沥青道面的设计方法。我国军用机场的道面设计方法以弹性层状体系为理论基础,沥青面层和基层的层底拉应力为设计标准。

弹性层状体系是由若干个弹性层组成,上面各层具有一定的厚度,最下一层为弹性半空间体。应用弹性力学方法求解弹性层状体系的应力、应变以及位移时,采用如下基本假定:

(1) 各层是连续的、完全弹性的、均匀的、各向同性的,以及位移和形变是微小的;

(2) 最下一层在水平方向和垂直向下方向为无限大,其上各层厚度为有限、水平方向为无限大;

(3) 各层在水平方向无限远处及最下一层向下无限深处,其应力、形变和位移为零;

(4) 层间接触情况,或者位移完全连续(称连续体系),或者层间仅竖向应力和位移连续而无摩阻力(称滑动体系);

(5) 不计自重。

目前,沥青道面设计方法研究出现新的发展趋势,就是采用有限元分析与室内外试验相结合的方法,来建立更符合道面结构实际受力状态的分析模型。例如空中客车公司就开发出能够考虑沥青黏弹性的有限元模型来研究机场道面的结构响应。

三、我国民用机场沥青混凝土道面设计方法

1. 设计参数

1) 设计飞机

以设计使用年限内对道面作用最大的飞机作为设计飞机。设计飞机的主起落架上的单轮荷载以式(9-1)计算。

$$P_t = \rho \frac{G}{n_c m_w} \tag{9-1}$$

式中 P_t——设计飞机主起落架上的单轮荷载(kN);

G——设计飞机荷载(kN);

ρ——主起落架荷载分配系数;

n_c——飞机起落架个数;

n_w——一个起落架上的轮子数。

2) 设计年限

对于飞行区指标Ⅱ为C、D、E、F的机场采用15年,也可按特定使用年限要求。

3) 设计飞机的年运行次数

当机场有混合飞机使用时,需要将各类使用飞机的运行次数换算成设计飞机的运行次数。

运行次数的换算标准为当量单轮荷载(ESWL)。在一定道面结构的指定位置上,多轮起落架产生的弯沉与单轮荷载产生的弯沉相等,则此单轮荷载即为当量单轮荷载(ESWL),其中假定ESWL的接触面积与多轮中的一个轮胎的接触面积相等。

设当量单轮荷载轮印面积 $A_e = A_0$,当量单轮荷载轮印半径为 $r_e = r_0$,则有

$$A_0 = \frac{P_t}{1000q} \tag{9-2}$$

式中 A_0——飞机单轮荷载轮印面积(m^2);

q——飞机主起落架上单轮轮胎压力,MPa。

$$r_0 = 0.564\sqrt{\frac{P_t}{1000q}} \tag{9-3}$$

式中 r_0——单轮轮印半径(m)。

求出每个单轮在各个计算位置不同深度处产生的弯沉系数,并列表计算。根据下式求出最大弯沉系数曲线 F_{ns} 和最大弯沉位置 F_e:

$$F_{ns} = \max_{j}^{m} \sum_{i}^{n} F_{ij} \tag{9-4}$$

$$F_e = \max_{j}^{n} F_{ij} \tag{9-5}$$

式中 i——轮数;

j——计算位置。

计算在最大弯沉位置处当量单轮相对主起落架荷载的百分比 PRD。

$$\text{PRD} = \frac{F_{ns}}{nF_e} \tag{9-6}$$

式中 F_e、F_{ns}——当量单轮、n 个单轮主起落架产生的最大弯沉系数;

n——主起落架上的轮子数目。

对于不同的道面结构,当量单轮荷载是不同的。先初定道面结构厚度,然后按下式计算当量单轮荷载 ESWL 及胎压:

$$\text{ESWL} = W_p \frac{F_{ns}}{F_e} = PRD \cdot W_p \tag{9-7}$$

$$q_e = \frac{\text{ESWL}}{A_e} \tag{9-8}$$

式中 ESWL、W_p——飞机当量单轮荷载、一个主起落架荷载(kN);

q_e——当量单轮荷载的胎压(MPa)。

对于某型飞机,选择不同的深度,计算出当量单轮荷载 ESWL,可绘制出 PRD 的曲线;也可直接从相关资料中查得。图9-2为 A300-600 系列 ESWL 计算的 PRD 曲线。

按式(9-9),可将各种飞机的年运行次数换算成设计飞机的年运行次数。

$$N_s = \sum_{i=1}^{n}\sum_{j=1}^{2}\delta_i N_{ij} C \tag{9-9}$$

$$C = \sqrt{\frac{(\text{ESWL})_{ij}}{(\text{ESWL})_s}}$$

式中 N_s——换算后的设计飞机的年运行次数;

δ_i——每种飞机主起落架在道面横断面方向上的主轮数目,其值按表9-1的规范确定。

N_{ij}——拟换算飞机的年运行次数,由调查和预测确定,每年运行次数不同时,取设计年限内运行次数的年平均值;

i——代表设计机型;

j——代表起飞(=1)或着陆(=2);

$(\text{ESWL})_{ij}$——拟换算飞机主起落架的当量单轮荷载(kN);

$(ESWL)_s$——设计飞机主起落架的当量单轮荷载(kN)。

当$(ESWL)_{ij}/(ESWL)_s<0.5$时,该类换算飞机荷载可不计入。

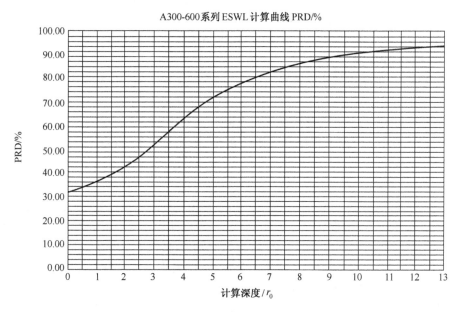

图9-2 A300-600系列ESWL计算的PRD曲线

表9-1 飞机主起落架在道面横断面方向上的主轮数δ_i(个)

飞机主起落架构型	δ_i
单轮	2
双轮	4
双轴双轮、三轴双轮	4
两个双轴双轮	8

4) 累计当量作用次数

设计年限内,设计飞机累计当量作用次数按式(9-10)计算。

$$N_e = \Delta \cdot N_s \cdot Y_n \tag{9-10}$$

式中 N_e——设计年限内,设计飞机累计当量作用次数;

N_s——换算为设计飞机的年运行次数;

Δ——飞机机轮横向累计作用分布系数,因道面宽度不同采用不同数值,其值按表9-2的规范确定;

Y_n——设计年限。

表9-2 飞机荷载横向累计作用分布系数Δ

道面宽度/m	Δ
18	0.05
23	0.04
30	0.03
45	0.02(单轴双轮)/0.03(双轴双轮)
60	0.01(单轴双轮)/0.03(双轴双轮)

5）厚度疲劳修正系数

道面厚度疲劳修正系数 α 与飞机累计作用次数和主起落架在横断面方向上的轮数有关。采用 FAA 的试验研究成果。

$$\alpha = 0.23\lg N_e + 0.15 \tag{9-11}$$

6）设计的 CBR 值

设计的 CBR 值是通过土质调查,在室内或现场 CBR 试验后确定道面下土基的 CBR 值。其步骤如下：

（1）预备性调查。根据设计要求调查地形、土层断面、各土层物理性质、强度及地下水位等资料。最小土层厚度根据设计荷载确定。E 类飞机为 200cm，D 类飞机为 150cm，C 类飞机为 100cm。

（2）CBR 试验。

① 室内 CBR 试验。取样应避开雨季和融冰期。土基为单一土质时,填方用土应在取土场天然表面 50cm 以下取样。在挖方区取样,应在土基表面 50cm 以下取样,取样要取扰动土。对数层不同土质组成的土基,要逐层分别取样。若自然地基土层厚度不足 20cm 可省略不取,比照上下土层数值而定。不足 30cm 的换土厚度、隔离层都不参与计算。

试验时大于 38mm 的颗粒去掉。在天然含水量状态下,将土样分 3 层装入试模。各层均锤击 45 次,求浸水 4 天后的 CBR。试验荷载根据设计荷载分类采用（设计荷载为 D、E 类飞机时,试验用荷载 0.15kN；C 类飞机时,试验用荷载 0.10kN）。

② 现场 CBR 试验。试验应在一年中土基最湿润的季节进行。不同地点、不同土质的各层都要逐一试验,其试验荷载根据设计荷载分类采用,与室内 CBR 试验一致。每一点每一土层做 3 个试验。

如果试验时土基并非全年最不利状态,用式（9-12）对现场 CBR 值加以修正。

$$\mathrm{CBR}_x = \mathrm{CBR}_y \times \frac{\mathrm{CBR}'}{\mathrm{CBR}} \tag{9-12}$$

式中 CBR_x——修正后的 CBR 值；

CBR_y——现场 CBR 值；

CBR'——非扰动的试件浸水 4 天的 CBR（3 个平均值）；

CBR——非扰动的试件不浸水 4 天的 CBR（3 个平均值）。

③ 各点的 CBR 值。某点的 CBR 值按式（9-13）计算。如果某层的 CBR 较下层的 CBR 小,此层的厚度要把下一厚度加上,被加的那一层就不作为一层参与计算。

$$\mathrm{CBR}_m = \left(\frac{h_1 \mathrm{CBR}_1^{1/3} + h_2 \mathrm{CBR}_2^{1/3} + \cdots + h_n \mathrm{CBR}_n^{1/3}}{h} \right)^3 \tag{9-13}$$

式中 CBR_m——某点的综合 CBR 值；

$\mathrm{CBR}_1, \mathrm{CBR}_2, \cdots, \mathrm{CBR}_n$——第 $1, 2, \cdots, n$ 层的 CBR；

$h_1, h_2, \cdots h_n$——第 $1, 2, \cdots, n$ 层的土层厚度，$h_1 + h_2 + \cdots + h_n =$ 土基厚度。

④ 设计 CBR。在同一道面厚度的铺筑地区,可以根据拟建道面区的挖方和填方区来分类,分别计算各区的平均 CBR'_m。设计 CBR 按式（9-14）计算。

$$\mathrm{CBR}_s = \mathrm{CBR}'_m - \frac{\mathrm{CBR}_{\max} - \mathrm{CBR}_{\min}}{d'_2} \tag{9-14}$$

式中 CBR_s——某区段内土基设计 CBR 值;

CBR'_m——各点 CBR 平均值;

CBR_{max}, CBR_{min}——各点 CBR 最大、最小值;

d'_2——系数,其值见表 9-3。

表 9-3 系数 d'_2 值

n	d'_2	n	d'_2	n	d'_2	n	d'_2	n	d'_2	n	d'_2
2	1.694	6	3.801	10	4.617	14	5.111	18	5.460	22	5.729
3	2.547	7	4.059	11	4.760	15	5.208	19	5.534	23	5.787
4	3.089	8	4.271	12	4.887	16	5.298	20	5.603	24	5.843
5	3.489	9	4.455	13	5.004	17	5.832	21	5.667	25	5.897

注:n 是点数

2. 道面结构厚度计算

沥青混凝土道面结构厚度计算分为标准道面结构厚度计算以及修正计算。修正计算包括:

(1) 混合机型运行架次换算成设计飞机的累积当量作用次数对道面结构厚度的疲劳系数修正;

(2) 非关键部位道面结构厚度的折算;

(3) 特殊地区(如冻土深度)对道面结构厚度的修正。

1) 标准道面结构厚度计算

标准道面结构总厚度依据当量单轮荷载(ESWL)和土基承载强度(CBR)来进行计算,其设计累积作用当量次数为 5000 次,如式(9-15):

$$t = 1.78 \times \sqrt{\left(\frac{56.2}{CBR} - \frac{1}{q_e}\right) \times ESWL} \qquad (9-15)$$

式中 t——沥青混凝土标准道面结构厚度(cm);

ESWL——当量单轮荷载(kN);

q_e——当量单轮的胎压(MPa);

CBR——道槽土基的设计 CBR。

2) 道面结构厚度的确定

在计算设计飞机的当量单轮荷载(ESWL)时,需要先确定道面结构总厚度。因此,先假定道面结构总厚度 T_0。然后,再按式(9-15)计算标准道面结构厚度 T_n,并要求满足式(9-16)。若不满足,则重新假设 T_0,重新计算设计飞机的当量单轮荷载(ESWL),再按式(9-15)计算标准道面结构厚度 T_n,直至满足式(9-16)为止。

$$|T_n - T_0|/T_n \leqslant 5\% \qquad (9-16)$$

3) 标准道面结构厚度的疲劳修正

对使用该机场的其他飞机计算出其当量单轮荷载(ESWL)。根据跑道风力负荷、飞机机轮横向累计作用分布系数 Δ 等,将其他类型代表飞机的年运行次数按式(9-9)换算成设计飞机的累积当量作用次数 N_e。

当 $N_e = 5000$ 次,则道面结构厚度为

$$T = T_n \qquad (9-17)$$

当 $N_e \neq 5000$ 次,则道面结构厚度为

$$T = \alpha T_n \qquad (9-18)$$

式中 α——标准道面结构疲劳系数,由式(9-11)确定。

4) 道面结构分层厚度设计

沥青道面结构厚度确定后,结构层内各层的厚度则采用符合规定最小值的方法来确定。

(1) 面层厚度。面层内各层最小厚度应符合表9-4的规定。

表9-4 面层内各层最小厚度

设计荷载分类	N_e 分级	上面层/cm	中面层/cm	下面层/cm	代表飞机	机型系列
LE	a≤5000	4	5	5	B747-400	B747
	b≤15000	4	5	5		MD11
	c≤25000	5	5	6		A340
	d>25000	5	5	6		B777
LD	a≤5000	4	4	4	A300-B4	A300
	b≤15000	4	5	5		B767,B757
	c>15000	5	5	5		A310
LC	a≤5000	4	5	/	MD82	MD82
	b≤15000	4	5	5		B737
	c>15000	4	5	5		

注:如道面刻槽,则上面层厚度在表列数值上加 1cm

(2) 半刚性基层最小厚度。半刚性基层最小厚度应符合表9-5的规定。热拌沥青碎石作基层的最小厚度为10cm。

表9-5 基层最小厚度

设计荷载分类	N_e 分级	上基层/cm	底基层/cm	代表飞机	机型系列
LE	a≤5000	15(17)	15(17)	B747-400	B747
	b≤15000	16(18)	16(18)		MD11
	c≤25000	17(19)	17(19)		A340
	d>25000	18(20)	18(20)		B777
LD	a≤5000	15(17)	15(17)	A300-B4	A300
	b≤15000	16(18)	16(18)		B767,B757
	c>15000	17(19)	17(19)		A310
LC	a≤5000	15(17)	15(17)	MD82	MD82
	b≤15000	15(17)	15(17)		B737
	c>15000	15(17)	15(17)		

注:1. 土基修正 CBR 值≤6%的场地,取表中括号值。
2. 热拌沥青碎石用作基层的最小厚度为10cm。

(3) 基层材料的当量系数。

① 沥青混凝土的当量系数为 1.7~2.0;用作基础层的旧水泥混凝土的当量系数为 2.0。

② 基层、底层材料的当量系数为符合表 9-6 的要求。

③ 设计荷载 LE/LD 类使用的道面采用表 9-6 中的低值;LC 及 LC 类以下的机型使用的道面采用表 9-6 中的高值。

④ 设计荷载 LE/LD 类使用的道面,经材料当量系数换算减薄厚度的道面结构厚度应不小于换算前总厚度的 80%,LC 及 LC 类以下的机型使用的道面,经材料当量系数换算减薄后的道面结构厚度应不小于换算前总厚度的 70%。若不满足,可增加材料类垫层的厚度以达到上述要求。

⑤ 当量系数换算减薄后的道面结构厚度必须大于土基顶面修正 CBR 值为 20% 时所需要道面结构总厚度。

表 9-6 基层、底基层材料技术要求和当量系数

层位	材料组成	技术要求	当量系数
基层	沥青碎石	击实 50 次的马歇尔稳定度 ≥5000N	1.2~1.6
	碾压水泥混凝土	7 天无侧向抗压强度 ≥15MPa	1.4~1.7
	水泥稳定粒料类	7 天无侧向抗压强度 ≥4.0MPa	1.2~1.6
	石灰粉煤灰稳定粒料类	7 天无侧向抗压强度 ≥1.2MPa	1.1~1.3
底基层	水泥稳定类	7 天无侧向抗压强度 ≥2.0MPa	1.5~2.0
	石灰粉煤灰粒料类	7 天无侧向抗压强度 ≥0.8MPa	1.2~1.5
	石灰稳定类	7 天无侧向抗压强度 ≥0.8MPa	1.2~1.4
	级配碎石、砾石	级配碎石、砾石的修正值 CBR≥80%,通过 0.4mm 筛子的部分塑性指数 <4	1.0
	天然砾石	天然砂砾石的修正值 CBR≥80%,通过 0.4mm 筛子的部分塑性指数应小于 6	1.0

注:石灰采用袋装磨细生石灰(二级以上)

第三节 水泥混凝土道面设计

机场水泥混凝土道面,除水泥混凝土预制铺砌块道面外,包括普通混凝土、钢筋混凝土、连续配筋混凝土、预应力钢筋混凝土、钢纤维混凝土以及复合式混凝土道面。其中以普通混凝土道面应用最为广泛,钢筋混凝土道面仅在机场局部范围采用。国内民用机场尚未使用过连续配筋混凝土、预应力钢筋混凝土道面、钢纤维混凝土以及复合式混凝土道面,这几种道面造价高、施工工艺较复杂,并且缺少成熟的设计理论、设计参数以及使用经验,本书对此不做介绍。

水泥混凝土道面的设计方法,主要有波兰特水泥协会、联邦航空局、美国陆军工程兵设计法等,它们的理论依据是威斯特卡德的弹性地基板理论。

我国《民用机场水泥混凝土道面设计规范》(MH/T 5004—2010)则采用文克勒地基理

论,计算板边临界荷位时的应力作为混凝土板厚计算的依据。

文克勒地基是以反力模量 k 表征的弹性地基。它假设地基上任一点的反力仅同该点的挠度成正比,而与其他点无关,即地基相当于由互不相联系的弹簧组成,如图 9-3 所示。

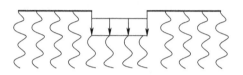

图 9-3 文克勒地基

这一假说首先由捷克工程师文克勒(E. Winkler)提出,故称文克勒地基。地基反力 $q(x,y)$ 与该点的挠度 $W(x,y)$ 的关系为

$$q(x,y) = KW(x,y) \quad (9-19)$$

式中　q——地基反力(MPa);

　　　K——地基反力模量(MPa/m);

　　　W——挠度(m)。

我国《军用机场水泥混凝土道面设计规范》(GJB 1278A—2009)采用弹性半空间地基上弹性薄板理论和考虑接缝传荷能力的有限元法计算板的荷载应力,按照混凝土的疲劳强度确定道面厚度。

弹性半空间地基是以弹性模量和泊松比表征的弹性地基。它假设地基为一各向同性的弹性半无限体(故又称半无限地基)。地基在荷载作用范围内及影响所及的以外部分均产生变形,如图 9-4 所示。

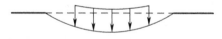

图 9-4 弹性半空间地基

其顶面上任一点的挠度不仅同该点的压力,也同其他各点的压力有关,即

$$q(x,y) = f[W(x,y)] \quad (9-20)$$

下面主要介绍我国民航机场新建水泥混凝土道面板厚设计。

一、设计参数

1. 设计年限

水泥混凝土道面的设计年限宜采用 30 年,也可按特定使用要求确定。

2. 飞机轮载

飞机主起落架上的轮载 P_t,参见式(9-1)。

常用的飞机参数可参考《民用机场水泥混凝土道面设计规范》(MH/T 5004—2010)的附录 A。

3. 累计作用次数

设计年限内,飞机累计作用次数按式(9-21)确定。

$$n_e = \frac{0.75 n_w W_t}{1000T} N_s t \qquad (9-21)$$

式中 n_e——设计年限内飞机累计作用次数;

W_t——飞机主起落架一个轮印的宽度(mm),按《民用机场水泥混凝土道面设计规范》(MH/T 5004—2010)第5.0.2条的规定确定;

T——通行宽度(m),可取2.3m;

N_s——设计年限内该飞机平均运行次数,根据调查和预测确定;

t——设计年限。

4. 土基反应模量

土基反应模量 k_0 值宜在现场用承载板试验确定,测试方法见《民用机场水泥混凝土道面设计规范》附录B;在无测试条件时,可根据现场土基情况和经验确定。

5. 基层顶面反应模量

基层顶面反应模量 k_j 值可根据土基反应模量 k_0 值和基层当量厚度 h_{je} 值查图9-5确定,其中基层当量厚度 h_{je} 值由基层各材料层的厚度乘以其相应的当量系数相加而得,各种基层材料的当量系数值可参照表9-7选用。

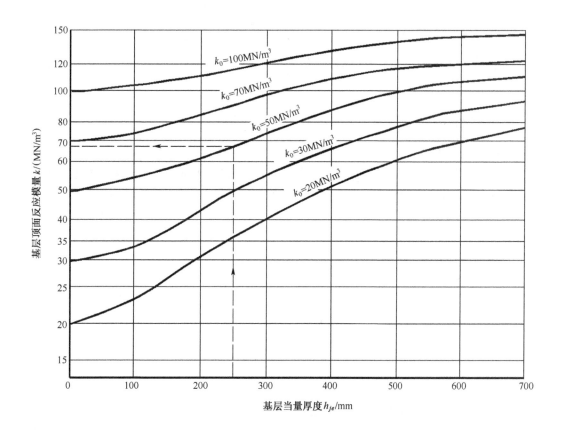

图9-5 基层顶面反应模量

表9-7　基层材料的当量系数

材料名称	当量系数	材料名称	当量系数
天然砂砾	0.6~0.9	石灰粉煤灰碎(砾)石	1.2~1.4
混石	0.6~0.8	水泥砂砾	1.2~1.4
级配碎(砾)石	0.8~1.0	水泥碎石	1.3~1.5
干压碎石(填隙碎石)	0.9~1.1	沥青碎石	1.3~1.5
石灰土	0.9~1.3	沥青混凝土	1.6~1.8
二灰、二灰土	1.0~1.3	贫混凝土	1.6~1.8
石灰碎(砾)石土	1.1~1.3	碾压混凝土	1.8~2.0

6. 水泥混凝土设计强度

道面水泥混凝土的设计强度，应采用28天弯拉强度。

飞行区指标Ⅱ为A、B的机场，其混凝土设计弯拉强度不应低于4.5MPa；飞行区指标Ⅱ为C、D、E、F的机场，其混凝土设计弯拉强度不应低于5.0MPa。

7. 水泥混凝土弯拉弹性模量和泊松比

水泥混凝土弯拉弹性模量可参照表9-8选用。

表9-8　水泥混凝土弯拉弹性模量

设计弯拉强度 f_{cm}/MPa	4.5	5.0	5.5
弯拉弹性模量 E_c/MPa	36000	37000	38000

水泥混凝土泊松比 μ_c 可采用0.15。

二、普通混凝土板厚计算

1. 临界荷位

飞机荷载在混凝土板内产生最大应力时的临界荷位，可取机轮位于板缝处且与板缝相切的位置。主起落架为单轮、双轮、双轴双轮以及三轴双轮时，其临界荷位如图9-6所示。图中虚线荷位为计算比较荷位，如其应力计算结果较大，则应采用虚线荷位作为临界荷位。

2. 板边应力计算

板边应力的计算如下：

（1）确定机轮轮印尺寸。

按式(9-22)、式(9-23)确定飞机主起落架一个轮印的长度 L_t 和宽度 W_t。

$$L_t = \sqrt{\frac{P_t \times 10^4}{5.227q}} \quad (9-22)$$

式中　L_t——轮印长度(mm)；

　　　q——飞机主起落架轮胎压力(MPa)。

$$W_t = 0.6L_t \quad (9-23)$$

式中　W_t——轮印宽度(mm)。

飞机轮印形状如图9-7所示。

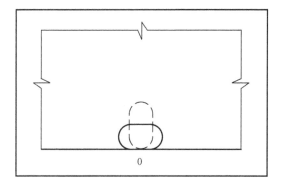

(a)单轮

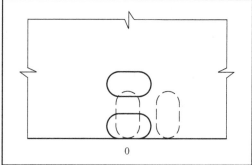

(b)双轮

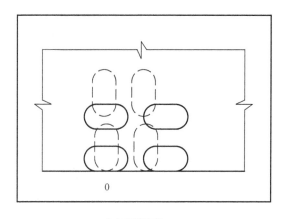

(c)双轴双轮

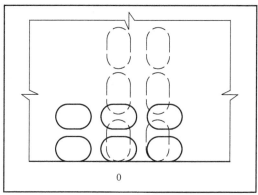

(d)三轴双轮

图 9-6 临界荷位

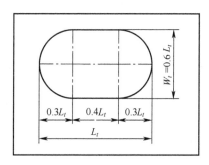

图 9-7 轮印形状

(2) 计算混凝土道面的刚度半径。

初估所需要的混凝土板厚度 $h(\text{mm})$，按式计算道面刚度半径：

$$l_p = \sqrt[4]{\frac{E_c h^3 \times 10^3}{12(1-\mu_c^2)k_j}} \quad (9-24)$$

式中 l_p——混凝土道面刚度半径(mm)；

μ_c——混凝土泊松比。

（3）确定影响图上的块数。

飞机的一个主起落架的轮印,覆盖在板边弯矩影响图上,并求出轮印范围内的小格数量。

主起落架的轮印尺寸需要绘制在透明纸上,透明纸上的尺寸按式(9-25)和式(9-26)计算。

$$L'_t = \frac{l'_p L_t}{l_p} \qquad (9-25)$$

式中　L'_t——透明纸上的轮印长度(mm)。

$$W'_t = 0.6 L'_t \qquad (9-26)$$

式中　W'_t——透明纸上的轮印宽度(mm)。

一个轮印的尺寸确定后,将一个主起落架轮子之间的距离(单轮除外),按比例绘在透明纸上,然后将画好的起落架轮印图,按临界荷位覆盖在板边弯矩影响图(图9-8)上,求出在轮印范围内的小格数之和 N_b。

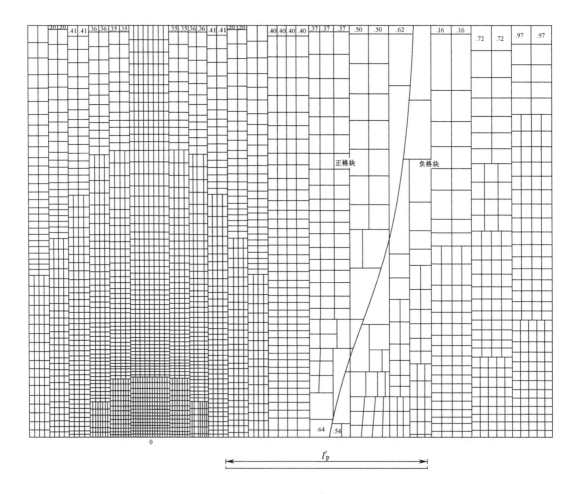

图9-8　板边弯矩影响图

(4) 计算板边弯矩。

板边弯矩按式(9-27)计算：

$$M_e = q l_p^2 N_b \times 10^{-10} \quad (9-27)$$

式中 M_e——板边弯矩(MN·m/m)；

N_b——影响图上轮印范围内的小格块数。

(5) 计算板边应力。

板边应力按式(9-28)计算：

$$\sigma_e = \frac{6M_e}{h^2} \times 10^6 \quad (9-28)$$

式中 σ_e——板边应力(MPa)；

板边计算应力是考虑接缝影响的板边应力，按式(9-29)计算：

$$\sigma_p = (1-\beta)\sigma_e \quad (9-29)$$

式中 σ_p——板边计算应力(MPa)；

β——应力折减系数，企口缝、假缝及传力杆平缝可采用0.25。

3. 飞机的容许作用次数

飞机的容许作用次数，按式(9-30)计算：

$$N_e = 10^{(14.048-15.117\sigma_p/f_{cm})} \quad (9-30)$$

式中 N_e——飞机的容许作用次数。

4. 板厚计算

当有多种(m种)飞机作用时,应分别计算出每种飞机的累计作用次数与容许作用次数,并代入式(9-31)。如所估混凝土板厚度h满足该式的要求,则可将此初估厚度h作为设计板厚,否则,应重估混凝土板厚度进行计算,直至符合要求。

$$\sum_{i=1}^{m} \frac{n_{ei}}{N_{ei}} = 0.80 \sim 1.1 \quad (9-31)$$

式中 n_{ei}——某种(第i种)飞机的累计作用次数；

N_{ei}——某种(第i种)飞机的容许作用次数。

5. 跑道混凝土板的减薄

跑道端部、平行滑行道以及其他主要滑行道可采用相同的混凝土板厚度。

跑道宽度不小于45m并且设有平行滑行道时,跑道中段(距跑道两端入口的距离不小于800m的范围)的混凝土板可减薄至跑道端部混凝土板厚度的0.9倍。

跑道宽度不小于45m并且设有平行滑行道时,跑道横断面两侧的混凝土板经技术经济比较可适当减薄,并满足以下要求：①距跑道中心线0.3倍跑道宽度范围内不应减薄；②在有滑行道或者规划滑行道穿越处不应减薄；③两侧混凝土板减薄后的厚度不应小于同一横断面处中部混凝土板厚度的0.8倍；④两侧混凝土板的减薄应采用过渡板,不应突变,并且减薄后基层顶面应有坡向跑道外侧的横坡。

第四节 加铺层设计

原道面已达到或超过设计寿命而出现较严重损坏,或者虽未损坏而需承受比原设计更重的飞机时,需要在原道面上设置加铺层。加铺层可能有4种情况:旧沥青道面上加铺沥青面层,或者加铺水泥混凝土面层;旧水泥混凝土道面上加铺沥青面层,或者加铺水泥混凝土面层。道面加铺层设计按原道面状况分为改善原道面表面状况的罩面设计和增强原道面承载力的补强设计。

加铺层设计时,首先对旧道面的结构状况(各结构层的厚度和材料性质)和使用状况进行评定,然后按面层类型和交通要求,采用相应的新道面结构设计方法进行设计。

一、旧沥青道面上的加铺层

在旧沥青混凝土道面上采用沥青加铺层时,其设计步骤为:

(1) 对原有沥青混凝土道面进行技术调查,确定现有道面各结构层的厚度、地基和垫层的CBR值;
(2) 确定设计机型;
(3) 按照新建道面程序确定道面总厚度;
(4) 确定道面状况系数;
(5) 确定沥青混凝土加铺层厚度。补强加铺层的最小厚度规定为7.5cm。

沥青混凝土加铺层厚度计算公式为

$$h_c = t_c - \sum \alpha_i b_i - C_0 h \tag{9-32}$$

式中 t_c——换算成沥青混凝土的道面总厚度(cm);

$\sum \alpha_i b_i$——原道面基层和垫层换算成沥青混凝土总厚度(cm);α_i 取值参考表9-6,b_i 为原道面基层和垫层厚度;

C_0——原沥青混凝土道面状况系数,其取值参考表9-9;

h——原沥青混凝土面层厚度(cm)。

表9-9 沥青道面状况系数参考值

项目	道面分段	A	B	C
开裂率CR/%	跑道	>6.5	0.1~6.5	<0.1
	滑行道	>12.7	0.9~12.7	<0.9
	机坪	>17.0	1.9~17.0	<1.9
变形状况SV (超过10mm)	跑道	>50m²	20~50m²	<20m²
	滑行道	>100 m²	30~100m²	<30m²
	机坪	>100m²	30~100m²	<30m²
道面状况系数 C_0		0.5~0.75	0.75~0.9	0.9~1.0

旧沥青道面上设置水泥加铺层时,可将旧道面当作水泥混凝土面层下的结构层。通过承载板试验可得到旧道面结构的地基反应模量 k 值;或者通过调查和试验,分别确定土基 k 值、各结构层次的厚度和旧道面的综合 k 值。然后,按前面所述的水泥混凝土道面的设计方法,确定混凝土加铺层所需的厚度。加铺层的最小厚度为13cm。

二、旧水泥混凝土道面上的加铺层

旧水泥混凝土道面上的沥青道面加铺厚度与水泥道面加铺厚度计算方法不同。

首先通过调查和测定,确定旧道面基层顶面的综合反应模量 k。而后利用前面所述的方法,按新的交通要求确定所需的混凝土面层厚度。

其次,对旧混凝土面层的使用状况进行调查和评定。使用状况用一指数 C_b 表征,反映面层板的结构完整性。C_b 取值主要参考板块开裂率和接缝损坏比进行选择,见表 9-10。

表 9-10 水泥道面状况系数 C_b 参考值

项目	道面分段	A	B	C
开裂率 CR/%	跑道	>5.6	0.2~5.6	<0.2
	滑行道	>7.6	0.6~7.6	<0.6
	机坪	>11.1	1.1~11.1	<1.1
接缝损坏比 JC/%	跑道	>1.3	0.1~1.3	<0.1
	滑行道	>3.2	0.1~3.2	<0.1
	机坪	>5.7	0.1~5.7	<0.1
道面状况系数 C_b		0.75	0.75~1.0	1.0

采用沥青加铺层时,旧混凝土面层的使用状况指数 C_b 不能低于 0.75。沥青加铺层的所需厚度,按式(9-33)确定,最小厚度为 15cm。

$$h_j = 2.5(Fh - C_b h_0) \tag{9-33}$$

式中 h_0——旧混凝土面层的厚度(cm);

h——旧面层不存在时按新的交通要求确定的混凝土面层设计厚度(cm),确定时采用旧混凝土的抗弯拉强度及原有基础的 k 值;

C_b——使用状况指数,取 0.75~1.0;

F——经验系数,随地基反应模量和年起飞架次而改变,如图 9-9 所示。

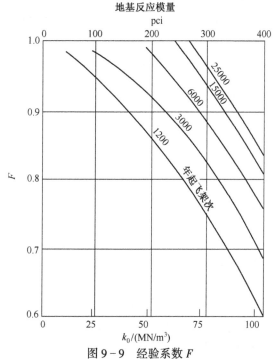

图 9-9 经验系数 F

当加铺层厚度大于原有水泥混凝土道面厚度时,应将设计加铺层作为沥青混凝土道面补强设计,原水泥混凝土道面作为高质量的基层材料。

然而,由于旧水泥混凝土面层存在接缝和裂缝,这种加铺可能会出现反射裂缝问题,因而,预防或减缓反射裂缝产生则成为采用沥青加铺层时首先考虑的技术问题。反射裂缝是由于旧面层接缝或裂缝上方的沥青加铺层内出现应力集中所造成的。可考虑采用的反射裂缝减缓措施主要有以下几种:

(1) 在沥青加铺层上锯切横缝;
(2) 增加加铺层厚度;
(3) 设置应力吸收层;
(4) 破碎和固定旧混凝土面层;
(5) 设置各种夹层等。

此外,沥青加铺层和旧水泥混凝土板之间应该具有良好的粘结性,否则容易产生加铺层的开裂、剥落等损坏。

在旧水泥混凝土道面上加铺水泥混凝土加铺层时可采用2种类型:部分结合式和隔离式。

1. 部分结合式

当旧混凝土道面的等级为优、良级,且加铺层的接缝布置均与旧道面一致时,可采用部分结合式加铺层。

部分结合式加铺层厚度,按式(9-34)计算确定,但其最小厚度,当飞行区指标Ⅱ为C、D、E、F时,不宜小于200mm。

$$h_c = \sqrt[1.4]{h_f^{1.4} - Ch_e^{1.4}} \quad (9-34)$$

式中 h_c——加铺层厚度(mm);

h_f——与加铺层设计强度相同的当量单层混凝土板厚(mm);

h_e——旧混凝土板厚(mm);

C——旧混凝土板厚度折减系数,按表9-11选用。

表9-11 旧道面混凝土板折减系数 C

旧道面混凝土板的损坏情况	旧道面状况等级	C
道面混凝土板完整,无构造裂缝	优	1.0
板面、板角或接缝处有初期裂缝,并处于不发展状态,可修复	良	0.75
部分板面、板角或接缝处于破坏状态,并有发展趋势,但板大部分处于良好状态	中	0.5
大部分板出现结构性破坏,难以继续使用	差	0.35

2. 隔离式

当旧混凝土板的等级为中、差级,或接缝布置、道面坡度与加铺层不一致时,应采用隔离式加铺层。

隔离式加铺层的厚度,按式(9-35)计算确定,但其最小厚度,当飞行区指标Ⅱ为C、D时,不宜小于200m;当飞行区指标Ⅱ为E、F时,不宜小于250mm。

飞行区指标Ⅱ为A、B、C时,隔离层可采用厚度为5~15mm的石屑;飞行区指标Ⅱ为

D、E、F 时,隔离层宜采用拉伸强度不低于 5kN/m、厚度不大于 0.6mm 的土工布或厚度为 5~15mm 的沥青砂。

$$h_c = \sqrt{h_f^2 - Ch_e^2} \text{ (cm)} \tag{9-35}$$

第五节 机场道面强度通报

飞机荷载不允许超过道面的承载能力,否则道面会产生过大的应力或变形,以致遭到破坏,妨碍正常使用和飞行安全。由于飞机的起落架构型、机轮胎压不同,即使飞机总质量相等,但其对道面的影响也不同。为了安全有效地使用机场道面,也为了道面的维护和管理,机场当局应对道面承载强度进行技术评定、划分等级并予以通报。

为了评价机场道面结构对于飞机荷载的适应性,世界各国曾提出很多道面强度的报告方法,例如二战及战后的一段时间,英国把机场道面按其适用的机种来分类,如用"战斗机"、"轰炸机"、"重轰炸机"和"超重轰炸机"来划分等级。我国民航及苏联民航曾采用飞机总质量或一个主起落架上的质量划分道面等级。此外还有采用在现有道面上运行飞机的荷载等级来评价道面适应性的方法,如当量单轮荷载(ESWL)法、荷载等级号码(LCN)法。这些方法各自有所侧重,但是由于没有从飞机荷载与道面结构之间相互响应的角度进行分析,所以无法准确地反映道面结构对于飞机荷载的适应程度。为了克服上述几种评价方法的缺陷,同时也为了方便国际间的交流,国际民航组织(ICAO)提出了 ACN-PCN 评价法,并于 1981 年公布,要求各成员国从 1983 年起必须用 ACN-PCN 法通报供最大起飞质量大于 5700kg 的飞机使用的道面强度。我国作为会员国,也采用了该方法作为道面强度的报告。

一、ACN-PCN

航空器等级序号(aircraft classification number,ACN),表示一架飞机对某种道面(具有一定土基强度等级)的相对作用的一个数字。这个数字规定为该飞机作用于道面的推导单轮荷载(derived single wheel load,DSWL)的 2 倍(以吨计)。以式(9-36)表示。

$$\text{ACN} = \frac{2\text{DSWL}}{1000} \tag{9-36}$$

由于 ACN 与道面类型和土基强度有关,一种给定的飞机将具有不同的 ACN 值。常见飞机类型的 ACN 值见表 9-12。飞机生产厂按两种质量(即最大停机坪质量和有代表性的基本质量),分别对两种类型道面以及四种标准土基强度类型计算并公布 ACN 值。这里的质量是静质量,未考虑动荷载效应。当飞机质量介于两种质量之间时,应采用直线插入法求 ACN 值。

道面等级序号(pavement classification number,PCN),表示道面可供无限次使用的承载强度数字。这个数字是该道面可以安全承受的推导单轮荷载(以吨计)的 2 倍。轮胎当量压力规定为 1.25MPa。此处的规定与 9.2 节中计算 ESWL 的假定(ESWL 的接触面积与多轮中的一个轮胎的接触面积相等)不同,需注意。当采用技术方法进行评定时,实质上是道面结构设计的逆运算。即首先确定地基特性、道面各结构层的厚度和材料特性;然后利用相关公式或图表,计算确定道面所能承受的某种起落架构型的最大荷载值;最后转换成推导单轮荷载。而采用经验评定时,表示对特定类型和质量的航空器正常使用该道面的情况下获得满意支承的认可。

表 9-12 部分常见飞机类型的 ACN 值

机型	重量最大/最小/kN	胎压/MPa	沥青道面 CBR 高 15	中 10	低 6	很低 3	水泥道面 k/(kN/m³) 高 150	中 80	低 40	很低 20
A300B4-600R	1693/1275	1.35	54/37	61/41	74/49	92/64	51/34	61/41	71/48	80/55
A310-300	1549/1118	1.48	48/31	54/34	65/40	82/53	46/30	55/35	64/41	72/47
A310-200	1509/800	1.46	45/20	50/21	61/24	77/32	43/19	51/21	59/25	67/29
A319-100	744/382	1.38	39/18	40/18	45/20	50/23	44/20	46/21	49/22	51/24
A320-200	725/402	1.03	37/19	39/19	44/21	50/23	40/20	43/21	45/23	48/24
A321—200	877/461	1.46	49/23	52/24	58/26	63/30	56/26	59/28	62/29	64/31
A380-800	5514/2758	1.47	71/29	79/31	99/35	136/48	53/25	61/26	76/29	94/34
ATR72	211/125	0.79	11/6	12/6	14/7	15/8	13/7	14/7	14/8	15/8
B737-200	572/300	1.26	31/15	32/15	37/16	41/19	35/17	37/18	39/19	41/20
B747-400	3905/1800	1.38	59/23	66/24	82/27	105/35	54/20	65/23	77/27	88/31
B757-200	1134/570	1.24	34/14	38/15	47/17	60/23	32/13	39/15	45/18	52/20
B767-200	1410/800	1.31	39/19	42/20	50/23	68/29	34/18	41/19	48/22	56/26
B777-200ER	2822/1425	1.38	63/25	71/27	90/32	121/44	53/23	69/25	89/31	108/39
CRJ-200Srs	236/135	1.12	13/7	14/7	16/8	17/9	16/8	16/9	17/9	18/9
MD-11	2805/1200	1.38	67/24	74/25	90/27	119/34	58/22	69/23	83/26	96/30
MD-90-30ER	739/392	1.14	44/20	47/21	52/24	55/27	49/23	52/24	54/26	56/27

PCN 数值一般以整数来通报,小数应四舍五入为整数,但必要时,公布的道面等级序号精确度可为整数的 1/10。若机场道面强度随当地季节有显著变化,可以报告几个不同的道面等级号。对于各地段强度不同的道面,道面最薄弱部分的 PCN 数值应通报为该道面的强度。

与 ACN 相对应,ICAO 要求,在通报机场道面强度时,除报告 PCN 值外,还要报告道面的类型、土基强度类型、最大允许胎压和评价道面等级所用的方法,并必须用代号报告,见表 9-13。

表 9-13 道面强度报告代号

道面		土基强度		最大允许胎压		评定方法	
类别	代号	数值	代号	数值	代号	类别	代号
刚性道面	R	高($k=150MN/m^3$ 或 CBR=15)	A	高(不限)	W	技术评定	T
柔性道面	F	中($k=80MN/m^3$ 或 CBR=10)	B	中($\leq 1.5MPa$)	X	经验评定	U
		低($k=40MN/m^3$ 或 CBR=6)	C	低($\leq 1.0MPa$)	Y		

(续)

道面		土基强度		最大允许胎压		评定方法	
类别	代号	数值	代号	数值	代号	类别	代号
		很低($K=20MN/m^3$ 或 CBR=3)	D	很低(≤0.5MPa)	Z		

注：如果道面是组合结构或非标准结构，应对此进行解释。

当对供质量超过5700kg的飞机使用的道面进行强度通报时，其格式为

PCN 等级序号/道面类别/土基强度/允许胎压/评定方法

例1：设在中强度土基上的刚性道面，采用技术评定法得到道面等级号为80，无胎压限制。则道面通报为

PCN 80/R/B/W/T

当对供质量等于或小于5700kg的飞机使用的道面进行强度通报时，其格式为

最大允许飞机质量/最大允许胎压

例2：某跑道道面最大允许飞机质量为4000kg，最大允许胎压为0.5 MPa，则道面通报为：4000kg/0.5MPa

二、机场道面超载限制

如果飞机的ACN值大于PCN或道面使用次数大量增加，或同时存在上述情况，都会导致道面的超载。道面在大于规定(即设计或评估)的荷载作用下会缩短使用寿命。相反，在小于规定荷载作用下则会延长道面使用寿命。除非是严重超载，否则机场道面结构特性不会使它在承受超过特定限度的荷载时突然或灾难性地失效。根据道面特性，在设计使用寿命之内道面可承受一定次数的预期使用寿命，对道面破坏也有较小的加速作用。在对超载的数量和频率难以做出详细分析时，建议采用以下标准：

(1) 对柔性道面，ACN不大于道面通报PCN值10%时，超载飞机的偶尔运行不会对道面产生很大的负面影响。

(2) 对刚性道面或以刚性道面层作为主要结构层的组合道面，ACN不大于道面强度通报PCN值5%时，超载飞机的偶尔运行不会对道面产生很大的负面影响。

(3) 如果道面结构不清楚，应采用5%作为限制。

(4) 年超载运行次数不应超过年运行次数的约5%。

如果道面已经出现破损迹象，上述有限制的超载也应禁止。此外，道面冻融期间、或因水的影响使道面或土基强度减弱时，均应避免超载。超载运行时，有关当局应定期检查道面状况。对是否按标准超载也要定期核查，因为过度的超载会大大缩短道面使用寿命或导致道面大修。

三、ACN、PCN计算

由式(9-36)可知，确定飞机ACN的关键是推导单轮荷载的计算。由于飞机的构型、质量是已知的，计算推导单轮荷载相对容易。计算PCN实质上是对道面结构设计的逆运算，其采用的方法应该与计算ACN相同。

1. 沥青道面

机场沥青道面设计方法以美国陆军工程兵的CBR法最具有代表性。各飞机生产厂都按CBR法计算ACN。沥青道面的PCN亦按CBR法计算，即可由式(9-37)计算：

$$t = \alpha \sqrt{\frac{DSWL}{0.5695CBR} - \frac{DSWL}{32.035p}} \qquad (9-37)$$

式中　t——柔性道面当量总厚度(cm);

　$DSWL$——推导单轮质量(kg);

　　　p——标准胎压,$p = 1.25$MPa;

　CBR——标准土基强度,取 3、6、10、15 四个标准值计算;

　　　α——修正系数,与累计作用次数 N_e 有关,见式(9-11)。本处 N_e 取 10000 次。

根据式(9-36)、式(9-37),即得到 PCN。

计算 PCN 时,CBR 之值最好通过现场试验确定。如试验条件不具备,或时间紧迫,可以分析当地土壤然后查出相应的 CBR 值。

2. 刚性道面

轮压为 1.25MPa 的单轮荷载作用在一定厚度的混凝土面层上所产生的最大弯拉应力,同某特定起落架多轮荷载作用在该面层上所产生的最大弯拉应力相等,都为 2.75MPa,此时的单轮即为该多轮荷载的 DSWL。对于水泥混凝土道面,可用 Westergard 相关公式计算 PCN,《通报机场道面强度 PCN 的标准方法》(咨询通报 AC 150/5335—5B) 中介绍了用 COMFAA3.0 程序确定 PCN 的方法。我国的机场工作者也提出了考虑评价期内交通量变化的 PCN 计算方法,可以参阅《民用机场道面评价管理技术规范》(MH/T 5024—2009)。

第六节　浦东国际机场第二跑道设计简介

上海市"十五"计划纲要和民航总局《中国民用航空发展"十五"计划和十年规划》都确立了建设上海航空枢纽的战略定位和决策。随着国民经济的快速发展,上海地区航空业务量长期保持快速增长。浦东机场起降架次达 15.2 万架次,旅客吞吐量达 2102.17 万人次,货运吞吐量达 137.88 万 t,均已超过设计能力。为了满足日益迅猛增长的航空运量的需求,第二跑道工程需要尽快建成并投入运营。

第二跑道飞行区场道工程包括:1 条 3800m×60m 的跑道、2 条 3800m×60m 的平行滑行道、4 条快速出口滑行道、6 条跑滑之间的垂直联络道、2 条均为 1662m 长的东西向联络滑行道;15 个远机位、5 个机位的快递坪、5 个东货运机位。混凝土面积 159.87 万 m^3;各类排水明沟、暗沟总长 34.5km;消防管线总长 22.39km。道面为水泥混凝土结构,28 天设计弯拉强度为 5MPa,道面厚度为 38~44cm,道肩厚度为 12~16cm。

一、道面结构组合

1. 跑道

浦东国际机场二期飞行区为软土地基,虽经处理,但道面在使用期间仍会发生不协调变形,根据浦东国际机场一期飞行区道面结构组合设计的经验,第二跑道仍采用三层半刚性基础。考虑到水泥稳定碎石的抗冲刷性能和早期强度优于二灰碎石,上基层采用水泥稳定碎石,下基层和底基层采用二灰碎石,但将二灰碎石底基层的 7 天设计浸水抗压强度由一期的 0.75MPa 调整为 0.6MPa。

2. 东西向联络道

东西向联络道及其南侧远机位机坪地基未经过堆载预压，地基残余变形和不协调变形大。该部位涉及与一期道面（已经发生较大残余变形并相对稳定）、第二跑道堆载区和地下穿越通道（地基采用水泥搅拌桩处理）相接，同时存在强夯与换填两种不同处理方法的交接，地基均匀性差，因此采用三层半刚性基础以改善道面的受力状况。考虑到上海周边地区生石灰质量不稳定，计量难以控制，并且搅拌时对环境和操作人员也有一定影响，在东西向联络道及其远机位设计时，基层、底基层均改用水泥稳定碎石基层。

3. 其他部位

地基处理施工期间，实测地基反应模量较高，均在 $60MN/m^3$ 以上，优于原设计要求的 $40MN/m^3$。为降低工程造价，经研究，除跑道、东西向联络及其南侧远机位外，取消底基层，改用山皮石垫层。

道面各功能分区的结构组合如表 9-14 所列。

表 9-14 道面结构组合

部 位	结构组合（从上至下）
跑道	水泥混凝土板 水泥碎石基层 二灰碎石基层 二灰碎石底基层
跑道道肩 滑行道道肩	水泥混凝土板 水泥碎石基层 二灰碎石基层 山皮石垫层
跑进中部预留道口 平滑及平滑间联络道 跑滑间6条垂直联络滑行道 快递机坪、东货运机坪及联络滑行道 两侧跑道预留道口 快速出口滑行道	水泥混凝土板 水泥碎石基层 二灰碎石基层 山皮石垫层
东西向联络滑行道 东西向联络滑行道南侧远机位	水泥混凝土板 水泥碎石基层 水泥碎石基层 水泥碎石底基层
防吹坪	水泥混凝土板 水泥碎石上基层 山皮石垫层

二、道面结构设计参数

（1）设计荷载。浦东国际机场第二跑道是我国第一条新建4F类机场跑道，按照相关规范，选用 B777-300 为设计飞机，设计荷载采用该机型最大起飞重量 299.37t。在道面结构设计中，同时考虑道面因地基不协调变形产生的附加结构应力。

(2) 设计使用年限根据我国现行设计规范,设计年限为 30 年。

(3) 土基反应模量取 60MN/m³。

(4) 基层顶面反应模量。道面设置两层半刚性基层、一层山皮石垫层,由上而下为 18cm 水泥碎石基层、18cm 二灰碎石基层、20cm 山皮石垫层。基层顶面的当量反应模量取 100MN/m³。

(5) 混凝土的设计弯拉强度。水泥混凝土 28 天弯拉强度为 5.0MPa。

(6) 半刚性基层材料强度。水泥碎石基层设计 7 天浸水抗压强度为 4.0MPa,二灰碎石基层设计 7 天浸水抗压强度为 1.0MPa,二灰碎石底基层设计 7 天浸水抗压强度为 0.6MPa,水泥碎石底基层设计 7 天浸水抗压强度为 2.0MPa(用于东西向联络道)。

三、道面结构厚度计算

分别运用我国《民用航空运输机场水泥混凝土道面设计规范》(MHJ 5004—95)、美国联邦航空局(FAA)传统设计方法和弹性层状体系设计方法进行计算。计算结果如表 9-15 所列。

表 9-15 道面厚度计算

设 计 方 法	板厚/cm
我国《民用航空运输机场水泥混凝土道面设计规范》(MHJ 5004—95)	42
美国联邦航空局(FAA)传统设计方法	40.5
美国联邦航空局(FAA)弹性层状体系理论的设计方法	40.3

三种方法得到面层水泥混凝土板厚基本一致,考虑地基可能产生的不协调变形引起的结构附加应力,道面厚度补偿 2cm,最后道面水泥混凝土板厚取 44cm。对于道面其他部位,水泥混凝土板厚根据道面功能分区和技术规范予以折减。

习题与思考题

1. 道面等级序号(PCN)指什么?
2. 飞机等级序号(ACN)指什么?
3. ACP-PCN 的具体内容是什么?
4. 在沥青混凝土道面和水泥混凝土道面设计中,它们各采用怎样的荷载图式?
5. 已知某机场跑道水泥混凝土道面厚为 38cm,允许弯拉强度为 $\sigma = 2.75$MPa,$E = 30000$MPa,$K = 95$MN/m³。求跑道 PCN 值。
6. 某机场道面强度通报为 PCN 50/R/B/W/T。试分析 B747-200C 飞机使用该机场道面的可能性。轮胎压力为 1.30MPa。
7. 已知混凝土弯拉弹性模量为 3.7×10^4MPa,基顶反应模量为 150MN/m³,机场道面设计弯拉强度为 5MPa,设计年限为 30 年,泊松比为 0.15,机场预期飞机机型及年平均飞行次数见下表。试计算该跑道水泥混凝土道面厚度。

机型	轮胎压力/MPa	起飞轮载/kN	L_t/mm	W_t/mm	N_s/次
B747-400	1.406	227.47	556.3	333.8	15000
A300-600	1.29	186.87	526.4	315.9	45000
MD-11	1.44	267.54	596.2	357.7	30000
MD-82	1.17	157.16	506.9	304.2	60000

第十章 机场航空货运设施

民用机场的重要功能也包括组织货运、邮件的航空运输。机场的规划、设计和运营与货运息息相关。在货运量比较大的机场设立货运区,能避免客货运输的相互干扰,而且货运建筑、设施和设备要与运货飞机类型、货物流量和种类等因素相对应。本章主要讲述机场航空货运设施和货运区设计规划的相关问题。

第一节 货运站基本功能

航空货运,也叫航空运输,是航空公司为托运人、收货人提供的一种安全、快捷、方便和优质的服务,航空货物运输不同于其他运输方式,通常情况下,航空公司只负责机场至机场的运输,而机场货运站是承运人与托运人、收货人进行货物交接、运费结算等的地点。现在航空运输业务的其他服务还经常由航空货运代理来完成,航空货运代理公司是航空货物运输的中介,它们从事航空货物在始发站交给航空公司之前的揽货、接收、报关、订舱及在目的地从航空公司手中接货、报关、交付或送货上门等业务。航空货运当事人之间的关系及责任划分见图 10-1。

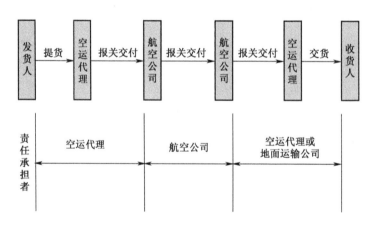

图 10-1 航空货运当事人之间的关系及责任划分图

机场货运站在航空货运中,主要有以下功能。

一、存储功能

收货人有时并不是马上提走到港货物,飞机也并非能随时搭载出港货物。因此,机场货运站应具备存储功能,还要有存储设备来协调空侧、陆侧货流量。

二、货物处理功能

货运站收到的出港货物发往不同的目的地,并且货物类型不一。因此,货运站除了按目的地对货物进行分捡,还要根据货物类型选择便于运输的形式,例如为提高运输效率而采用集装箱形式。对于空运的货物货运站要进行过磅、标签、包装、入库等工作,对于进港货物为方便货主提货还要进行卸货、拆箱、分捡等工作。

三、装卸运输功能

货运站应该具备相应的设备、人力和运输工具,可以将进港货物从飞机转运到货运站,也可以将出港货物从货运站装到飞机上。

四、办理货运手续和货运文件

托运、提货、入库等各种手续和有关货运文件均需在货运站办理。如货物托运书、航空货运单等。有些运输文件还是比较复杂的,如我国民航的航空货运单。航空货运单一般有正本三份,其背面印有运输合同条款,副本六份,额外副本三份,共一式十二份组成。所以货运站处理运输文件的工作量还是比较大的。

第二节 影响货运站规模、设施水平的各种因素

随着航空货运在物流中日益重要,大多数机场都具有一定的货运处理能力,但世界各地机场货运站的规模和设施水平却差异很大。影响货运站规模和设施水平的因素很多,主要有以下几个方面。

一、货物类型

机场货运站收到的出港货物一般可分为两类,一类是大宗的小件托运物,这些货物需经货运站分捡、装箱或打包,然后再装上飞机;另一类是已装入集装箱的货物,这些货物在货运站只需很少的处理工作。近些年集装货物已占空运货物的90%以上,而这两类货物各占比例的多少,对货运站的货运站规模和设施水平有重要影响。

货运站所处理货物的集装化程度对货运站选择设备的机械化程度有决定意义。而空运货物的种类,也对货运站设施配置产生影响。

1. 货物分类

根据运输时间要求,航空运输货物常分为以下三类:

(1)紧急货物。此类货物对运输时间、速度要求很高,如血清、血浆等。

(2)限期货物。此类货物本身有一定的时限,也要求较快的运输,如鲜花、报纸等。

(3)计划性货物。即货主在进行成本分析以后,觉得采用空运仍然合算的货物,发运的速度对这类货物来说并不很重要。

2. 特种货物

根据货物本身的特点,空运货物还可分为普通货物和特种货物两大类,其中特种货物是指在收运、储存、保管、运输及交付过程中因货物本身的性质、价值等条件需要特别照料的货物。如急件、生物制品、植物和植物产品、活体动物、骨灰、灵柩、危险物品、鲜活易腐物品、贵重物品、枪械、弹药、押运货物等。

3. 禁止运输物品

是指政府法律、法令规定禁止运输的物品。如卫生部公布严禁邮寄的四种菌种：鼠疫毒菌、霍乱毒菌、马脑脊髓炎病毒和鹦鹉病病毒。托运人严禁托运上述货物，承运人严禁运输上述货物。禁止运输物品还包括承运人规定不予运输的货物，如国内航班不予载运危险品和带有传染性的物品等。

4. 限制运输物品

（1）鸦片、海洛因、吗啡等烟草毒品运输限制；

（2）罂粟壳运输限制；

（3）麻醉药品国内运输限制；

（4）金属矿砂等运输限制；

（5）炸药类运输限制；

（6）粮食运输限制；

（7）木材运输限制；

（8）濒危动、植物运输限制；

（9）政府法律、法令规定限制运输的其他物品。

5. 危险品

特种货物中的危险物品，按其危险程度分为九大类，即：

（1）爆炸品；

（2）易燃、有毒气体；

（3）易燃、自燃、遇水易燃固体物质；

（4）易燃液体；

（5）氧化剂和有机氧化物；

（6）毒性物质和传染性物质；

（7）放射性物质；

（8）腐蚀性物质；

（9）杂类。

货运站设施要满足不同货物的要求。例如，鲜活、易腐物品要有冷藏室，危险品要求有危险品仓库，等等。

二、货流量特点

货流量及货流峰值是货运站设计的重要依据，对货运站运营也有重要影响。货流量的大小决定了货运站的规模和收益，而货流峰值特性则对货运站的货物转运、仓储能力提出了要求。货运站要正常运营，其空侧、陆侧的货流量也需大致均衡，但这种均衡的要求并不很严格。当空侧、陆侧的流量峰值不在同一时间发生时，可利用货运站的仓储能力进行调配、缓冲。货运站空侧货流峰值与载货飞机的到达、出发时刻有关，而陆侧货流峰值则与收货人、托运人的提货、送货时间有关。一般来说，在不同时间货运量的变化比较大，而且不同的机场其货运量变化曲线也不同。在货运站设计之初，除了要对影响机场货流的各个因素进行详细的调查，还要对未来一年或者几年的货流量进行预测，保证建成后的货运站规模和设施与实际货流特性相适应。

三、运货飞机和地面运输设备特性

1. 经营方式

目前,各国航空公司经营货运的主要方式有:
(1) 全货运航空公司经营定期货班;
(2) 全货运航空公司经营包机运输;
(3) 客货兼营航空公司经营全货机;
(4) 客货兼营航空公司经营客货混装型飞机;
(5) 航空公司使用快速改装型飞机,白天运客、夜间运货。

2. 机型

(1) 小型喷气货机:包括A320和A321客改货飞机,有效荷载10~30t。
(2) 区域货机:包括A300－600R和A310客改货飞机,空中客车宽体飞机在30~50t有效荷载的货机方面在全球占有主导地位。
(3) 远程货机:包括A330－200F,目前此类飞机种类繁多,例如DC10F、MD11F、747Combis等,此类飞机的有效荷载在40~80t之间,巡航线程范围达到7400km。
(4) 客货混合型。这类飞机既可载客,又可运货。如B747－200M、MD－Ⅱ等。
(5) 客货两用型(QC型)。

这类飞机是为了适应航空公司需求,提高运输机的利用率,在客运的非高峰期由客机改装成的。所谓QC,即Quick Change的缩写。如B727－3200 C、B737－200C/QC的飞机上都装有客货运设备和快速转换设备,根据需要快速实现客运和货运的转型。

(6) 军用运输机派生的民用货机型。C－130是美国洛克希德公司研制的多用途战术运输机,Y－7、Y－8是我国研制的军用运输机。这些飞机制造厂商由于看好民航市场而将军机的军用设备拆除,使其适应于民航货运。

(7) 客货混合型。这类飞机既可载客,又可运货。如B747－200M、MD－Ⅱ等。

为适应货物运输,运货飞机在设计上采取了一系列专用设施。这些设施通常包括传输装置、限动锁紧装置和导向装置、拦阻装置、装卸装置、系留装置等,见表10－1。

表10－1 货运设备组成

	集装货运装置	散装货运系统
货运设施	传输装置 限动锁紧装置 拦阻装置 其他装置	传输装置 系留装置 拦阻装置 装卸装置 其他装置

20世纪70年代出现的宽体客机,促使客货混合型的运货方式得到了迅速发展。窄体飞机下货舱一般无法装载集装设备,只能装散货。而宽体客机不仅客舱有两条走道,飞机货舱也非常宽敞,可用来装载集装货物,实践证明,这种运输方式使客、货运相得益彰,有很好的经济性,如图10－2所示。宽体客机的货舱容积即使与同一类型的货机相比也不逊色。例如,B－747宽体客机的货舱容积为6190立方英尺(1立方英尺等于0.028m³),B－707货机的货舱容积也不过8074立方英尺。由于越来越多的航线,尤其是

远程航线上引入了宽体客机,且宽体客机又特别适合运输集装箱,于是采用宽体客机运输集装货物成为一种普遍的选择,图 10-3 为 B-747 的货舱。

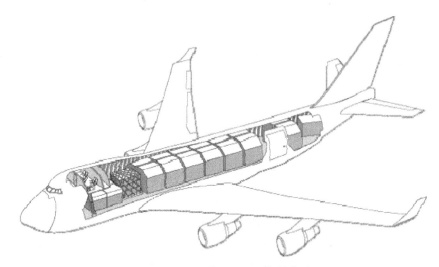

图 10-2 客货两用机的集装货舱

图 10-3 B-747 的货舱

在机场货运站设计中,必须考虑飞机运货方式,是以货机为主,还是以客货混装为主,并注意具体的载运货物的机型。因为不同的运货方式、不同的机型对货运站设施、装卸运输设备的要求也是不同的。例如,当来货大都以客货混装方式,则装卸货一般都是在客机坪进行。这就要求货运站尽可能靠近客机坪,并采取装卸货与飞机乘客上下飞机、飞机地面服务同时进行的作业方式。为缩短装卸货时间,保证航班正点离港,必须配置合适的器具。如货运站主要为货机服务,则为避免与客机坪作业的相互干扰,可专设远离客机坪的货机坪,并使货机坪邻近货运库,以方便运输。

对货运站,机坪飞机上大量的货物需通过地面运输设备才能实现装卸和转移。飞机具有较大的装载力,所以货运站,特别是繁忙机场的货运站,必须具备数量充足且型式对路(与飞机、货物相匹配)的地面运输设备才能作好货物的机坪处理。由于利润关系,机场和航空公司都不希望飞机在机坪作无谓的耽搁,所以货物机坪处理必须迅速。表10-2给出了全球常见商用货机的构成,表10-3给出了全球常见商用货机的载货量。

表10-2 全球常见商用货机构成

AB3	空中客车A300	M90	麦道MD-90	734	波音737-400
AB6	空中客车A300-600	SF3	萨伯340	735	波音737-500
AN4	安24	TU5	图154	737	波音737全系列
AT7	阿列尼亚ATR-72	YK2	雅克42	738	波音737-800
CRJ	/	YN7	运-7	74E	波音747-400客货混装
DH8	冲8	143	英国宇航公司146-300	74F	波音747-200货机
DOR	Dornier328	146	英国宇航公司146	74L	波音747 SP
EM4	EMB145	310	空中客车A310	74M	波音747-200客货混装
ERJ	ERJ-145	312	空中客车A310-200	744	波音747-400全客
FK1	福克100	313	空中客车A310-300	747	波音747全系列
ILW	伊尔86	320	空中客车A320	757	波音757全系列
LOH	洛克希德L100货机	321	空中客车A321	763	波音767-300
MET	美多23	340	空中客车A340	767	波音767-200
M11	麦道MD-11	73M	波音737-200客货混装	772	波音777-200
M1F	麦道MD-11货机	73S	波音737-200全客	777	波音777全系列
M82	麦道MD-82	733	波音737-300		

表10-3 全球常见商用货机的载货量

机型	地面承受力/(kg/m²)	货舱门尺/cm	最大装载量/m³
B777-200	976	前货舱:170×270	6块P1P/P6P板或18个AVE集装箱
	976	后货舱:175×180	14个AVE箱
	732	散舱:114×97	17m³(4082kg)
767-200	976	前货舱:175×340	3块P1P/P6P集装板
	732	后货舱:175×187	10个DPE箱
	732	散货舱:119×97	12.0m³(2925kg)
767-300	732	前货舱:175×340	4块P1P/P6P集装板
	732	后货舱:175×187	14个DPE箱
	732	散货舱:119×97	12.0m³(2925kg)
757	732	前货舱:107*107	21.6m³(4672kg)
		后货舱:140×112	24.7m³(7393kg)

(续)

机型	地面承受力/(kg/m²)	货舱门尺寸/cm×cm	最大装载量/m³
747-400COMBI	1952	主货舱：305×340	7块P6P集装板或5块P6P板加1块20英尺板
	976	前下货舱：168×264	5块P1P/P6P集装板
	976	后下货舱：168×264	16个AVE箱或4块P6P板或4个P1P板加4个AVE箱
	732	散货舱：119×112	12.3m³(4408kg)
747-200COMBI	1952	主货舱：305×340	6块P1P/P6P板或4块P6P板加1块20英尺板
	976	前下货舱：168×264	5块P1P/P6P集装板
	976	后下货舱：168×264	14个AVE箱或4块P6P板或4个P1P板加2个AVE箱
	732	散货舱：119×112	22.6m³(6749kg)
747-SP	976	前下货舱：173×264	3块P1P(可以有1块P6P)集装板
		后下货舱：173×264	10个AVE箱或3块P1P板加2个AVE箱
		散货舱	9.6m³(2948kg)
747-200F	1952	主货舱前门(鼻门)249×264	29块P1P/P6P集装箱或12块20英尺和4块P1P(P6P)集装板
		主货舱侧门305×340	
	976	前下货舱：168×264	5块P1P/P6P集装板或18AVE箱
	976	后下货舱：168×264	4块P6P/P1P板或14个AVE箱
	732	散货舱：119×112	22.6m³(可用15.8m³)(6749kg)
737-200	732	前货舱：86×121	10.4m³(2269kg)
		后货舱：88×121	14.3m³(3462kg)
737-300	732	前货舱：88×121	10.4m³(2269kg)
		后货舱：88×117	14.3m³(3462kg)
737-800	732	前货舱：89×122	19.6m³(3558kg)
		后货舱：84×122	25.4m³(4850kg)

(续)

机型	地面承受力 /(kg/m²)	货舱门尺寸 /cm×cm	最大装载量 /m³
AB-310	732	前货舱:169×270	3块P1P/P6P集装板或8个AVE集装箱
		后货舱:181×170	6个AVE集装箱
		散货舱:95×63	8.0m³(2770kg)
A340-300 313型	1050	前货舱:169×270	6块P1P/(P6P)板或18个AVE集装箱
		后货舱:169×270	4块P1P/P6P板或14个AVE集装箱
A320	732	前货舱:124×182	3AKH/PKC箱位(散装)
		后货舱:124×182	4AKH/PKC箱位(散装)
		散货舱:77×95	5.0m³(1479kg)
A300-600R	732	前货舱:178×270	4块P1P/P6P板或12个AVE集装箱
		后货舱:175×181	10个AVE箱
		散货舱:95×95	14.7m³(2770kg)
MD-80 MD-82	732	前货舱:75×135	13.1m³
	732	中货舱:75×135	9.8m³
	732	后货舱:75×135	12.5m³
MD-11F	732	主货舱:259×356	26块P6P集装板
		前货舱:167×264	6块P1P/P6P集装板
		后货舱:167×264	4块P1P集装扳2个AVE集装箱
		散货舱:91*76	14.4m³(2294kg)
1-100-30	1500	277×305	175.0m³
TU-154	600	前货舱:135×80	21.5m³
		后货舱:135×80	16.5m³
BAE-146	366	前货舱:76×134	6.88m³
		后货舱:76×134	6.88m³
Y-7	400 (加垫板)	前货舱:109×119	5.0m³
		后货舱:141×75	4.6m³

在货运站设计时,必须考虑地面货物运输设备的特性,因为它在很大程度上决定了货运站的货物处理能力。地面运输设备有很多型式,常见的有可升降平台车、叉车、吊车、传送带等。设计中还需注意的是,飞机制造厂商所提供的货机地面操作时间表是理论上的,实际的地面操作时间(卸货、装货、地面服务等)往往比厂商所给的时间长。所以,实际的货物处理时间,还是应该根据地面运输设备并结合经验来确定。

四、货运站的机械化程度

世界各地机场货运站的机械化水平差异很大。正确的设计思想是,货运站的机械化程度应与它的实际情况相符合。货运站通常有三种基本类型的机械化程度可供选择。

1. 低机械化程度

此方案适合于货流量较小,且劳动力价格低廉的货运站方案。货物的地面运输大都靠无动力的滚动装置和人工来完成。

2. 中等机械化程度

这是目前大多数具有一般或较高货流量机场货运站所采用的方案。货物采用可自由移动和升降的设备(主要是铲车,叉车)来转移、码放。这些设备既能处理散货,也能运输集装箱,叉车可升至五个集装箱叠放在一起的高度来码放或取出集装箱。但是利用叉车来处理集装箱常常会造成集装箱的损坏,而且处理速度较慢。

3. 高机械化程度

此方案特别适合于集装货物,且货流量较大的机场货运站。货运站的货仓采用固定的立体机械化货架,利用传输装置(transfer vehicle,TV)实现集装箱在货架上的水平货位移动或利用可升降传输装置(elevated transfer vehicle,ETV)实现集装箱在立体货架上水平、垂直两个方向的货位移动。TV 或 ETV 系统的使用,有效地利用了货仓空间,减少了货运站的占地面积,同时提高了货运站对集装货物的处理能力。ETV 货运站的吞吐能力尤其大,能适应繁忙机场和宽体飞机的货运操作。ETV 的类型可按其搬运集装器的方向、集装器的尺寸大小及运行的轨道数量等进行分类。按集装器的运输方向可以分为纵向 ETV 和横向 ETV;按其转运集装器的尺寸大小又可分为 10 英寸、16 英寸和 20 英寸的纵向或横向 ETV;ETV 按其采用的地面轨道的形式可分为单轨或双轨。图 10-4 为 ETV 货运站。

图 10-4 ETV 货运站

第三节 现代机场货运设施

近些年航空货运业保持了强劲的发展势头,货物集装化和装卸机械化已成为一种趋势,所以机场货运设施也发生了非常大的变化,许多机场配备了现代化的货运设备、机具,显著提高了机场的货物处理能力。

一、现代机场货运设施的构成

现代机场货运设施通常由四大部分组成,即货运控制系统、货运仓储系统、货运地面设备和集装器具。

二、货运地面设备

对于集装货物,机场货运站必须配置升降平台车、集装箱/板运输车、行李/货物拖车、行李/货物电动拖车、货箱升降叉车等地面设备。

货物升降平台车见图 10-5。该车可载运一定吨位的集装货物并使其升降。货物在平台上可作纵向、横向和水平旋转运动,且具有完善的锁定保险机构,从而大大方便了货物的装卸。升降平台车采用全液压驱动和控制。图 10-6、图 10-7 为行李、货物拖车和货箱升降叉车。

图 10-5 货物升降平台车

图 10-6 行李/货物拖车

三、集装器具

空运集装器具主要包括成组器、航空用货板、航空用货网、集装壳和特殊货物(如汽车、牲畜等)集装设施。

1. 成组器

成组器是航空运输中用以装载货物、邮件和旅客行李用的容器。具有一定的形状、尺寸和强度要求,可以使用货舱内的滚轮系统进行装卸和固定。有航空用托盘和货网(Aircraft Pallet and Net)、航空集装箱(Air Mode Container)和航空用圆顶(Aircraft Igloo)三

图 10-7 货物升降叉车

种。成组器中分航空用成组器和非航空用成组器,航空用成组器中又分有证成组器和无证成组器,在非航空用成组器中主要有国际航空运输协会的标准尺寸集装箱。

2. 航空用货板

航空用货板应具有平滑的底面,能采用货网和圆顶将装载的货物捆绑起来,装载到飞机上的输送机和固定装置上。通常使用的货板的厚度一般为 2cm,如果要求承受弯曲负荷时,其厚度应为 6cm。

3. 航空用货网

航空用货网是航空运输中用于固定托盘上货物用的网。通常由一张顶网和两张侧网组成,3 张网用皮带扣连接,如图 10-8 所示。货网和托盘之间利用装在货网下端的金属环(Fitting Ring)连接。也有顶网与侧网组成一体的,这种货网主要用于非固定结构圆顶上。

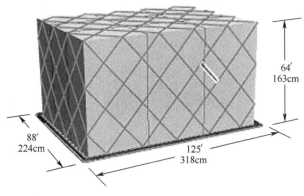

图 10-8 航空用货网

4. 航空用托盘

航空用托盘是航空运输中用于装载货物、邮件和旅客行李,用货网将货物加以固定用的托盘。托盘是一块平滑的底板,在制造上必须满足:①能用货网将货物固定起来;②能方便地装在机内的固定装置上。货网是用精工编织的带子编成,可用以绑缚托盘上的货物。通常使用的托盘厚度为 2cm,这种托盘称为半应力托盘(Semi-stressed Pallet)或柔性托盘(Flexible Pallet)。适合于运输重货的厚度为6cm的托盘称为应力托盘(Stressed Pallet)或刚性托盘(Rigid Pallet)。现在使用中的航空用托盘的尺寸为：宽317cm(125英寸)×长224cm(88英寸)；宽317cm(125英寸)×长243cm(96英寸)；宽274cm(108英寸)×长224cm(88英寸)。以上三种托盘的货物堆装高度可根据机舱内高度进行调整。宽体型货机下部货舱高度为160cm(66英寸)，B747型货机主货舱高度为243cm(96英寸)~300cm(118英寸)。在上述形状尺寸范围以内的任何货物都可以装在托盘上。另外，如货物装在1张托盘上其尺寸要超出托盘时，可用2张托盘并成1张装载，这是一种特殊的装载方法。

5. 航空用马厩集装箱

航空用马厩集装箱是航空用来装载马匹用的一种特殊集装箱。日航的空用马厩集装箱的尺寸为240cm×206cm×200cm，一箱可装三匹马。

6. 空陆联运集装箱

空陆联运集装箱是只为航空和陆上联运而设计的航空集装箱。它角部不设角件，因此不能装上集装箱船作海上运输。其长度有10英尺、20英尺、30英尺、40英尺几种，具备航空集装箱的各项条件，有与航空器栓固系统相配合的栓固装置，箱底可全部冲洗并能用滚装装卸系统进行装运。可以装在波音747货机和陆上运输工具上运输。

7. 空陆水联运集装箱

空陆水联运集装箱具备航空集装箱的各项条件，可以装在波音747货机内，同时可装在铁路和公路车辆上运输，因角部设有角件故也可用集装箱船进行海上运输的多式联运的集装箱。其长度与海上集装箱相同，有10英尺、20英尺、30英尺、40英尺几种。国际标准化组织已颁发ISO8323空陆水联运集装箱的新国际标准。

第四节 货运站设计

随着航空货运事业的发展，航空货运站成为机场规划和设计中的一个重要的组成部分。货运站要与托运人、收货人、货运代理人、承运人、海关、机场当局等方面发生联系，其作业内容又涉及收发货、货物和货运文件处理、仓储、运输等多个项目。因此，货运站设计时应能满足当前的使用要求，也要为将来扩建提供灵活性，所以要有比较成熟和系统的设计理论和方法。

为了较好地进行货运站设计，主要应考虑以下几个方面的问题。

1. 货运站站址选择

机场货运站的位置必须使它能在地面和航空运输之间有效地转运货物。选址在很大程度上就是确定空运货物工作的效率。货运站在机场内的位置应满足以下几个方面：

(1) 具体位置应既不干扰客运业务，又便于机坪运货飞机的货运作业操作。

(2) 地面车辆能方便到达客机的装货位置，而且从所有的机场入口道路都能方便地到达货运站。

(3) 在不侵占机场其他业务部门用地的前提下，必须为航空货运业务的发展留有余地。图10-9是福州长乐机场航空货运站。

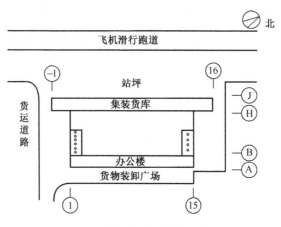

图 10-9　福州长乐机场航空货运站

2. 货运站布局要求

在货运站大体位置确定下来之后，还有其他许多因素要进行研究。各个建筑物及其有关辅助设施的总平面位置对货运站的使用效果和效率影响很大。在这里主要考虑出入、车辆交通以及防火和安全所需要的建筑物间距。图 10-10 是高雄机场航空货运站。货运站布局时应特别注意有关流程的顺畅。

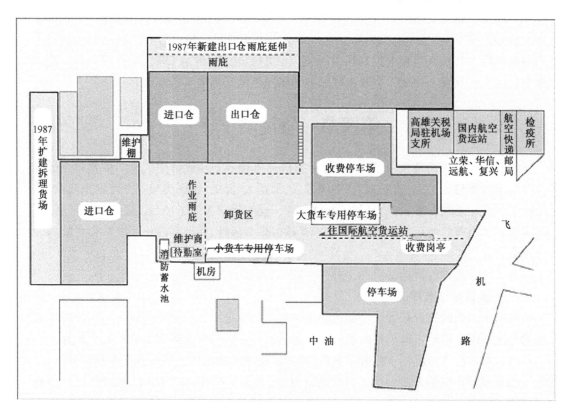

图 10-10　高雄机场航空货运站

3. 货物及运货飞机情况

货运站除了要依据货物的集装化程度、各类货物的比例、货流量变化量,还要根据运货飞机的机型组合、飞机作业方式、每天运行架次来设计。

4. 货运站建筑设计

货运站建筑设计,必须充分而全面地考虑建筑物的使用功能和建筑造价问题。首先航空货运房在功能上要满足货物处理、行政管理、顾客和职工服务设施、维修设施功能。即综合办公楼不仅应考虑到各方面的业务需要和顾客的方便,与顾客有关的服务区、办理手续柜台应尽可能集中。货仓规模还应与货流量和货流特性相适应,使之能发挥预期的调配空、陆侧货流量的作用。同时货仓应适合所存货物种类,便于仓储设备的安装、运行和维修,便于货物的运输、码放、保护和监管。为保证工作有效地进行,需配有相应的建筑设备,例如采暖、通风、照明和电力设备等应能满足各项工作的需要。货仓还要作好防火、保安等方面的设计。对特种货物,即活的动物、易变坏的物品(药品、肉、农产品和鲜花)、保税物品、危险品及贵重物品,应考虑设计相应的建筑设施(如危险品库、冷库等),还应考虑建筑设施的占地面积。表10-3为货运仓库组成及占地面积。

表 10-3　货运仓库组成及占地面积

仓储用地类型	一般仓库用地	危险仓库用地	堆场用地	仓储用地
占地面积/万 m^2	465.05	71.11	97.08	633.24
占总仓储用地比例/%	73.4	11.2	15.4	100

习题与思考题

1. 航空货运站要具有哪些基本功能?
2. 影响货运站规模和设施水平的因素有哪些?
3. 货运站设计主要应考虑哪些因素?

第十一章 机场排水设计

第一节 概 述

一、机场排水系统

机场排水系统是指阻止场外水流入场内、促使场内水迅速排放至场外的设施组合,可以分为四个组成部分。

(1) 集水部分。用以直接吸收土中多余水分或直接拦截表面水的排水构筑物,如道面边缘和土质地区的盖板沟、雨水口等。

(2) 导水部分。用以将各集水部分所汇集的水导至容泻区的管路或明沟。飞行场内的导水管路埋于地下时称为暗导水线路;飞行场地以外起导水作用的明沟称为明导水线路;

(3) 容泻区。用于容纳或排走机场多余水分的区域,如机场附近的河流、湖泊、池塘、洼地以及地下透水层等均可作为容泻区。

(4) 排水系统中的其他构筑物,如防止机场水淹的防洪堤,明、暗导水线路相接处的出水口,在暗导水线路上为便于检查、维修而设置的检查井等。

机场排水系统根据其所处位置的不同,可分为场内排水和场外排水两大部分。场内排水通常是指飞行区排水,由道面排水系统和飞行区土质地区的排水系统组成。道面排水还可分为道面表面排水和道基排水。冰冻地区道面排水系统一般包括道面横坡、混凝土三角沟、雨水井(雨水口)、连接管、检查井、暗导水线路、出水口、明导水线路、容泄区。无冰冻地区道面排水系统一般包括道面横坡、盖板明沟、暗导水线路、出水口、明导水线路、容泄区。道基排水是排出基础的水分,可由盲沟、检查井、暗导水线路、出水口、明导水线路和容泄区组成。飞行区土质地区排水系统包括土质地区横坡、土三角沟、雨水井、连接管、检查井、暗导水线路、出水口、明导水线路、容泄区,其中道面排水和土质地区排水系统的导水线路是可以共用的。场外排水是指飞行区以外的排水,主要防止场外河洪或山洪威胁机场,并及时将场内排水系统中的径流排出,其排水设施一般包括排水沟、防洪堤、改河工程、截水沟等。

机场排水设计一般包括以下内容:
(1) 地面和地下排水系统的布置,包括平面和纵断面设计;
(2) 各项排水设施所分担的汇水面积及汇水面积内径流的估算;
(3) 各项排水设施的水力计算和结构设计。

二、机场排水设计的要求与任务

民航机场通常占地较大,且需修建大片不透水道面。有些机场附近还存在山川、江海或河流。为了消除各种水分对机场的危害,机场必须修建完善的排水设施。民航机场为了保证旅客生命和财产的安全,在设计时要考虑多年的水文、地质状况,不仅要消除河洪、山洪对机场的威胁,而且要防止飞行场地表面积水,迅速将场内径流排出。同时要避免地表径流的冲刷作用及地下水对道基的危害。

飞行场地各组成部分的功能不同,其排水设计的要求也有差异。人工道面要求在各种水文气象条件下使用,因此,要保证雨后不积水,并且在任何情况下都能保证道面具有足够的强度和稳定性。跑道两侧的升降带土质地区,主要用于保证飞机在起飞着陆滑跑过程中一旦偏出跑道时的安全,也应加速表面径流,消除地面积水,并防止雨水冲刷地面。跑道两端的升降带土质地区使用较少,只是在飞机冲出跑道或提前着陆时偶尔使用,因此,一般要求不积水、不冲刷即可。

机场排水设计的任务是合理地规划、设计场内外排水系统,及时排除机场表面径流,防止洪水灾害,保护和改善机场环境,保证机场的正常使用。同时,要做到经济合理,安全可靠,便于施工和维护。

三、机场排水设计的一般原则

(1) 排水设施要因地制宜、合理布局、综合治理、讲究实效、注意经济,并充分利用有利地形和自然水系。一般情况下地面和地下设置的排水沟渠,宜短不宜长,以使水流不过于集中,做到及时疏散,就近分流。

(2) 场内的表面径流对相邻的农田有害时,在飞行场地边缘应修筑明沟予以拦截。飞行场地排水系统的水,应该利用明沟输至容泄区,不得漫流于农田内影响农业生产。当利用池塘、渠道、小溪、洼地作容泄区时,应计算其容泄能力,以免影响农业生产。明导水线路选线时,不应影响农田的排灌系统,并应贯彻不占良田、少占耕地的原则。

(3) 设计前必须进行调查研究,查明水源与地质条件,合理安排排水设施,场内排水系统和场外排水系统要全面规划,考虑明沟排水与涵洞布置相配合、地下排水与地面排水相配合,各种集水线路和导水线路的平面布置与竖向布置相配合,做到综合设计和分期修建。

(4) 场外排水要注意防止附近山坡的水土流失,尽量不破坏天然水系,不轻易合并自然沟溪和改变水流性质。尽量选择有利地质条件布设导水线路,减少导水线路的防护与加固工程。对于场外重点地段的主要排水设施,以及土质松软和纵坡较陡地段的导水线路,应注意必要的防护与加固。

(5) 机场排水要结合当地水文条件、机场等级和使用机种等具体情况,要充分发挥集水线路的作用,以保证飞行场地各部分的使用要求,要满足飞机活动的要求,适当考虑机场的发展与扩建。场内集水线路与导水线路的位置与地势设计紧密结合,使得整个工程量最小。

(6) 尽量减少排水沟管穿越跑道,以防处理不当而影响道面的稳定性。道面的截水设备应紧靠道面或不透水道肩边缘修建,防止道面径流渗入道基内,影响道基的稳定性。

第二节　机场防、排洪工程的构造与布置

一、截水沟

对于靠山修建的机场,附近山坡或高地的地面水会侵入机场,淹没飞行区或其他建筑物。当山洪暴发时,洪水侵入机场,则对机场的危害性更大。为防止坡积水的危害,须在适当位置设置截水沟。当拦截较大汇水区域或天然沟溪汇集的洪水时,也称截洪沟。

截水沟的位置,应根据坡积水的来源、机场位置以及当地的具体地形情况综合考虑确定。截水沟的位置,应尽量与绝大多数地面水流方向垂直,以提高截水效能和缩短沟的长度;要设在被保护的建筑物受坡积水威胁的地段上,并在建筑物附近。当截水沟用于保护飞行场地,如坡积水的流量较小时,可用平行公路的边沟兼作截水沟;当公路为堑沟时,为防止路堑的边坡坍方,其边沟不适宜兼作截水沟,此时截水沟应布置在土坡上方,离开边缘一定距离,如图 11-1 所示。截水沟下方一侧,可堆置挖沟的土方,要求做成顶部向沟倾斜 2%的土台。

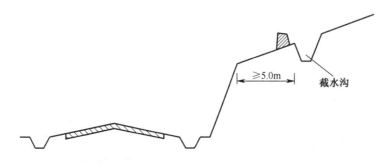

图 11-1　公路为路堑时截水沟的位置

场外截水沟应尽量避免通过场内排水系统,而要单独从飞行场以外排到容泄区,这样可以防止特大洪水时淹没机场,给机场带来严重影响。应保证水流畅通,就近引入自然沟内排出,必要时配以急流槽或涵洞等泄水结构物将水流引入容泄区。

截水沟的横断面形式主要有梯形、矩形和混合式断面,如图 11-2 所示。梯形断面一般适用于土质地区。矩形断面多适用于岩石地区。用于土质地区时侧墙需按挡土墙加固,造价较高。当截水沟通过坡度较陡的山区时,如果石质差,或为砂砾石土质时,为了减少开挖量,可用一边垂直挡土墙式,另一边为梯形断面边坡,组成混合式。

流量大的截洪沟一般采用挖方断面,在经过低洼地段时可采用半填半挖断面,但不应妨碍沿线的地面排水,以防局部地区积水受淹。另外,填方高度不宜过高,且沟壁的结构要按堤防要求设计,以免洪水冲毁沟堤,造成较大的损失。

截水沟的横断面尺寸应根据流量、坡度等经水力计算确定。考虑到使用过程中的淤积,沟的实际深度应在有效水深之上加一定的安全高度,安全高度一般为 0.3~0.5m。考虑施工和维护方便,沟的最小底宽和最小深度均不小于 0.5m。当截水沟的底宽有变化时,应设渐变段。渐变段长度一般为底宽差的 5~20 倍。

截水沟边坡系数根据当地土质条件等确定,一般采用 1:1.0~1:1.5,如表 11-1 所

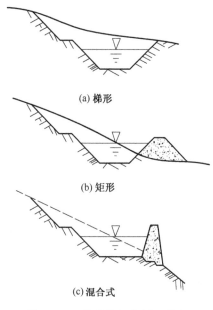

图 11-2 梯形截水沟断面形式

列;沟底宽度不小于 0.5m。沟深按设计流量而定,亦不应小于 0.5m。

表 11-1 梯形截水沟边坡系数

有无铺砌	土 质	边坡
无铺砌	松散的砂土	1:2~1:2.5
	密实的砂土或粉性土	1:1.5~1:2
	黏性土、砾石或卵石	1:1.25~1:1.5
	半岩性土	1:0.5~1:1
	风化岩石	1:0.25~1:0.5
	岩石	1:0.1~1:0.25
有铺砌	浆砌块石	1:0.5~1:1
	干砌块石	1:1
	草皮护面	1:1.5~1:2.0

截水沟沟底坡度应根据天然地形、土质、护砌等条件确定。选择纵坡时应保证沟槽不冲刷、不淤积。对于较小的截水沟,纵坡不小于 0.003。在黄土地区,径流中含泥量较大,应适当增大底坡。为了防止淤积,通常设计的底坡应使水流流速向下游逐渐有所增加,且最小流速不小于 0.6m/s。沟渠的不冲刷流速与土壤种类和加固形式有关。为减小土方量,沟底纵坡在满足上述要求的前提下,应尽量接近于天然地面坡度。沟底和沟壁要求平整密实,不滞流、不渗水,必要时予以加固和铺砌。截水沟的长度以 200m、500m 为宜。

二、排洪沟

排洪沟的作用主要是疏导天然河沟的雨洪和排泄截水沟中的水流至容泄区。在山地丘陵区,当自然水系中一些冲沟或小溪流经场区时,一般可修建排洪沟绕过飞行场区,排至下游河道。但当条件限制不允许时,可修建排洪涵洞穿越飞行场区。在飞行场区以外修建排洪沟时,必须保证离开跑道端安全地区一定距离,以防一旦飞机冲出跑道端安全地区造成事故。

在布置排洪沟线位时,应少占耕地,减少与道路、灌渠等的交叉,尽量利用原有的排洪体系和天然沟渠;排洪沟线路尽量短,减少转弯,选择在地形平缓、坡度适中、地质较稳定的地带穿过,一般不宜穿绕建筑群。

排洪沟一般应采用明沟,但在跑道端安全地区端部经过时,宜修成暗沟,以保证飞行安全。当必须修暗沟时,断面尺寸应满足检修要求,其最小断面一般为:底宽不小于0.9m,高度不小于1.2m,并每隔50~100m设检查井。另外,在暗沟走向变化处也应设检查井。

在确定排洪沟断面尺寸和沟底坡度时,应检验水流流速。当流速超过土壤的容许流速,或在弯道、进出口、跌水、陡槽等处,为保护沟床不受冲刷,应采取相应的加固措施。

机场排水沟渠的加固类型应根据流速大小、土壤性质、当地材料来源和使用要求等因素确定。常用的加固类型有:

(1) 干砌石护面。如图11-3、图11-4所示,砌筑材料为厚15~25cm的片石或块石,表面有时用砂浆勾缝,其下宜设置垫层。当地下水位较高时,应设反滤层。反滤层或垫层厚10~20cm,材料为碎石、砾石、砂砾或土工布。在流速较高的地段,可采用双层砌石。干砌石护面的容许流速一般在2.0~4.0m/s之间,适用于沟内流速较低、无防渗要求的地段。

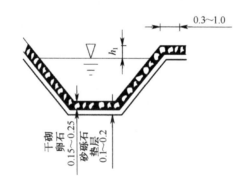

图11-3 干砌卵石或块石护面

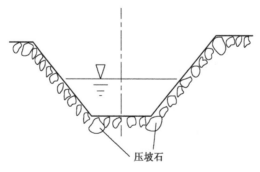

图11-4 采用压坡石护面

(2) 浆砌石护面。如图11-5、图11-6所示。石料可用片石或卵石,厚度一般为20~30cm。粘结材料为M5或M7.5的水泥砂浆,表面也用水泥砂浆勾缝。浆砌石护面每隔 10~15m 应设置宽度 2cm 的伸缩缝,缝内用沥青麻筋或沥青浸泡木板填塞。在有地下水或常年流水地段,浆砌片石护砌下面应设反滤层或垫层。在有地下水地段,沟壁应设泄水孔。泄水孔尺寸一般为 5cm×5cm,高出沟底 20cm 以上,泄水孔间距 3~4m。浆砌石护面的容许流速 4.0~8.0m/s,防渗性较好,适用于沟内流速较高,或有一定防渗要求的截排洪沟。另外,浆砌石还可用于矩形明沟及边坡较陡的梯形明沟的加固。此时,其厚度应按挡土墙计算确定。

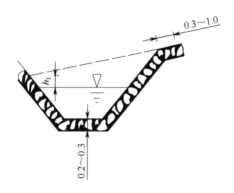

图 11-5 浆砌块石护面

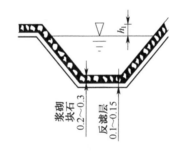

图 11-6 设反滤层的浆砌块石护面

(3) 混凝土护面。混凝土护面如图 11-7 所示。分为现浇混凝土和混凝土预制块铺砌两种。有时还采用沟底现浇、沟壁预制的混合型。厚度一般为 6~12cm,混凝土强度一般不低于 C15。预制块尺寸不可太小,以施工时能搬动为宜,一般为 50cm×50cm~100cm×100cm。每隔 5~10m 设一道宽度 2cm 的伸缩缝,缝内填充沥青泡制木板,表面 2cm 用聚氨酯等填缝材料。在地下水位较高的地段,也可设泄水孔和反滤层。

由于草皮加固的容许流速比较小,且容易使沟内杂草丛生,影响水流通行,因此目前在截排洪沟中用草皮护面较少。

排洪沟的出口段,应尽量选择地形、地质及水流条件较好的河沟段设置,能平顺泄入下游水体。

排洪沟出口与河沟交汇时,其交角对下游方向应大于 90°,并做成弧形;出口段宜逐渐放大底宽,并采用消能、加固措施。

三、跌水与陡槽

跌水与陡槽是机场排水沟渠的特殊形式,用于陡坡地段,沟底纵坡大于 0.1,水头高

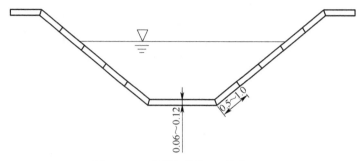

图 11-7　混凝土块护面(单位:m)

差大于 1.0m。由于纵坡陡、水流速度快、冲刷力大,要求跌水与陡槽的结构必须稳固耐久,通常应采用浆砌块石或水泥混凝土预制块砌筑,并具有相应的防护加固措施。

跌水与陡槽也常布置在有天然陡坎的地方,这样可以保证跌水与陡槽前后的沟渠按照天然地面坡度修建,避免大量填方和挖方。另外,在支沟汇入干沟的入口处,也常修建跌水和陡槽。

按照落差大小,跌水有单级和多级之分,沟底有等宽和变宽之别。单级跌水适用于排水沟渠连接处,由于水位落差较大,需要消能或改变水流方向。较长陡坡地段的沟渠,为减缓水流速度,并予以消能,可采用多级跌水。多级跌水底宽和每级长度,可以采用各自相等的对称形,亦可根据实地需要,做成变宽或不等长度与高度。

跌水一般由进口部分、跌水墙、消力池及出口部分等组成,如图 11-8 所示。各个组成部分的尺寸,由水力计算而定。进口部分包括两侧翼墙、护底和跌水口。进口部分的护底采用浆砌石或混凝土结构。砌石护底厚度为 0.3~0.6m,混凝土护底厚度为 0.15~0.4m。跌水墙一般按挡土墙原理设计。跌水墙断面做成梯形,通常顶宽为 0.5~1.0m,底宽为墙高的 1/2~1/3,浆砌块石砌筑。消力池起消能作用,要求坚固稳定。根据单宽流量和跌水落差,消力池底板厚度为 0.35~1.0m,壁高应比计算水深至少大 0.20m,壁厚与护墙厚度相仿。上下游水深相差不多时,也可在消力池末端设消力槛,槛高 c 依计算而定,要求低于池内水深。根据一些单位的实践,由于山区排洪沟砂石较多和洪水暴涨暴落,消力池与消力槛易造成淤积,使用过程中应及时清理。

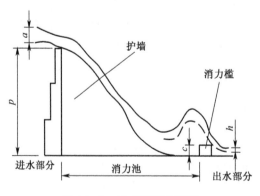

图 11-8　跌水构造示意图

跌水两端如果是土质沟渠,应注意加固,保持水流畅通,不致产生水流冲刷或淤积,以充分发挥跌水的排水效能。

凡底坡大于临界坡度的渠段,称为陡槽。陡槽也称急流槽或陡坡,如图 11-9 所示。陡槽和跌水一样,用来连接地形高程有突变的上下游渠道。陡槽与跌水的区别就在于中间部分是阶梯还是倾斜面,其余部分相同。陡槽的进口部分、消力池和出口部分与跌水相似,此处不再介绍。

陡坡段一般为矩形或梯形断面。由于陡坡段流速大,侧墙和底部应进行加固,以防止冲刷。当断面为矩形时,侧墙按挡土墙设计。当断面为梯形时,侧墙做成边坡护砌的形式。护砌厚度一般为 0.2~0.4m,侧墙要高出水面一定距离,其安全高度比一般沟渠要大一些。护底的厚度一般为 0.3m 左右。

当陡坡段的宽度逐渐扩散时,扩散度常为 1∶4,这样可以减小陡坡出口的单宽流量,为下游消能创造有利条件。

陡坡度的大小,通常由加固材料的容许流速而定。为降低流速,在陡坡上可以采用人工加糙的措施,如在陡坡上嵌入交错布置的凸出石块或人字形糙条等。

急流槽的构造,如图 11-9 所示,按水力计算特点,亦由进口、主槽(槽身)和出口三部分组成。各个部分的尺寸,依水力计算而定。急流槽的基础必须稳固,端部及槽身每隔 2.0~5.0m,在槽底设耳墙埋入地面以下。槽身较长时,宜分段砌筑,每段长 5.0~10m,预留伸缩缝,并用防水材料填缝。

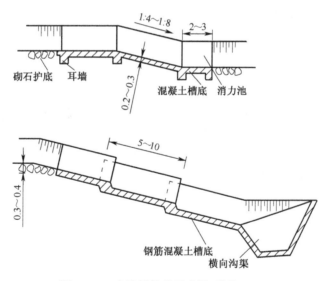

图 11-9 急流槽构造示意图(单位:m)

四、防洪堤

防洪堤是解决河海洪水与机场使用矛盾的工程措施之一。当机场地面低于附近水域的洪水位时,可采用两种解决办法,一是抬高机场设计标高;二是修建防洪堤。具体采用哪种方案,要根据工程经济、工期等综合确定。一般情况下,机场飞行区最低点的设计标高应比设计洪水位高 0.5m 以上。但若机场标高与设计洪水位相差较多,抬高地面需要很大的土方量,工程费用很高,此时应修建防洪堤,也可以两者结合。

机场防洪堤的布置有两种形式,一是机场位于低洼区,雨后排水不畅而流向机场,或场区周围地区的地面均低于防洪水位,此时应在场区周围修筑防洪围堤,以保护机场不受洪水及坡积水的危害,如图 11-10(a)所示。二是机场位于河流附近,当河流泛滥时水位高于机场局部或全部地面,此时可沿河岸修筑防洪堤,以防河洪进入机场,如图 11-10(b)所示。

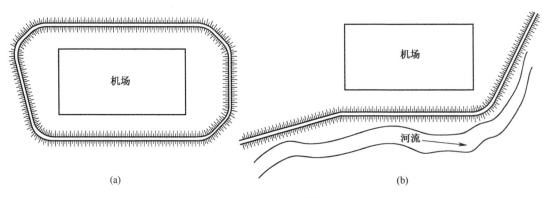

图 11-10 机场防洪堤布置

选择防洪堤位置至关重要,它不仅关系到工程质量,而且关系到工程造价。选择时,既要考虑机场免受洪水淹没,同时也要保证不因修建防洪堤而加重洪水对人民群众的威胁。堤线应选在土质良好的地带,避免穿过深潭、深沟及经过砂层、淤泥层等不良地质地带;防洪堤一般应沿场区边缘设置,力求堤线总长最短,转弯次数要少,转弯处平缓;沿河岸修建的防洪堤,堤肩应嵌入岸边 3~5m,堤线应大致与洪水流向平行,并保证水流最大流速小于堤的冲刷流速,避免发生严重淘刷现象。

修筑防洪堤一般与设置抽水泵站、水闸、调蓄河道、管网等排水设施配套进行。如果平时外部水位低于机场,仅在洪水期间高于机场,则可采用半自流排水。即在防洪堤上设防洪闸,平时闸门打开自流排水,洪水期间闸门关闭,由抽水泵站排水。因此在堤线布置时还应规划泵站及防洪闸的位置。

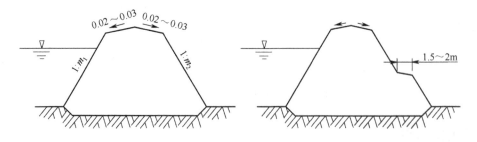

图 11-11 土堤断面

确定防洪堤堤顶高程之前,要收集机场附近的河流或海洋水文资料,根据机场等级及重要性,按有关标准确定设计洪水频率,计算设计洪水位和洪峰流量。堤顶高程由四部分组成,即筑堤前的洪水高程、筑堤后洪水抬高、风浪爬高和安全高度。安全高度一般为 0.5m。

防洪堤断面形式按几何外形大致可分为斜坡式、直立式和混合式三种。当采用土堤时,其外坡面多为斜坡式,即全断面为梯形,见图11-11。堤顶宽度根据堤顶的用途而定。当堤顶仅供检查、维修、抢修及行人之用时,堤顶宽度一般在2~5m之间。若堤顶兼作公路时,其堤顶宽度、曲率半径要考虑公路等级的要求。土堤边坡坡度大小取决于筑堤的材料、浸水历时、堤基的承载力、堤高和施工方法。在紧密的土基上,经过碾压的土堤,边坡坡度可采用1:2.0~1:2.75,背水坡可以比迎水坡陡一些。

土堤的结构形式取决于筑堤土的性质、堤基的渗水性及堤的工作条件。修筑土堤的土应当就地取材。当地如有足够数量的黏性土时,土堤应采用单一土质修筑,如图11-11所示。当筑堤的土或堤基土的渗水性过大时,可用透水性小的黏土修筑心墙或斜墙,如图11-12所示。心墙位于土堤的中心,与地基的不透水层相接。斜墙在迎水坡的一面修筑。为了防止洪水和暴雨径流对土堤的冲刷,一般在堤顶和边坡用草皮加固。当洪水流速较大时,在迎水坡可用干砌块石、浆砌块石或混凝土加固,并修筑钢筋混凝土挡浪墙、混凝土栅栏板等设施。

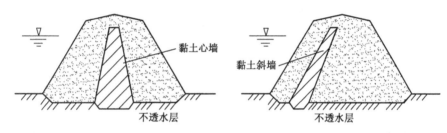

图11-12 黏土心墙或斜墙

在设计过程中,要进行堤身抗滑稳定性验算、堤身渗流及渗透稳定性验算、沉降变形验算和护坡结构强度验算。

五、泥石流

泥石流是一种突然暴发的、持续时间很短、破坏力巨大的特殊水流。它挟带大量的石块、泥沙等固体物质,其含量可占水流体积的50%~60%,最高可达90%。泥石流对机场工程的危害是严重的。它不仅可直接冲毁机场设施、道路等,而且泥石流所到之处遗留下大量的堆积物,使排水系统堵塞,飞行场地被覆盖,严重影响飞行安全。

在泥石流地区修建机场,应认真对泥石流的类型、分布、沉积扇地形及发展趋势和危害程度进行调查。对可能危及机场安全的地区,应以避开为原则。当无法避开时,应考虑拦排结合、综合治理的防治措施。在规模小、爆发不频繁的泥石流地区修建机场时,堆积扇上设置的建筑物不宜正对沟口,更不宜布置在沟内;堆积扇上布置飞行场区时,一般应在堆积扇上方布置排导沟,使泥石流改道,从场区以外排入下游河道。

泥石流出山后,采用的防治措施主要是排导措施,如排导沟、谷坊、蓄淤池、急流槽、导流堤等,其中排导沟采用较多。

排导沟应尽可能布置成直线。如必须转弯时,稀性泥石流排导沟曲率半径须大于沟宽的8~10倍,黏性泥石流排导沟的弯道曲率半径须大于沟宽的10~20倍。排导沟的出口应选择在较大河流的主流处或有较大堆积场所的地方。排导沟与河流交接处以锐角为宜。

排导沟的纵坡比一般排洪沟的纵坡要大得多,以免淤积。一般可参照该泥石流沟洪积扇的扇顶纵坡确定,并尽量避免变坡,以免造成局部淤积或冲刷。如需变坡时,宜设计成自上而下渐由缓变陡。

排导沟断面形式多样,可以采用梯形断面、矩形断面、复式断面和锅底形断面。一般情况下,需改道或重新开挖的排导沟,排泄的流量不大,多采用梯形或矩形断面;按原沟床或加高河堤的排导沟,且通过流量较大,一般采用复式或锅底形断面。排导沟的底宽与沟深等具体尺寸要根据泥石流设计流量、沟底纵坡与重度等而定。

排导沟的结构形式常采用护坡、挡土墙和堤坝。护坡和挡土墙多用于下挖的排导沟,堤坝多用于填方的排导沟。根据情况,排导沟多采用铺砌加固,沟底也可铺砌或用防冲槛加固。对排导稀性泥石流的排导沟,其浆砌块石铺砌厚度一般为 20~40cm。

六、泵站

泵站是强制排水系统中的关键设施。当机场地形平坦、容泄区水位过高、不能自流排水时,需要用泵站抽水。特别在修建防洪围堤的机场,一般应同时修建泵站,使场内雨水在洪水期间也能顺利排出。

泵站位置应根据排水系统总体规划确定。一般应建在排放水体附近,或需要提升的位置。在有防洪围堤的机场,应建在防洪堤的内侧。但应避开跑道两端及地质条件不良地段。

泵站由泵房及附属设施组成。泵房内应设置集水池、机器间、格栅间、配电室等。泵房形式有合建式(集水池与机器间在同一建筑内)和分建式(集水池单独设置修建)两种。合建式泵房中,又分为干式泵房和湿式泵房,如图 11 - 13 所示。干式泵房中集水池与机器间分开,有利于水泵的检修和保养。而湿式泵房中集水池与机器间合在一起,泵房结构较简单。但水泵的叶轮、轴承等淹没在水中,容易腐蚀,不利于检修和保养。

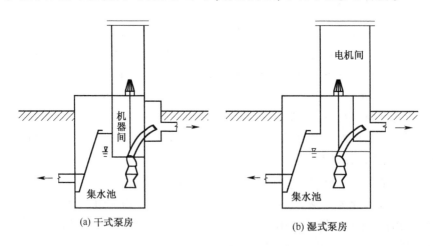

图 11 - 13　干式和湿式泵房

水泵的充水方式有自灌式和非自灌式两种。自灌式泵房的水泵叶轮或泵轴低于集水池的水位,水泵不需引水就可直接启动,操作简便,在自动化程度较高、开启频繁或重要的雨水泵站应采用自灌式。非自灌式泵房不能直接启动,需用引水设备将水泵及进水管灌满后才能启动。

排水泵站中的水泵应根据水质、流量及扬程的大小选择,常用的有立式轴流泵、混流泵等。水泵数量不少于2台,中小型泵站一般为2~4台,大型泵站不超过8台。泵站中同时还要修建集水池、进水闸、格栅等设施,格栅用于拦截水中的漂浮物和杂质。

七、容泄区

容泄区是排泄和容纳机场排水沟渠中径流的场所。可分为场内排水的容泄区和场外排水的容泄区,有时两者也合在一起。容泄区一般应在机场附近的江河、湖泊、溪流或容量较大的排水干渠中选取。容泄区离机场不能过远,且位置应比机场低,沿途地形坡度合适,以便能自流排水。对容泄区的水位应作调查,当以河流、湖泊等作容泄区时,排水沟出口的设计水面一般应高于符合机场防洪标准的容泄区设计洪水位。条件不允许时,可适当低于容泄区设计洪水位,但应高于容泄区的正常洪水位,且机场的最低标高应高于设计洪水位,以免引起倒灌而淹没机场。并应核算对场内排水顶托引起的积水量和积水时间。在平原地区,如容泄区水位过高,应考虑抬高机场标高,或者修建防洪堤和排水泵站。在干旱地区,如附近没有合适的河渠,排入天然池塘、洼地或人工开挖的蓄渗池,通过蒸发、渗透消耗池中的雨水。

容泄区一般应选在原汇水区的下游,以保持原有的自然径流状态,避免加重其他流域的洪水负担。当利用小河溪、池塘、洼地或人工排水干渠作容泄区时,应核算容泄能力是否能够排除上游汇水面积上的全部径流。若容泄能力不足,应考虑设多个容泄区分散排除,或者对容泄区进行必要的拓宽改造。

农用灌溉渠道一般不能作容泄区。因为灌渠直接通向农田,当暴雨时场外洪水或机场内部的雨水会冲淹农田。但对有些排灌结合的渠道,经渠道主管部门同意后,可以排除少量场内雨水。

第三节　飞行场地排水系统布置

飞行区是飞机活动的区域,也包括相应的空域。为保证飞机在各种气象条件下起飞、着陆和停放的安全,必须及时排除降落到机场表面的水流,减小水分对道面及基础稳定的影响。当机场排水系统设计不良时,暴雨期道面将产生积水,飞机在有积水的跑道上着陆时,由于摩擦力小,着陆滑跑长度增加。当道面上水膜较厚时,飞机会发生飘滑现象,很容易冲出跑道。另外,道面积水将增加渗入道面内部和道基的水量,减低道面和道基的强度,引起道面病害。

由于飞行区各组成部分的使用要求不同,其表面铺装也不同。飞行区跑道、滑行道、停机坪等,一般采用水泥或沥青混凝土道面;而道面周围存在的土质地区,一般不采取水泥或沥青混凝土铺装,只需平整、压实,并达到一定的强度和坡度要求。由于道面(混凝土道面、沥青道面)的渗水性小,汇集到道面边缘的径流速度和流量均较大,可能使相邻土质地区过分潮湿,也可能使道面相邻土质地区被冲刷。部分表面径流经道面相邻地区渗入道基内,增加土基的含水量。当道面的表面水影响相邻土质地区的使用或影响了道基本身的稳定性时,就应采取措施。当地下水影响道基的强度和稳定性时,也要采取措施。

一、飞行区排水措施

1. 防止道面表面积水

道面表面积水的原因很多。一是因为道面施工质量低劣,表面平整度不好,而造成局部低洼地段积水。二是表面坡度过小,尤其在转弯和连接的过渡面坡度设计不当易出现积水。三是使用过程中出现不均匀沉降或胀起,如道面局部沉陷、冰冻地区道基产生不均匀的冻胀,或沥青道面产生轮辙等,而使表面凹凸不平产生积水。四是排水系统设计不合理(如设计时选择暴雨频率偏大,管渠的排水能力偏小等),使得道面表面径流不能及时排除,而产生机场积水。

2. 加速道面表面径流

通常利用道面横坡来排除道面上的雨水。从加速表面径流减少渗水量的观点来看,道面横坡越大越有利。但为了保证飞机在道面上滑行的安全,道面的横坡不能过大,民用机场一般不超过15‰。

国内大多数新建机场均采用水泥混凝土道面,其具有渗水性小的优点。根据经验,刚性道面跑道的横坡一般不低于10‰。停机坪的坡度应能防止其表面积水,并尽可能平坦,机坪中机位区的坡度应不大于10‰,宜为4‰~8‰。实际设计中,道面横坡的选择,是在满足飞机滑行安全及道面强度、使用要求的前提下,结合当地的地形综合考虑来确定。在机场设计实践中,跑道、滑行道等道面的横坡多采用10‰~15‰。

3. 修建道面道基排水设备

当道面径流对相邻土质地区的使用或道面本身的稳定有影响时,应修建道面边缘排水设备,拦截表面径流,并输送到场外。当道基水分含量超过容许范围时,必须设置地下截水设施,排除地下潜水或地表浸水。大型停机坪的中部也可根据需要修建排水设备。

二、道面道基排水设备

1. 三角沟

浅而宽的三角沟通常修建在混凝土道面边缘,如图11-14所示。三角沟本身是混凝土道面的一部分。三角沟的输水能力很小,沟内每隔一定的距离需设置一个雨水口,汇集三角沟的雨水。雨水口通过一根泄水管与干管的检查井相连,干管与飞行场地外的土明沟相接,最后由土明沟通至容泄区。泄水管直径一般为20cm。当道面表面径流被三角沟拦截后,经雨水口、泄水管、干管、土明沟,最后流至容泄区。

三角沟有两种形式,一种是宽浅的对称三角形断面,如图11-15所示。宽度一般为3~5m,深度一般为8~12cm。深度过大,对飞行安全有影响。另一种是边缘增厚的形式,如图11-15所示,只适用于滑行道、机坪等径流量较小,飞机滑出道面的可能性很小的地段,但目前较少使用。

三角沟的纵坡一般与道面纵坡相同。为了使三角沟内水流畅通,三角沟纵坡不得小于2.5‰,在降雨少的地区不小于2‰。当道面设计纵坡小于上述最小限值时,则将三角沟底做成锯齿形,其纵坡不小于2.5‰,起始深度不小于2cm。

三角沟内的水流经雨水口至排水干管。雨水口应配置在三角沟纵坡方向改变的地

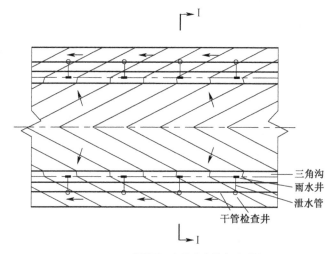

(a) 双坡道面三角沟截水设备平面图

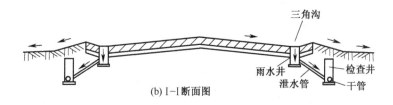

(b) I-I断面图

图 11-14 道边三角沟截水设备图

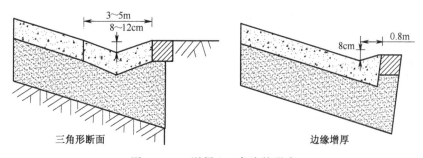

图 11-15 混凝土三角沟的形式

方,三角沟的末端,在纵坡方向相同的地段,每隔一定距离亦需设置雨水口,其间距一般不超过 100m。具体位置应经水文水力计算确定。雨水口顶部用铸铁、铸钢或钢筋混凝土制成的格栅盖住,格栅必须能够承受飞机轮载,并按照设计飞机的接触压力来设计。

由于三角沟本身是混凝土道面的一部分,在飞行跑道两侧修建时,使道面有限宽度减小,特别是目前跑道宽度一般为 45～60m,三角沟使用不多。但当集体停机坪坡向场外,且后面建有整片防吹坪时,在停机坪和防吹坪之间的最低处可修建三角沟。

2. 盖板明沟

盖板明沟的矩形沟槽通常采用水泥混凝土修筑,上面盖以带孔的盖板,如图 11-16 所示。盖板通常采用钢筋混凝土制作,且必须能够承受飞机轮载。盖板明沟应紧靠跑道道肩的外侧设置,如无道肩,应紧靠道面设置。为了宜于拦截道面表面径流,盖板较道面边缘低 1~2cm。盖板明沟不仅起截水作用,还起导水作用。在沟槽的适当位置配置泄水室与干管相连,将盖板明沟的雨水排到场外。

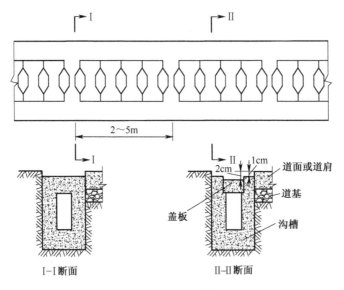

图 11 - 16 盖板明沟示意图

盖板明沟的沟宽应根据设计流量大小确定,但考虑到施工和维护方便,沟宽不应小于 40cm,通常采用 40~80cm。盖板明沟的深度可根据流量和地形的变化而变化。一般起始流量很小,可采用较小的深度,以后逐渐增大。但起始深度应大于 20cm。沟深过大,也不便于施工和维护,特别是窄而深的沟槽。因此其最大深度一般应小于 2.5 倍的沟宽。纵向沟底坡度要按整个排水系统的纵坡规划并经水文水力计算确定,但一般不得小于 1‰,以防排水不畅和泥沙淤积。

3. 盲沟

道基及土体中的上层滞水,或埋藏很浅的潜水称为地下水,当地下水影响道基道面强度和稳定性时,应设置盲沟、暗沟(管)和渗井等排水设施。

盲沟是道基排水常用措施,具特点是排水量不大,主要是以渗流方式汇集水流,并就近排出道基范围以外。对于流量较大的地下水,应设置专用地下管道予以排除。设置盲沟之后,可以降低道基地下水位,在不抬高道面高程的情况下,满足道基的稳定性要求,见图 11 - 17。

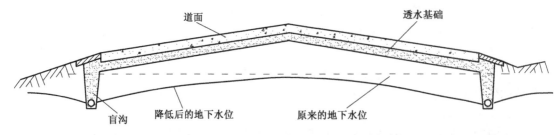

图 11 - 17 盲沟降低地下水位示意图

从盲沟的构造特点出发,由于沟内分层填以大小不同的颗粒材料,利用渗水材料透水性将地下水汇集于沟内,并沿沟排泄至指定地点,有填石盲沟、管式盲沟和洞式盲沟等形式,如图11-18所示。

填石盲沟构造比较简单,沟槽内全部填满颗粒材料,横断面一般为矩形,亦可做成上宽下窄的梯形。盲沟的底部中间填以粒径较大(3~5cm)的碎石,厚度不小于25cm,其空隙较大,水可在其中流动。粗粒碎石两侧和上部,按一定比例分层(层厚约10cm)填以较细粒径的粒料,逐层粒径比例大致按6倍递减。若在反滤层外侧加土工布过滤,防淤效果更好。填石盲沟的排水能力较小,不宜过长,沟底具有不小于1%的纵坡,出水口底面标高应高出沟外最高水位20cm,以防水流倒渗。

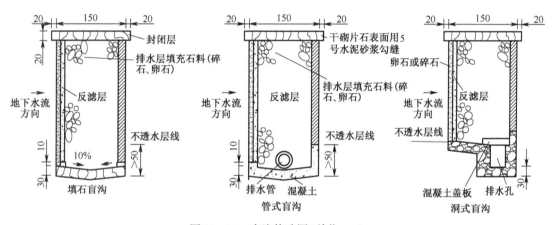

图11-18 盲沟构造图(单位:cm)

管式盲沟与填石盲沟相似,在盲沟底部设管,底部结构相当于可以渗水的泄水管。泄水管可用带孔的混凝土预制管、塑料管、陶土管或加筋软式透水管。管径根据设计流量确定,一般为15~20cm。当盲沟较长时,应设横向泄水管,分段排出场外。每段盲沟的长度一般不超过150m。盲沟的纵坡不小于5‰。管式盲沟的排水效果优于填石盲沟,在以往的机场设计中使用较多。

洞式盲沟是当地下水流量较大或缺乏管材时,在盲沟底部修建暗沟,排出渗入沟内的水分。暗沟宽约20cm,高20~30cm。暗沟的洞身用浆砌块石或混凝土砌筑,盖板用钢筋混凝土材料,板长约为40cm,板厚大于15cm,并预留渗水孔,以便渗入沟内的水汇集于洞内排出。洞身要求埋入不透水层内,如果地基软弱还应铺设砂石基础。洞身埋在透水层中时,必要时在两侧和底部加设隔水层,以达到排水的目的。洞底设置不小于0.5%的纵坡,使集水通畅排出。

盲沟顶部应设封闭层,以防土粒落进填充材料的孔隙而淤塞,同时防止地表水渗入沟内。

寒冷地区的暗沟,应做防冻保温处理或将暗沟设在冻结深度以下。

渗沟的位置与深度,视地下排水的需要而定。用于排除道基水分的盲沟、泄水管或碎石流水层的顶面应低于土基面0.2m以上,并使盲沟与透水的道基相连,使渗入道基的水分顺利排出。用于降低地下水位的盲沟,其深度应根据地下水的高度及盲沟的间距等,经计算确定。当地下水由场外补给,且不透水层不深时,可用盲沟拦截地下径流。此时盲沟应修至不透水层,并在内侧用不透水材料修封闭层,如图11-19所示。

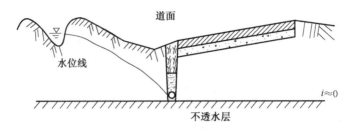

图 11-19 截水盲沟布设示意图

第四节 盖板明沟的水文水力计算

一、设计流量

流量是机场排水设计的基本依据,其大小与汇水面积、洪水频率、汇水区域内的地形、地貌及植被等因素有关。设计流量的计算方法有多种,我国飞行场地排水系统设计流量计算采用推理公式,且采用下式:

$$Q_m = \psi q F \qquad (11-1)$$

式中 Q_m——某重现期的设计洪峰流量(L/s),$1L/s = 10^{-3} m^3/s$;
  ψ——径流系数;
  F——汇水面积(ha),$1ha = 10^4 m^2 = 0.01 km^2$;
  q——某重现期的平均雨强(L/s/hm²)。

$$q = 166.7a \qquad (11-2)$$

式中 a——某重现期的平均雨强(mm/min)。

设计重现期见表11-2、表11-3。具体设计中应参照最新颁布的标准为准。

表 11-2 军用机场飞行场地排水系统设计暴雨重现期(GJB 525A—2005)

类别	适 用 条 件	重现期/年
一	四级机场	2
二	二、三级机场	1~2
三	一级机场	1

表 11-3 民用机场场地排水标准(MH 5002—1999)

机场功能区	飞机活动区	旅客航站区、货运区、飞机维修区及其他重要区域	其他区域
设计暴雨重现期/年	5	≥3	≥1

径流系数按汇水区域内的地表种类由表11-4确定。当汇水区域内有多种类型的地表时,应分别为每种类型选取径流系数后,按相应的面积大小取加权平均值。

汇流时间 τ 由两部分组成,即坡面汇流时间 τ_1 和沟槽汇流时间 τ_2。坡面汇流时间可按下式计算确定:

表11-4 机场地面径流系数(《军用机场排水工程设计规范》GJB 2130A—2012)

地面种类	ψ	地面种类	ψ
沥青混凝土道面	0.90~0.95	粉性土地面	0.3~0.45
水泥混凝土道面	0.90~0.95	砂性土地面	0.2~0.35
浆砌块石或沥青表面处理的碎石路面	0.55~0.65	黏性土地面,有草皮	0.25~0.35
泥结碎石路面	0.4~0.5	黏性土地面,有草皮	0.2~0.3
黏性土地面	0.4~0.5	砂性土地面,有草皮	0.1~0.25

$$\tau_1 = \left(\frac{2.41mL}{(\psi a)^{0.72}S^{0.5}}\right)^{1/1.72} \tag{11-3}$$

式中 τ_1——坡面汇流时间(min);

m——地表的粗糙系数,也称糙率,见表11-5;

L——雨水在坡面上的径流长度(m);

S——地面坡度;

其余符号意义同前。

表11-5 地表粗糙系数

地表状况	m	地表状况	m
沥青混凝土道面	0.011~0.016	中等密度的草皮地面	0.05~0.07
水泥混凝土道面	0.014~0.018	稠密草皮地面	0.08~0.12
无草皮的土地面	0.025~0.035		

计算沟槽汇流时间 τ_2 时,如果沟槽断面尺寸、坡度发生变化或者有支沟汇入,应在这些变化点处分段,计算各段的汇流时间,然后叠加作为总的沟槽汇流时间。具体某一段沟槽,可以采用下式计算:

$$\tau_2 = \frac{L_g}{60\bar{v}} = \frac{L_g}{60Kv} \tag{11-4}$$

式中 $\bar{v}$——平均流速(m/s);

v——该段末断面的流速(m/s);

L_g——管渠长度(m);

K——断面形状系数。

矩形和梯形断面的 K 值见表11-6。

表11-6 矩形和梯形断面的 K 值

水深与底宽之比(h/b)	边 坡 系 数						
	0	0.25	0.5	1.0	1.5	2.0	2.5
0.1	0.622	0.622	0.624	0.629	0.635	0.642	0.648
0.2	0.641	0.641	0.643	0.651	0.660	0.668	0.676
0.3	0.657	0.657	0.659	0.667	0.677	0.686	0.694

(续)

水深与底宽之比(h/b)	边坡系数						
	0	0.25	0.5	1.0	1.5	2.0	2.5
0.4	0.671	0.670	0.672	0.681	0.690	0.699	0.706
0.5	0.684	0.682	0.683	0.691	0.700	0.708	0.714
0.6	0.695	0.692	0.692	0.699	0.708	0.715	0.721
0.7	0.706	0.701	0.700	0.706	0.714	0.720	0.725
0.8	0.715	0.709	0.707	0.712	0.719	0.725	0.729
0.9	0.724	0.715	0.713	0.717	0.723	0.728	0.732
1.0	0.732	0.722	0.719	0.721	0.726	0.731	0.734
1.1	0.739	0.727	0.723	0.725	0.729	0.733	0.736
1.2	0.746	0.732	0.727	0.728	0.731	0.735	0.738
1.3	0.753	0.737	0.731	0.730	0.734	0.737	0.739
1.4	0.759	0.741	0.734	0.732	0.735	0.738	0.740
1.5	0.764	0.744	0.737	0.734	0.737	0.739	0.741
1.6	0.770	0.747	0.739	0.736	0.738	0.740	0.742
1.8	0.780	0.753	0.743	0.739	0.740	0.742	0.744
2.0	0.788	0.758	0.747	0.741	0.742	0.743	0.745
2.2	0.796	0.762	0.749	0.743	0.743	0.744	0.745
2.4	0.804	0.765	0.751	0.745	0.744	0.745	0.746
2.6	0.810	0.768	0.753	0.746	0.745	0.746	0.747
2.8	0.817	0.770	0.755	0.747	0.746	0.746	0.747
3.0	0.822	0.772	0.756	0.748	0.747	0.747	0.747

对三角沟，K 为 0.75。矩形和梯形断面的 K 值一般在 0.62～0.82 之间。为方便起见，也可取 0.75 的近似值。

沟渠的断面流速可按下式估算：

$$v = \frac{1}{n} R^{2/3} \sqrt{J} \tag{11-5}$$

式中　v——断面平均流速；
　　　n——沟渠糙率；
　　　R——水力半径；
　　　J——水力坡度。

在具有 10 年以上自动雨量记录的地区，可利用观测资料整理分析得到某重现期的平均雨强：

$$q = \frac{167A(1 + C\lg P)}{(t + b)^n} \tag{11-6}$$

式中　q——平均雨强(L/(s·公顷))；
　　　t——降雨历时(min)；

P——设计重现期(年);

A、C、n、b——参数,根据统计方法进行计算确定。

设计径流量的计算可参考图 11-20 所示的框图进行。

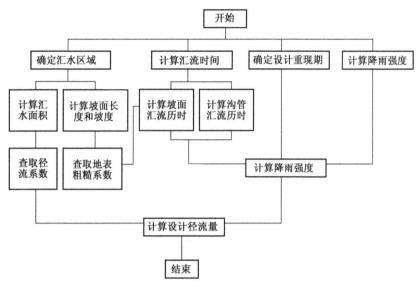

图 11-20 流量计算框图

二、水力计算

在进行水文水力计算前,首先要初步拟定盖板明沟的起始深度、沟宽和底坡。盖板明沟水文水力计算,主要是校核沟槽的输水能力。任何一个断面的输水能力都应等于或大于该断面的设计流量,即 $Q_s > Q_m$。但不能相差过多,以免造成不必要的浪费。一般情况下,盖板明沟的末断面设计流量最大,通常只校核末断面。

明沟断面输水能力采用下式:

$$Q_s = 1000vA \tag{11-7}$$

式中　Q_s——输水能力(L/s);

v——平均流速(m/s);

A——过水断面面积(m^2)。

由于盖板明沟沿程有旁侧入流加入,流量逐渐增加,因此为沿程变量流。流速计算仍采用曼宁公式的形式,见式(11-5)。

由于沿程水深和流速是不断变化的,因此水力坡度既不等于沟渠底坡,也与水面坡度不同,如图 11-21 所示。

式(11-5)中水力坡度 J 的计算可采用两种方法。一种方法是将全沟的平均水面坡度代替计算点(一般是末断面)的水力坡度,即

$$J \approx I = i - \frac{h - h_0}{L_g} \tag{11-8}$$

式中　I——平均水面坡度;

i——底坡;

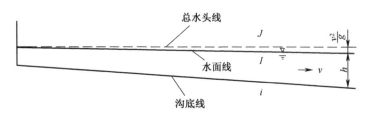

图 11-21 水力坡度计算图

h——末断面水深(m);
h_0——起始断面水深(m);
L_g——管渠长度(m)。

第二种方法是参考运动波理论,对于上游无集中入流且旁侧入流均匀时,采用下式计算 J:

$$J \approx I = i - \frac{h}{\alpha L_g} \quad (11-9)$$

α 与断面形状和水深有关。对三角形断面,$\alpha=2.667$,矩形和梯形断面按下式计算:

矩形

$$\alpha = 1 + \frac{2}{3\left(\frac{2h}{b} + 1\right)} \quad (11-10)$$

梯形

$$\alpha = \frac{5}{3} \frac{b + 2mh}{b + mh} - \frac{2}{3} \frac{h}{h + \frac{b}{2\sqrt{m^2 + 1}}} \quad (11-11)$$

式中 b——矩形断面的沟宽或梯形断面的底宽;
m——梯形断面的边坡系数。

三、节点设计流量的计算

在机场排水设计中,经常遇到两条甚至数条盖板明沟的水流汇合到某处,然后经干管或暗沟排出飞行场外。这种汇合点称为排水线路的节点。如图 11-21 中的 A、E 点都为节点。

正确计算节点的设计流量对于确定干管或暗沟的断面尺寸十分重要。由于节点处的流量由几条沟汇合而成,因此计算方法具有一些特殊性。根据汇水区域的表面性质差异,分别采用不同的方法进行计算。

如图 11-22 所示的节点 A,汇集了两条盖板明沟的水流,然后排出场外。盖沟Ⅰ和盖沟Ⅱ都汇集土质地区的径流,汇水面积性质相同。根据上面的方法,可分别计算出盖沟Ⅰ和Ⅱ流到节点 A 的洪峰流量 $Q_Ⅰ$ 和 $Q_Ⅱ$。由于两条沟的汇流时间一般不会相同,即 $\tau_Ⅰ \neq \tau_Ⅱ$,因此两沟的洪峰并不同时到达节点。当 $Q_Ⅰ$ 出现时,$Q_Ⅱ$ 已经过去,或者还未到达。因此节点的洪峰不等于两沟的洪峰之和:

$$Q \neq Q_Ⅰ + Q_Ⅱ$$

一般情况下节点的洪峰总是小于两沟的洪峰之和,除非两沟的汇流时间相等,才能用简单相加的方法求节点流量。

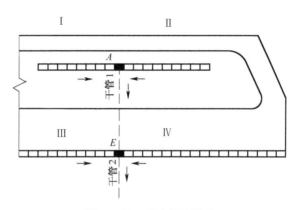

图 11-22 排水线路节点

当几条沟的汇水面积性质相同时,可以按照推理公式的一般原理,将节点上游几条沟的汇水面积看作一个整体,以全面积汇流考虑。即节点的汇水面积 F 为几条沟的汇水面积之和,节点的汇流时间为几条沟中汇流时间最大的值,以保证最远点(汇流时间最长的点)能参加汇流。即

$$F = F_{\mathrm{I}} + F_{\mathrm{II}} + \cdots$$
$$\tau = \max(\tau_{\mathrm{I}} + \tau_{\mathrm{II}} + \cdots)$$

由此可按推理公式计算设计流量。

例1 图 11-23 所示为某机场跑道的一部分,边缘设置盖板明沟 I 和 II,在节点 A 汇集后由干管排出。当地暴雨公式为 q,重现期取 1 年。试确定盖沟 I 和 II 的尺寸和节点的设计流量。

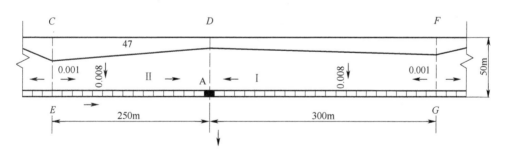

图 11-23 盖板明沟设计

$$q = \frac{2180(1 + 0.8\lg N)}{(t+12)^{0.72}} \ (\mathrm{L/(s \cdot 公顷)})$$

解:

(1) 盖沟 I 的尺寸确定。

初设盖沟 I 的净宽为 $b=0.5\mathrm{m}$,起始净深 $H_0=0.2\mathrm{m}$,沟底坡度 $i=0.0032$。则盖沟末断面净深:

$$H = H_0 + (i - i_d)L_g = 0.2 + (0.0032 - 0.001) \times 300 = 0.86$$

式中 i_d 为地面纵坡,与沟底坡度相同时为正,相反时为负。

取计算水深 $h=0.75$m,则安全深度为 0.11m。

坡面为混凝土道面,径流系数取 $\psi=0.9$,粗糙度 $m=0.016$。由于地面纵坡比横坡小得多,近似取坡面水流长度 $L=50$m,坡度 $s=0.008$。

由于暴雨公式为 $a=s_p/(t+b)^n$ 型,需用试算法计算坡面汇流时间。假设汇流时间 $\tau=15$min,则

$$a = \frac{q}{166.7} = \frac{2180 \times (1+0.8\lg 1)}{166.7 \times (15+12)^{0.72}} = 1.22 \text{mm/min}$$

$$\tau_1 = \left(\frac{2.41mL}{(\psi a)^{0.72}S^{0.5}}\right)^{\frac{1}{1.72}} = \left(\frac{2.41 \times 0.016 \times 50}{(0.9 \times 1.22)^{0.72} \, 0.008^{0.5}}\right)^{\frac{1}{1.72}} = 5.73 \text{min}$$

根据 $h/b=0.75/0.5=1.5$,根据式(11-10)得 $\alpha=1.167$。

$$I = i - \frac{h}{\alpha L_g} = 0.0032 - \frac{0.75}{1.167 \times 300} = 0.00106$$

$$v = \frac{1}{n}R^{2/3}\sqrt{I} = \frac{1}{0.014}\left(\frac{0.5 \times 0.75}{0.5+2 \times 0.75}\right)^{2/3}\sqrt{0.00106} = 0.761 \text{m/s}$$

$$\tau_2 = \frac{L_g}{60Kv} = \frac{300}{60 \times 0.75 \times 0.761} = 8.76 \text{ min}$$

$$\tau = 5.73 + 8.76 = 14.5 \text{min}$$

τ 与假设值非常接近,τ_1 不需重新计算。

$$F = 50 \times 300 = 15000 \text{m}^2 = 1.5 \text{ 公顷}$$

$$Q = \psi qF = 0.9 \times \frac{2180}{(14.5+12)^{0.72}} \times 1.5 = 278 \text{L/s}$$

输水能力

$$Q_s = vbh = 0.761 \times 0.5 \times 0.75 = 285 \text{L/s}$$

$Q_s > Q$,且相差不多,说明假设尺寸基本合适。

(2) 盖沟Ⅱ的尺寸确定。

初设盖沟Ⅱ的净宽为 $b=0.5$m,起始净深 $H_0=0.2$m,沟底坡度 $i=0.0035$。则盖沟末断面净深:

$$H = H_0 + (i-i_d)L_g = 0.2 + (0.0035-0.001) \times 250 = 0.825 \text{m}$$

取计算水深 $h=0.7$m,则安全深度为 0.125m。

同样假设汇流时间为 15min。由于坡面汇流的长度、坡度等与盖沟Ⅰ相同,因此 τ_1 与盖沟Ⅰ相同,$\tau_1=5.73$min。

根据 $h/b=0.7/0.5=1.4$,根据式(11-10)得 $\alpha=1.175$。

$$I = i - \frac{h}{\alpha L_g} = 0.0035 - \frac{0.7}{1.175 \times 250} = 0.0011$$

$$v = \frac{1}{n}R^{2/3}\sqrt{I} = \frac{1}{0.014}\left(\frac{0.5 \times 0.7}{0.5+2 \times 0.7}\right)^{2/3} \times \sqrt{0.0011} = 0.766 \text{m/s}$$

$$\tau_2 = \frac{L_g}{60Kv} = \frac{250}{60 \times 0.75 \times 0.766} = 7.25 \text{ min}$$

$$\tau = 5.73 + 7.25 = 12.98 \text{min}$$

τ 也与假设较接近,τ_1 不需重新计算。

$$F = 50 \times 250 = 12500 \text{m}^2 = 1.25 \text{ha}$$

$$Q = \psi q F = 0.9 \times \frac{2180}{(12.98 + 12)^{0.72}} \times 1.25 = 242 \text{L/s}$$

输水能力

$$Q_s = vbh = 0.766 \times 0.5 \times 0.7 = 268 \text{L/s}$$

$Q_s > Q$,且相差较小,说明假设尺寸合适。

(3) 节点设计流量。

节点的汇水面积:$F = F_\text{I} + F_\text{II} = 1.5 + 1.25 = 2.75 \text{ha}$

节点的汇流时间:$\tau = \max(\tau_\text{I}, \tau_\text{II}) = 14.5 \text{min}$

节点的设计流量:

$$Q = \psi q F = 0.9 \times \frac{2180}{(14.5 + 12)^{0.72}} \times 2.75 = 510 \text{L/s}$$

当汇水面积表面性质不同时,节点既有混凝土表面,又有土质表面时,常取混凝土表面最长的汇流时间作为计算时间。此时土质地区只有部分面积参加汇流。其参加汇流的面积可按共时径流面积线性增长的假定折算。

关于节点设计流量计算的原则不是绝对的。如果两沟的汇水面积性质不同,土质地区面积很大,而混凝土道面面积较小,节点的径流主要来自土质地区,此时应以土质地区的汇流时间为准,或者用不同的汇流时间分别计算,取流量大者作为节点的设计流量。

第五节 盲沟的水文水力计算

对于机场地下排水的盲沟而言,一般可认为地下储水层是无限和无压,并假定土质均匀和含有细小孔隙,多半属于完整式。盲沟的水文水力计算包括盲沟的流量计算、水力计算及埋深计算等。

一、盲沟的流量计算

1. 完整盲沟的流量

盲沟底部挖至隔水层或挖入隔水层内,使沟底不渗水的盲沟称为完整盲沟,如图11-24所示。

假定含水层的长度和宽度无限,水的储量也无限,且不考虑地面渗水,则每米长的沟壁上从一侧流入盲沟中的流量 q 可用下式计算:

$$q = \frac{K}{2} \frac{H^2 - h_0^2}{L} \tag{11-12}$$

式中 h_0——盲沟的水流深度(m);

K——含水层中水流的渗透系数(m/s),见表11-7;

H——含水层的储水厚度(m);

L——水力影响距离(m)。

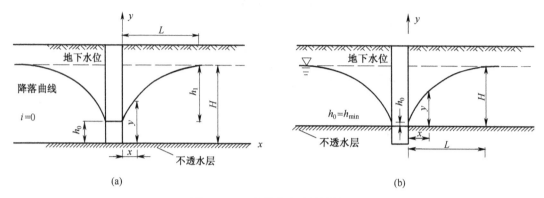

图 11-24 完整盲沟流量计算图

如盲沟属于双侧进水,则式(11-12)中的流量应乘以 2,

$$q = K \frac{H^2 - h_0^2}{L} \quad (11-13)$$

地下水位降落曲线的方程可用下式表示:

$$y = \sqrt{h_0^2 + \frac{x}{L}(H^2 - h_0^2)} \quad (11-14)$$

式中 y——降落曲线上某点的水位(m);

x——从盲沟边缘到降落曲线上某点的距离(m);

其余符号意义同前。

当地下水流稳定时,降落曲线的平均坡度 I_0 可用式(11-15)计算,或者根据抽水试验,获得影响距离 L(或影响半径 R)和水位降低值($H-h_0$),由式(11-16)计算,也可查表 11-7 选择合适的数值。

$$I_0 = \frac{1}{3000\sqrt{K}} \quad (11-15)$$

$$I_0 = \frac{H - h_0}{L} \text{ 或 } I_0 = \frac{H - h_0}{R} \quad (11-16)$$

当盲沟的流水部分设在不透水层顶面以下时,如图 11-24(b)所示,h_0 有一个最小值 $h_{\min}$,可按下式确定:

$$h_{\min} = \frac{I_0}{2 - I_0} H = \alpha H \quad (11-17)$$

式中 α——系数,见表 11-7。

例1 水平砂层中的潜水流,经开挖盲沟排除,资料如图 11-25 所示。砂层渗透系数经试验为 11m/d。求每米沟长的单侧流量和降落曲线的平均坡度。

解:渗透系数 $K = 11\text{m/d} = 0.000127\text{m/s}$。由式(11-15),砂层中降落曲线平均坡度

$$I_0 = \frac{1}{3000\sqrt{K}} = \frac{1}{3000\sqrt{0.000127}} = 0.03$$

$$H = 49.55 - 45.00 = 4.55\text{m}$$

$$h_0 = 45.75 - 45 = 0.75\text{m}$$

表 11-7 土的渗透系数及降落曲线平均坡度

含水层土质	渗透系数 K 参考值/(cm/s)	平均坡度 I_0	$\alpha = \dfrac{I_0}{2-I_0}$
粗纱	$1 \times 10^{-2} \sim 1 \times 10^{-1}$	0.003～0.006	0.0015～0.003
砂类土	$1 \times 10^{-4} \sim 1 \times 10^{-2}$	0.006～0.020	0.003～0.010
亚砂土	$1 \times 10^{-5} \sim 1 \times 10^{-3}$	0.02～0.05	0.01～0.026
亚黏土	$1 \times 10^{-6} \sim 1 \times 10^{-5}$	0.05～0.10	0.026～0.053
黏土	$1 \times 10^{-7} \sim 1 \times 10^{-6}$	0.10～0.15	0.053～0.081
重黏土	$\leq 1 \times 10^{-7}$	0.15～0.20	0.081～0.111
泥炭	$1 \times 10^{-4} \sim 1 \times 10^{-2}$	0.02～0.12	0.010～0.061

代入式(11-16),求得影响距离:

$$L = \frac{H - h_0}{I_0} = \frac{4.55 - 0.75}{0.03} = 127\text{m}$$

代入式(11-12),得沟中单侧流量:

$$q = K\frac{H^2 - h_0^2}{2L} = \frac{11 \times (4.55^2 - 0.75^2)}{2 \times 127} = 0.87\text{m}^3/\text{天}$$

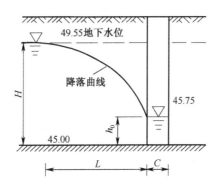

图 11-25 盲沟的流量计算

2. 不完整盲沟的流量

沟底位于含水层中,沟底也有水渗入的盲沟,称为不完整盲沟,如图 11-26 所示。当含水层深度无限时:

$$q = \frac{\varepsilon H K \phi}{\ln \dfrac{L+C}{C}} \tag{11-18}$$

式中 K——渗透系数;
ϕ——水力坡度的张角,以弧度计;
ε——根据实验资料的校正系数,一般为 0.7～0.8;
C——盲沟宽度之半;
其余符号同前。
若盲沟两侧进水,流量应乘以 2。

当含水层深度有限时,仍按式(11-18)计算,但式中 $\phi=\alpha+\beta$,其中 α、β 见图 11-27。

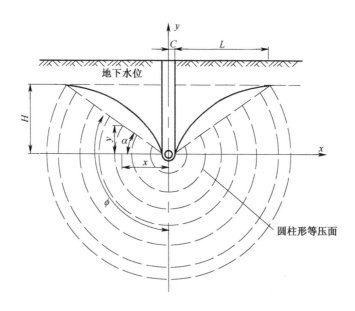

图 11-26 不完整盲沟

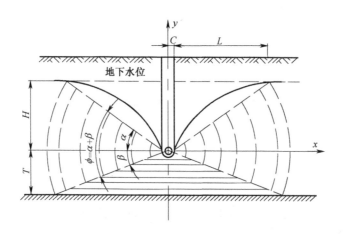

图 11-27 含水层深度有限的不完整盲沟

二、盲沟的水力计算

1. 填石盲沟

填石盲沟内粒料间的孔隙较大,且无规则,水流处于紊流状态,渗流流量可按下式计算:

$$Q = \omega K_m \sqrt{i} \tag{11-19}$$

式中　K_m——排水层的渗透系数(m/s),可以通过试验或经验获得;
　　　ω——渗透面积(m^2);

i——沟底坡度。

例2 已知设计流量 $Q=0.013\text{m}^3/\text{s}$，当 $K_m=0.35\text{m}^2/\text{s}$ 时，试定盲沟的断面尺寸及纵坡。

解：(1) 设纵坡 $i=3.5\%$，由式(11-19)得

$$\omega = \frac{Q_s}{K_m\sqrt{i}} = 0.2\text{m}^2$$

取底宽 $b=0.4\text{m}$，则沟内渗水高度 $h=\omega/b=0.5\text{m}$。

(2) 如果设 $b=0.36\text{m}$，$h=0.6\text{m}$，则 $\omega=0.216\text{m}^2$，则由式(11-19)得，$i=0.03$。

结论：本例有多种解，视当地条件选择方案，计算的 h 值，还要加上结构所需的厚度，如填料上面的夯实黏土层等。

2. 有管盲沟

有管盲沟中圆管的水力计算可按明渠均匀流公式计算：

$$v = \frac{1}{n}R^{2/3}\sqrt{i} = S\sqrt{i} \quad (11-20)$$

$$Q = \frac{A}{n}R^{2/3}\sqrt{i} = K\sqrt{i} \quad (11-21)$$

式中　v——断面平均流速；
　　　Q——输水能力；
　　　n——糙率；
　　　R——水力半径；
　　　i——圆管底坡；
　　　A——圆管截面积；
　　　S、K——系数。

三、盲沟的埋置深度

为了降低地下水位，应将盲沟埋于一定深度，如图11-28所示。

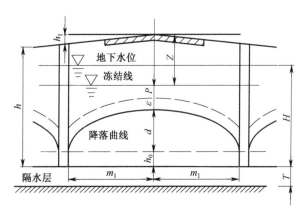

图 11-28　盲沟埋深示意图

盲沟的埋深可按下式计算：

$$h = Z + P + \varepsilon + d + h_0 - h_1 \qquad (11-22)$$

式中 h——盲沟埋置深度(m);

Z——沿跑道中线的冻结深度(m);

P——沿跑道中心由道基冻结线至排水后毛细水升高曲线的距离(m),采用近年内地下水波动的平均数值(近似值为0.25m);

ε——毛细管水上升高度(m),以实验数值为准,初步估计时,下列数值可供参考:砂土 0.2~0.3,砂性土 0.3~0.8,粉性土 0.8~2.0,黏性土 1.0~2.0;

h_0——盲沟内水深(m),通常采用 0.3~0.4;

h_1——跑道中心至盲沟处地面的高差(m);

d——道基范围内降落曲线的最大矢距(m)。

对于双面盲沟,降落曲线的最大矢距为

$$d = I_0 m_1 \qquad (11-23)$$

式中 I_0——降落曲线的平均坡度值;

m_1——盲沟边缘至跑道中线的距离(m)。

习题与思考题

1. 机场排水系统由几部分组成,它们各起什么作用?
2. 截水沟和排洪沟有哪些不同之处?
3. 什么条件下可以修建跌水与陡槽,为什么?
4. 飞行区道面有哪几种排水设施?
5. 飞行场地坡面汇流时间如何计算,计算汇流时间分哪几种情况?

参 考 文 献

[1] 冯青川. 机场管制[M]. 成都:西南交通大学出版社,2007.
[2] 谈至明,赵鸿铎,张兰芳. 机场规划与设计[M]. 北京:人民交通出版社,2010.
[3] 王维. 机场飞行区管理与场道施工[M]. 北京:人民交通出版社,2007.
[4] 钱炳华,张玉芬. 机场规划设计与环境保护[M]. 北京:中国建筑工业出版社,2000.
[5] 中华人民共和国民用航空行业标准. 民用机场飞行区技术标准(MH 5001—2013).
[6] 国际民航组织国际标准和建议措施. 国际民用航空公约附件14-机场,卷I,机场设计和运行. 5版. 国际民用航空组织,2009.
[7] 翁兴中,蔡良才. 机场道面设计[M]. 北京:人民交通出版社,2007.
[8] 中华人民共和国民用航空行业标准. 民用机场沥青混凝土道面设计规范(MH 5010—1999). 中国民用航空局,2000.
[9] 中华人民共和国民用航空行业标准. 民用机场水泥混凝土道面设计规范(MH/T 5004—2010),中国民用航空局,2010.
[10] 刘文,凌建明,赵鸿铎. 民用机场沥青混凝土道面设计方法综述[J]. 中国民航学院学报,2006,24(4):43-47.
[11] 王维. 机场场道维护管理[M]. 北京:中国民航出版社,2008.
[12] 吴念祖,张光辉. 机场场道工程技术与管理——浦东国际机场第二跑道建设[M]. 北京:中国民航出版社,2005.
[13] 中华人民共和国民用航空行业标准. 民用机场总体规划规范(MH 5002—1999),中国民用航空局,2000.
[14] 中华人民共和国民用航空行业标准. 民用机场道面评价管理技术规范(MH/T 5024—2009),中国民用航空局,2009.
[15] 王世锦,王湛. 机载雷达与通信导航设备[M]. 北京:科学出版社,2010.
[16] 岑国平. 机场排水设计[M]. 北京:人民交通出版社,2002.

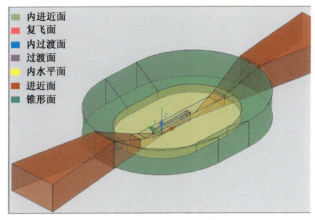

图 2-3 进近净空立体图

图 4-1 南京禄口国际机场

图 4-2 上海浦东国际机场

图 4-3 加拿大渥太华机场

图 4-4 TOKYO-HANEDA 国际机场

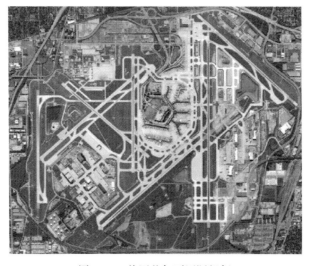

图 4-5 美国芝加哥国际机场

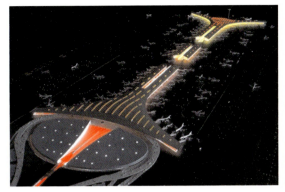
图 5-1 首都机场 T3 航站楼

图 5-5 香港国际机场

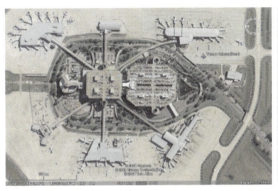
图 5-6 佛罗里达坦帕国际机场

图 5-7 戴高乐国际机场 2 号航站楼

图 5-8 旧金山国际机场

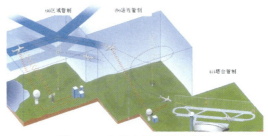

图6-1 空中交通管制示意图

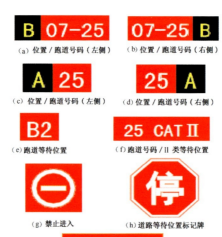

图7-7 强制性指令标记牌

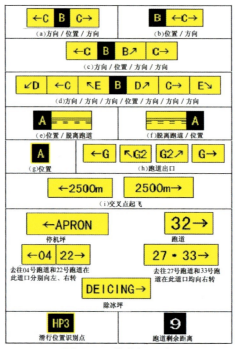

图7-8 信息标记牌